제 1 부

나노탄소

제 1 장 탄소의 역사

LG경제연구원에서는 흥미로운 보고서를 발표했다. 20세기를 실리콘의 시대라고 칭했다면, 21세기는 탄소의 시대가 될 것이라는 전망이다.

탄소의 발견은 정확히 알려지지 않았다. 프랑스 화학자 루이베르나르 기통 드 모르보가 목탄을 뜻하는 그리스어 'Carbo'를 따서 'Carbone'라고 명명하였다고 한다. 탄소의 동소체인 흑연과 다이아몬드는 오래전부터 알려지고 사용되었다. 흑연은 필기를 하거나 그림을 그리는 도구로, 다이아몬드는 장식용 보석으로 사용되었다. 1772년 프랑스 화학자 라부아지에가 숯과 다이아몬드를 태웠을 때 같은 양의 이산화탄소가 나온다는 사실을 발견하여 숯과 다이아몬드가 탄소로 이루어진 동소체(같은 원소로 이루어져 있으나 구조가 다른 물질)라는 사실을 밝혔다.

그림 1-1 고대로부터 사용된 탄소인 목탄

탄소는 모든 유기화합물의 구성 원소로 원소기호는 C, 원자번호 6번이다. 주기율표상에서 14족(4A족)에 속하는 비금속 원소이며, 공유결합을 할 수 있는 4개의 원자와 전자를 가지고 있다. 지구의 껍질에는 15번째로 풍부한 원소에 해당하며, 우주에서는 수소(H)와 헬륨

(He), 산소(O) 다음으로 큰 질량을 차지하고 있다. 실온에서는 매우 안정적이며 높은 온도에서 산소와 반응한다. 그리고 탄소는 구조와 성질이 다른 여러 동소체로 존재하는 특징을 가지고 있으며 무정형의 탄소, 흑연, 다이아몬드가 오래전부터 잘 알려진 탄소의 동소체들이다. 모든 생명체의 구성 원소에 해당하며, 인체 구성무게의 약 18.5%를 차지하고있는데, 이는 산소 다음으로 구성비율이 많다.

대기에서는 온실가스라고 불리는 이산화탄소(CO_2) 형태로 존재한다. 여러 광물 중에서는 탄산염의 형태로 존재하고 있으며 석탄과 석유, 천연가스와 같이 화석연료의 주가 되는 구성 원소이다. 탄소는 어떠한 다른 원소보다도 많은 다양한 종류의 화합물을 만드는데, 거의 1,000만 여 가지가 되는 탄소를 포함하는 화합물들이 자연계에 존재하고 있거나 인공적으로 합성되었으며, 화합물 상태 외에도 원소 상태로도 다양하게 사용되고 있다.

탄소는 다이아몬드, 흑연 등과 같이 기본 원소 형태부터 시작되어 생물을 이루는 유기물과 화석 연료, 그리고 각종 플라스틱과 같은 고분자 화합물에 이르기까지 지구상에서 가장 폭넓게, 다양하게 많은 분야에서 사용되고 있는 원소이다. 다른 의미에선 티타늄에 이상 가는 마법의 원소이며. 우주에서 수소, 헬륨, 산소 다음인 네 번째로 큰 질량을 가지고 있으며, 지각에서는 15번째로 풍부한 원소이다. 고대에서부터 탄소는 숯(목탄)의 형태로 많이 사용되었으며, 기본적인 연료 외에 철 등의 금속 제련 용도로도 사용되었다.

다공성 탄소인 숯은 우리나라뿐만 아니라 중국과 일본에서 오래전부터 생활에 응용하여 사용되어왔다. 우리나라의 조상들은 약 2600년 전 신라시대에 숯불로 밥을 지어먹고 차를 끓여 먹었던 기록이 있었으며, 출산을 한 경우 숯을 통해 금줄을 치고 우물을 파고 밑바닥에 숯을 묻어 정화와 방역의 용도로 사용하였다. 이 외에도 팔만대장경의 보관을 위해 숯과 소금을 사용하고 곳간에 숯을 놓아 변질을 억제하는 등 다 숯이 지니는 흡착 현상을 지혜롭게 사용해 왔다.

1972년 중국의 호남성 장사(長沙) 시 교외에서 2100년 전에 만들어진 것으로 보이는 한 고분이 발견되어서 전 세계를 놀라게 한 사건이 있었다. 이 고분은 마왕퇴(馬王堆) 고분이라 부르는데, 이 고분에서 한 여성의 유체가 발굴되었다. 유체가 들어있는 관 안에는 수많은 보물이 들어있었다. 주위에는 관현악기와 같이 빛나는 칠기류 들이 둘러싸여 있었다. 놀라운 일은 바로 그 유체의 상태이었다.

이 유체는 2100년이 지났음에도 마치 며칠 전에 사망한 것처럼 부패가 전혀 진행되지 않은 상태였다. 발견 당시에 외견상으로는 죽은 지 4일을 경과하지 않은 것처럼 보인다고 보고되었다. 유체의 추정 사망 연령은 50세 전후로, 신장 154 cm 정도로 몸 전체에 손상이 이루어지거나, 결손된 부위는 전혀 없었다. 피부와 근육도 탄력이 있고 내장도 그대로 남아 있었으며, 사인이 협심증이었음을 쉽게 알아낼 수 있었다. 놀라운점은 장(腸) 내에는 회충의 사체가 그대로 남아 있었으며, 위 속에는 사망 몇 시간 전에 먹었을 것으로 보이는 참외의 씨가 176개 들어 있었는데, 그 씨를 파종하였더니 정상적으로 발아하였다고 한다. 이처럼 2100년 동안이나 인간의 몸이 부패하지 않고 생생하게 보존되어 있었으니 상식적으로 생각하면 도저히 불가능한 사실이 현실로 나타난 것이다. 그런데 이 경이로운 신비를 풀어 볼 만한 유일한 열쇠가 고분 주위에서 발견되었다. 즉, 고분의 주위에는 다른 고분과는 달리 약 5 톤의 숯이 덮여 있었던 것이다. 그것 외에는 유체가 생생하게 보존될 수 있다고 추정되는 아무것도 없었다. 즉, 고대 중국인들은 숯이 우수한 보존 능력이 있음을 알고 있었던 것이다.

우리나라도 중국과 마찬가지로 유체의 보존을 위하여 숯을 사용한 예가 여럿 알려지고 있다. 경북 영주시의 의성 김씨 평장사 공파 16대 손 김흠조(金欽祖) 무덤이 그 대표적이다(그림 1-2 참조). 도로계획으로 묘를 이장하는 과정에서 469년이나 지난 유체가 발견되었는데 하체 부분이 전혀 부패하지 않고 사망 시와 같은 상태를 유지하고 있었다. 잘 조사해보니 30 cm 두께의 숯이 바닥과 주위에 덮여 있었다고 한다. 일본인들도 묘지에 숯을 활용한 예가 많이 보고되고 있다. 우리나라 조상 어른들이 생활에 숯을 응용한 예를 살펴보면 다음의 것들이 있다.

- 큰 건물의 기소에 숯과 소금 등을 넣어 자연환기와 습도를 조절
- 출생과 함께 금줄을 쳤던 방역
- 장독에 넣어 방부, 숙성, 불순물 흡착
- 재를 덮어 불씨를 살려두었던 화롯불
- 재를 연마제로 제기 등 그릇을 닦음
- 우물에 숯을 넣어 물을 정제
- 홍어를 잿 속에 넣어 숙성
- 곳간에 숯 포대를 놓아 곡식의 변질을 방지
- 토지 택지의 경계 표시
- 가정상비약 등

(a) 장사성의 고분 발굴현장

(b) 고분에서 출토된 유물

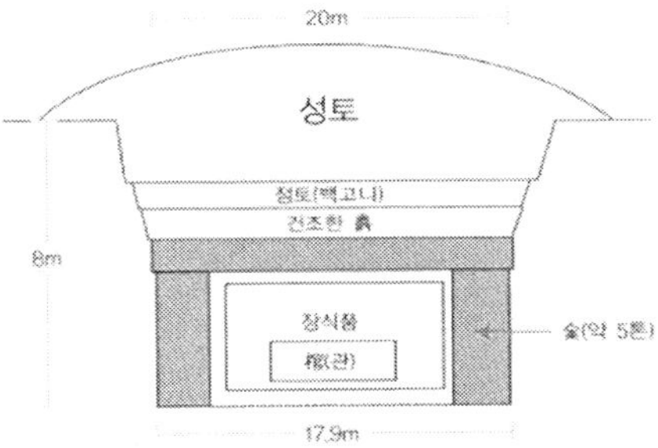

(c) 영주에서 발견된 김흠조 무덤

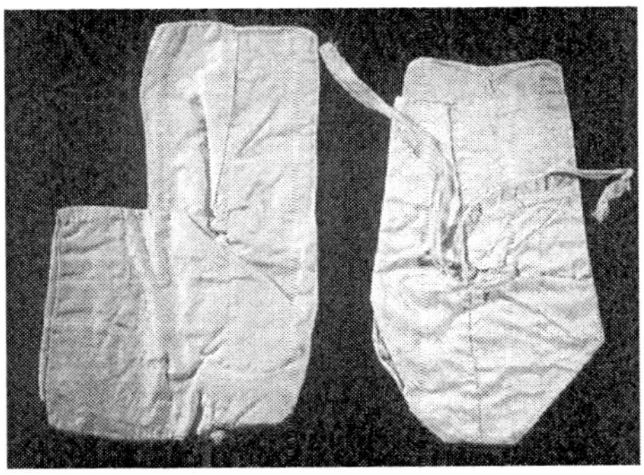

(d) 부패하지 않고 발견된 유물

그림 1-2 중국과 한국에서의 과거 조상들의 숯의 사용 예

제 2 장 나노탄소의 개요

탄소는 종류별로 다양한 역사를 가지고 있는데 이들에 대한 설명을 이전에 탄소라는 재료의 특성에 대한 이해가 필요하다. 탄소는 다양한 동소체를 가지게 있으며, 이를 이해하기 위해 동소체와 결정체에 대한 설명을 먼저 하고자 한다.

2.1 결정체와 동소체

먼저 결정체는 수정, 눈, 보석 등과 같이 물질을 구성하고 있는 원자가 규칙적으로 반복되는 구조를 말한다. 결정체를 흔히 보석으로 생각하기 쉬우나 sapphire를 보여주며 보석은 결정체를 보여주는 것이 아니라 임의적으로 모양을 만들어내는 것이다 결정체의 특징으로 원자들이 규칙적 반복적 구조를 가지고 있으며 정육면체를 가진 철, 알루미늄, 니켈 결정체의 모양을 보기는 어렵고 가공하는 과정 중에서 없어지지만 대부분 금속은 결정체를 갖는다. 규칙적으로 원자가 배열되면 일정한 형상을 갖게 되며, 금속재료도 대부분 결정체로 되어 있다.

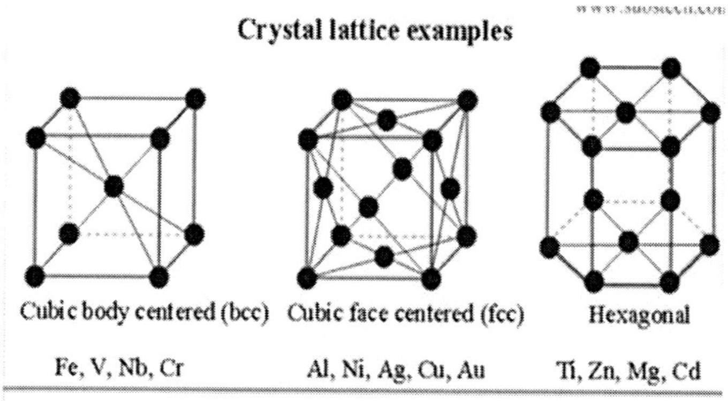

그림 2-1 다양한 구조를 가진 결정체들의 예시

원자단위로는 결정체 구조를 가지고 있으나, 가공하는 과정에서 모양이 사라지게 된다. 결정체로 이루어진 상태를 확인할 때에는 엑스레이와 전자현미경을 사용하게 된다. 동소체는 물질을 구성하는 성분을 분석했을 때 같은 화학 조성을 갖지만 원자 수가 다르거나 원자의 배열 상태, 결합 구조 등이 달라 서로 성질이 다른 물질들을 말한다.

동소체의 가장 대표적인 물질은 탄소 동소체이다. 탄소는 원자가 1개씩 떨어진 상태로 존재하기는 매우 어려우며, 여러 원자들이 모여서 안정된 구조로 있게 된다. 전자가 4~5개로 다른 원자와 최대 4회의 공유 결합을 형성할 수 있다. 다양한 구조의 화합물을 형성할 수 있으며, 탄소 동소체의 종류는 흑연, 다이아몬드, 그래핀, 플러렌, 탄소나노튜브 등이 있다.

탄소명 분류	흑연	다이아몬드	탄소나노튜브	그래핀	플러렌
특성	열 전도성이 우수	뛰어난 강도	전자세기가 클수록 수축	늘리거나 구부려도 전기적 성질 유지	안정된 구조
결정구조	여섯 개로 이루어진 고리가 연결되어 층을 이룬 모양	다이아몬드 입방 결정구조	관모양의 육각형 벌집형태	2차원 구조의 벌집형태	축구공 모양
	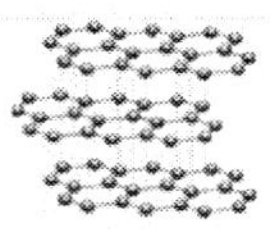	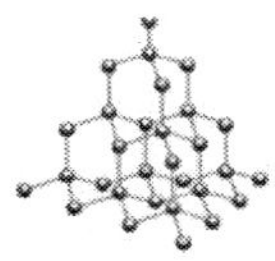	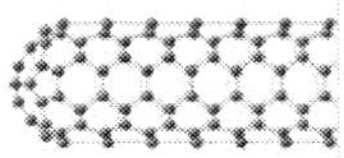	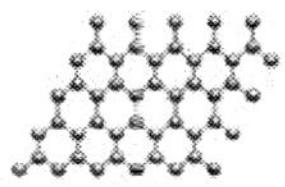	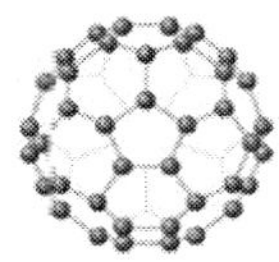
강도	5개의 동소체 중 최약	여러 재료 중 손꼽힐 정도로 우수	강철의 100배 정도의 강도	강철의 200배 정도의 강도	응집 다이아몬드 나노막대로 가공 시, 다이아의 1.17 ~ 1.52배의 강도
주용도	연필, 내열성 장비, 내식성 기구, 전극&전기분해 기구, 중성자 감속재 및 반사재, 물건의 주형, 윤활제와 감마제의 재료로 사용	절삭공구, 보석	반도체, 평판 디스플레이, 배터리, 초강력 섬유, 생체 센서, TV 브라운관, 나노 집게	아직 개발단계에 있으나 향후 전자 종이, 착용식 컴퓨터로써 이용 연구 중	아직 개발단계에 있으나, 향후 절삭도구나 강도가 좋은 플라스틱으로 이용 연구 중

그림 2-2 탄소동소체의 종류와 특징

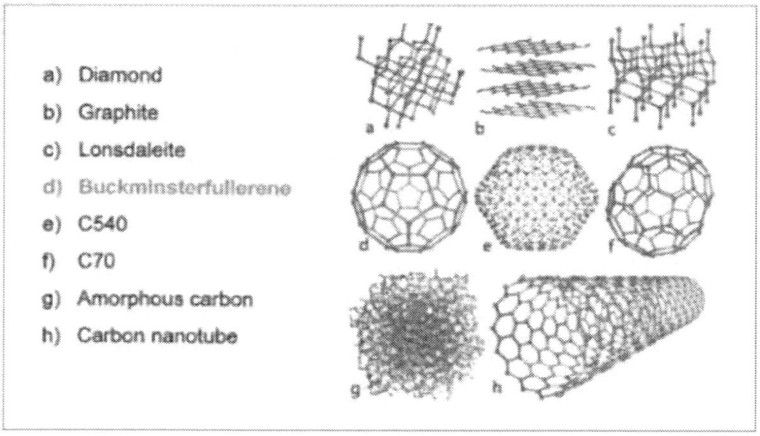

그림 2-3 탄소동소체들의 구조

2.2 카본 블랙

2.2.1 결정구조 및 성질

카본블랙은 입자의 크기와 응집상태, 표면특성 등의 조절이 가능한 공정조건하에서 만들어진 탄소원소라고 정의할 수 있다. 카본블랙이 처음 사용되기 시작한 지는 100여년 가까이 되었으며, 그 기간 동안 제조방법의 발달로 인하여 다양한 품질의 제품개발이 이루어졌으며, 이에 따라 꾸준한 시장의 변화도 같이 일어났다.

카본블랙은 기본적으로 흑색이나 대회흑색의 분말이다. 유기물(탄화수소)의 불완전 연소나 열분해에 의해 생성된 그을음이라고 보면 된다. 성분은 주로 탄소이지만 그 표면에 미크로적인 상태가 제법과 원료에 의해 변화되며 단순하게 탄소의 미립과는 다른 특징을 가져 고무약품과 혼화하였을 때에 비로소 특징을 발휘하는 것이다.

일반적인 특성으로서는 물에 잘 안 젖고 그의 산소, 수소, 무기성분(회분)에 의해 이루어진다. 비중은 대략 1.8～7.9인데, 외관의 비중은 일반은 0.35～0.4(입상), 0.04～0.08(분상)으로 이루어지게 된다. 카본블랙에서 가장 중요한 세 가지 물성은 pH와 표면적 그리고 입자구조이다. 채널블랙은 산성인 반면에, 물과 함께 냉각되는 특징을 가지는 퍼니스 블랙은 알칼리성이다. pH는 고무산업에서 사용되는 가황촉진제의 선택에 많은 영향을 미친다. 산성의 카본블랙은 가황을 억제시키는 특징을 가진 반면, 알칼리성은 가황공정을 촉진시키면서 초기 가황

시간을 단축시키는 역할을 하게 된다. 따라서 새로운 등급의 카본블랙을 개발하는 것은 고무산업에서의 가황촉진제 선택과 관련되어 연쇄적으로 공정 및 시장 변화를 가져오게 된다.

표면적은 카본블랙의 강화물성과 많은 관련을 가지고 있다. 일반적으로 고무산업에 있어서는 표면적이 9~153㎡/g 사이에 해당하는 카본블랙을 주로 사용한다. 카본블랙의 표면적은 커질수록 내마모성은 향상되는 특징을 가지나, 고무와의 혼합공정 시간과 혼합을 위한 동력의 소비량이 급격히 증가한게 된다.

세 번째 물성은 탄소 입자의 응집된 정도를 나타내는 구조적 특성이다. 개별입자는 구조적으로 비교적 큰 열분해 블랙이 구조발달이 낮은반면에, 오일을 베이스를 통해 퍼니스 공정으로 생산되는 퍼니스 블랙은 입자들이 사슬형태로 얽혀지면서 비교적 잘 발달된 구조로서 보이게 된다. 구조가 발달된 카본블랙을 이용할 경우엔 탄성계수(모듈러스)와 강도 및 압출성등의 물성이 증가되는 반면에 초기 가황시간(스코치)이 감소됨으로써 공정의 안정적 운용에는 안좋은 영향을 미친다. 합성고무에 구조가 발달된 카본블랙을 사용할 경우 고무와 카본블랙과의 혼합물의 점도가 높아지는 것을 보게 된다. 이 경우엔 혼합물에 첨가하는 오일(Extending Oil)의 비율이 높아져서 결과적으론 전체적인 원료비 부담은 줄어드는 것을 보게 된다.

네 번째로 중요한 물성은 카본블랙의 표면 활성도이다. 표면 활성도는 카본블랙 자신의 표면특성과 표면에 흡착된 산소의 양과 관련이 있다. 이 물성은 카본블랙과 고무와의 접착성과 관련이 있는 것으로 알려져 있다. 특히 합성부틸고무와의 배합을 할 경우 그 특성이 명확히 나타난다. 그 외에도 표면 활성탄의 발생열축적을 감쇄시킨다는 실험결과가 1965년경에 발표되기도 하였다.

2.2.2 카본블랙의 주 용도

카본블랙은 주로 각종 고무보강제, 착색제와 강충전제, 피혁가공과 합성수지 착색제, 에나멜도료와 전선, 건전지, 흡착제, 태양열 흡수도료 등과 같이 다양한 용도에 사용된다.

카본블랙의 사용방향은 첫째로 높은 표면적 특성을 가지는 제픔을 사용함으로써 강화성을 향상시켜 나가고 둘째로 발달된 구조를 갖는 제품을 채택함으로써 혼합물내에서 카본블랙의 분산을 쉽게하여 공정의 난이도를 낮추며, 또한 압출성형 속도의 향상을 통해 생산물의 내구성을 증대시키는 목적을 지닌다.

반면, 구조가 발달되어진 카본블랙을 사용할 경우엔 제품의 주기적인 응력부하에 의해 발생되는 열이 증대되는 특성을 보인다. 이러한 요인으로 발생열의 축적이 중요한 문제가 되는 고하중의 타이어 제조의 경우에는 60년대까지 채널블랙이 강화제로 사용돼었다. 그러나 퍼니스 공정이 발달함에 따라 비싼 천연가스 대신에 비교적 저렴한 오일을 사용하면서 구조의 발달이 상대적으로 낮은 퍼니스블랙의 생산이 가능하게 되었다. 즉, 퍼니스공정의 반응로에 추가로 금속나트륨을 첨가제로 투입함에 따라 생산품의 구조발달을 조절할 수 있게 되다. 퍼니스블랙 제조기술의 발달로 인해 채널블랙의 수요는 상당부분이 퍼니스블랙으로 대체되었다. 최근엔 상기 언급한 각종 물성치를 종합적으로 고려하여 고무배합이 공정조건을 결정하는 기술로 발달되어, 구조적으로 발달된 형태의 카본블랙을 양산하여 다양하고 우수한 물성을 유지함과 동시에 발생열의 축적 문제를 동시에 해결하는 방향으로 연구가 이루어지고 있다.

2.2.3 국내 · 외 흑연산업 현황

2011년 현재 세계의 카본블랙시장 규모는 약 15조원(14 billion $), 수요는 9,800 천톤/년으로 추정되며 국내의 생산능력은 약 620 천톤/년이다. 일반 카본블랙의 약 90%는 자동차와 항공기 및 산업용 타이어와 같은 고무관련 보강재로 사용되고 있으며 10% 정도가 특수 카본블랙이다.

특수카본블랙은 컬러블랙과 전도성블랙으로 구분되며 흑색착색제는 산업용 페인트, 코팅, 플라스틱과 섬유 착색제, 인쇄용 잉크 등에 사용되고, 케첸블랙(Ketjenblack)은 전도성성질을 쉽게 조절할 수 있어서 전자부품 전도성소재, UV 차단제, 2차전지 음극소재 등 산업전반에 걸쳐 그 용도가 급속히 발전하고 있다. 현재 국내 시장규모는 약 3만톤, 800~1,000억원 규모로 추정되고 있다. 국내에서는 1969년 미국 Continental사 와의 합착으로 최초 10,000톤을 생산한 이후로 1981년 제철화학, 1992년 정우석탄화학은 미국의 Ashland사와 일본의 Tokai사의 기술지원을 바탕으로 50,000톤을 생산하였다. 이후 제철화학은 OCI로 2009년에 사명을 변경한 후 28만톤을 생산하였으며, 에보닉코리아와 콜럼비안코리아케미칼에서 각 22만톤, 12만톤을 생산하였다.

2.3 흑연

2.3.1 흑연의 배경

흑연(黑鉛, Graphite)은 탄소의 동소체 중 하나로 석묵(石墨)이라고도 불린다. Graphite의 어원은 "글을 쓰다"라는 뜻의 그리스어 Graphein에서 유래되었으며, 외형적으론 흑색(철회색)을 지니며 금속광택을 지닌다. 탄소는 보통 자연에서는 흑연자체의 고체상태로 존재한다. 1779년에 셸레는 당시엔 납의 일종으로 여겨졌던 흑연이 탄소의 다른 형태임을 발견했다. 흑연과 다이아몬드도 수천 년 전부터 인류에게 알려져 왔다. 흑연은 주로 토기나 도기에 그림을 그리는 용도로 사용되었으며, 다이아몬드는 장식용 보석으로 다양하게 사용되어 왔다. 흑연의 한자는 '검은 납'을 뜻한다. 이는 오늘날의 영어명인 'Graphite'가 만들어지기 그 이전에 사용된 이름인 'Black lead'에서 유래한 것으로 보인다.

흑연은 돌 같은 모양인데 흑연의 원자 구조는 탄소로 되어 있다. 외관색은 흑색과 철회색 사이를 띠며 금속의 광택을 지닌다. 녹는점과 끓는점 등이 명확하지는 않으나 전기전도체로 작용하는 특성을 가지며, 전기저항은 방향에 따라 매우 큰 차이를 보인다. 천연흑연에서 나타나는 결정은 육각의 판 모양으로 편평이루어 졌으며, 인공흑연은 비늘상이나 덩어리상의 결정으로 보인다. 또한 내열성과 내열충격성, 내식성이 강하며 전기 및 열 전도성이 우수하다.

흑연은 층 구조로써 한 층에 탄소 원자들로 되어 있으며 탄소원자 1개는 다른 탄소원자 3개와 결합되어 있다. 육각형 구조로 되어 있으며, 층간에도 힘 작용으로 규칙적 배열된 3차원적인 결정체이다. 흑연은 천연에서 산출하거나 인공적으로 제조한다. 전기의 양도체나 활마재, 연필심, 전기로와 아크의 전극으로 사용되고 있다. 흑연의 같은 면에서는 탄소 원자간 결합이 강하나, 면과 면사이는 결합이 약한 특징이 있고, 이러한 이유로 흑연은 비교적 쉽게 손으로도 부서지기도 한다.

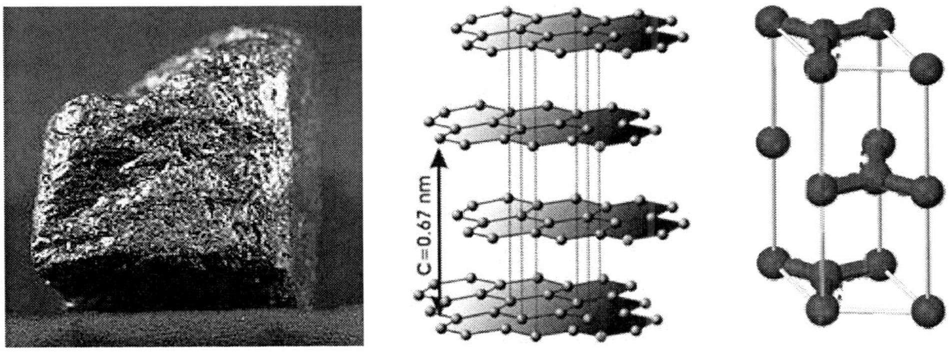

(a) (b) (c)

그림 2-4 흑연의 외형 및 원자구조(a) 흑연의 외형,(b) 흑연의 결정구조,(c) 흑연의 단위전자

2.3.2 결정구조 및 성질

흑연은 순수한 탄소로 구성되어 있고 다이아몬드와 동질이상(同質異像)에 해당한다. 탄소원자 1개는 다른 탄소원자 3개와 결합, 한면에서 육각형 구조를 가지며 층 구조로 되어 있으며, 2차원적으로 면에서 육각형 배열, 각 면간에도 규칙적 배열되어 3차원적인 결정체가 된다.

c값(층간 간격의 2배)은 6.696 Å, 탄소간 결합 길이는 1.42 Å이고 흑연의 단위격자는 탄소원자 4개를 포함하게 되며, 격자상수는 2.456 Å이다.(탄소섬유의 Chemical Healing을 통한 전기전도도 향상에 관한 연구, 2018). 흑연은 화학적으로도 상당히 안정한 물질이다. 한면에서는 탄소원자간의 힘이 강해 강도가 높으며, 면간에는 떨어져 있고, 결합력이 약해 부서지기 쉽기때문에(면간파손 쉬움) 내열성과 내열충격성, 내식성에서 유리하며, 전기와 열전도성이 우수하다는 장점이 있다. 탄소는 화학적으로 안정한 물질이며, 공기 중 발화점은 500~600℃ 이상이고, 산소 중에서 가열하면 600~700℃ 부근에서 이산화탄소가 된다. 탄소분말을 진한 황산과 질산의 혼합물로 처리하게 되면 녹갈색의 산화흑연을 얻을 수 있다. 진한 황산과 산화제와 함께 가열하게 되면 광택을 지닌 청자색의 황산수소흑연이 된다. 질산으로 산화시키게 되면 멜리트산을 얻을 수 있다.

2.3.3 흑연의 주 용도

흑연은 일상생활에서 자주 접할 수 있는 연필의 재료로 쓰이며, 로켓의 케이스나 화학공정에서의 내열성 장비의 재료 사용된다. 화학 공정에서는 내식성 기구의 재료로 사용되며, 전기용광로의 전극이나 전기 분해를 위한 기구의 재료 사용된다. 원자로에서 중성자 감속재 및 반사재와 많은 물건의 주형 및 윤활제 감마제 등 다양한 용도로 광범위하게 사용되고 있다.

2.3.4 국내 · 외 흑연산업 현황

흑연은 시장규모 및 성장률 등 산업파급력이 매우 높은 탄소소재로 세계 탄소시장의 50% 이상을 차지하고 있다. 시사저널에 의하면 세계는 지금 '흑연 확보 전쟁 중'이라고 기술하고 있다(시사저널, 2017). 우리나라는 한 때 세계에서 천연흑연을 가장 많이 생산하는 나라이었으나 해방 후 점차 생산량이 감소하다가 1989년 정부의 '석탄산업 합리화 정책'으로 인해 1992년부터 천연흑연의 생산물량이 급격히 감소하기 시작하였고 마침내 2011년부터는 생산이 완전히 중단되어 중국으로부터 국내 수요물량의 거의 대부분을 수입하고 있는 실정이다(산업경제연구, 2020). 전통적인 천연흑연 정제기술은 부유선광법인데 이 기술도 발전하지 못하여 일본 및 독일 등으로부터 고순도 흑연을 고가에 수입하고 있는 실정이다. 인조흑연 역시 에너지산업의 폭발적인 성장에 따라 국내 수요가 급증하고 있으나 생산을 위한 원천 제조기술 및 노하우가 부족하여 국내 수요물량 전부를 중국 및 일본, 독일 등으로부터 수입하고 있다. 산업통상자원부의 "탄소소재 융복합기술 개발사업"기획보고서의 '국가별 탄소소재 기술수준 및 기술격차'를 보면 우리나라의 인조흑연부문 기술격차는 일본을 100으로 볼 때 37 수준으로 무려 20년의 기술격차가 나는 것으로 보고되어 있다(산업통상자원부, 2019). 인조흑연의 수요는 주로 이차전지, 제강 및 제철산업, 반도체, 자동차, 항공기 등에서 발생하고 있으며, 최근 전기자동차에 대한 수요 증가로 인해 이차전지 산업이 활성화되어 수요가 크게 증가할 것으로 전망이 되고 있으나 우리나라는 인조흑연을 전혀 생산하지 못하고 있다.

한국지질자원연구원과 광운대학교 산학협력단, ㈜원테크에너지, 엘브스흑연(주) 등이 고순도 흑연정제방법에 대한 기술특허를 등록하고 있으며, ㈜포스코와 한국화학연구원 등을 중심으로 인조흑연 중간원료 개발을 위한 여러 건의 기술특허를 등록하고 인조흑연의 원천제조기술을 확보하기 위해 노력하고 있으나 현재까지 성과가 거의 없는 상황이다. 특히 우리나라는 인조흑연의 중간원료인 석유 및 석탄계 부산물인 피치가 풍부함에도 인조흑연의 원천 제조기술 및 침상코크스를 얻기 위한 피치의 개질기술 노하우가 절대적으로 부족한 실정에 있어 관련 기술에 대한 특허 및 논문 분석을 통해 기술개발 현황 및 사업화 추진 현황 등을 파악하여 기술개발을 위한 문제점을 찾아내는 것이 매우 중요하다.

2.3.5 천연흑연 정제기술

흑연산업의 지속적인 성장으로 인해 고순도 흑연의 수요는 날로 증가하고 있는데 반해 우리나라의 천연흑연 정제기술은 매우 미흡한 수준이다. 일본은 일찍부터 천연흑연 정제기술 개발에 뛰어들어 현재 전 세계에서 가장 높은 기술력을 갖고 있다.

우리나라도 다양한 방법의 천연흑연 정제기술을 개발하고 특허등록을 하는 등 많은 노력을 하고 있음에도 불구하고 현재까지 확실하게 개발된 기술을 사업화하고 있는 곳은 확인이 되지 않고 있다. 1970년대 중앙지질광산연구소(현, 한국지질자원연구소)에서 처음으로 천연흑연 정제가 연구되어, '가압 저팽창법을 이용한 천연 인상흑연의 고순도 정제방법'과 '전자파 플라즈마를 이용한 흑연 정제장치' 등의 특허가 등록되었다. 이어 '고순도 흑연시트 제조를 위한 흑연정제기술' 등에 대한 국가 R&D 지원 과제를 수행하였고, 한국지질자원연구원 자원회수연구센터는 'EDTA(Ethylene Diaminete Traacetic Acid)를 이용한 고순도 흑연 정제기술'을 개발하여 '공동TLO마케팅사무국'을 통해 기술이전을 시도하였다. 최근에는 엘브스흑연(주)이 '순수 물리적 방법에 의한 천연 인상흑연의 대량 제조방법'을 특허 등록하는 등 다양한 노력에도 불구하고 아직까지 유의미한 흑연의 정제기술은 확보하지 못하고 있다.

2.3.6 인조흑연 제조기술

인조흑연은 제강용 전극봉 및 이차전지 음극재로써 산업 전반에 널리 사용되어지는 첨단소재임에도 우리나라는 흑연에 대한 원천 제조기술이 없기 때문에 국내의 수요물량 대부분을 중국과 일본 등지에서 고가에 수입하고 있다. 우리나라는 철강과 석유화학분야의 강국으로서 인조흑연의 원료가 되는 양질의 석유, 석탄계 저급유분이 풍부하여 향후 피치 개질기술 개발 및 사업화를 할 때 고품질의 인조흑연 제조가 가능한 시설을 갖추고 있으며, 자체 기술개발

시도과정에서 실패 및 설비투자의 부담과 같은 이유로 상용화가 지연되고 있다. 국내에서 발생하고 있는 석유계 잔사유로는 PFO(Pyrolysis Fuel Oil), FCC-DO(Fluidized Catalytic Cracking-Decant Oil), VR(Vacuum Residue) 등이 있으며, 이중 PFO 단일 종으로만 연간 약 100만 톤씩 생산되고 있으나 전량 저급 연료 수준으로 소비되고 있다. 또한 석탄계 저급유의 경우, 국내에서 제철부산물로 생산되는 콜타르 피치의 약 30%를 일본으로 저가에 수출한 후, 고가의 전극봉 및 음극재 형태로 재수입하고 있는 실정이다(한국화학연구원, 2017).

우리나라는 인조흑연 제조공정에 대한 기술적 이해는 이미 이루어졌고 실험실 규모로의 제조는 가능하지만 상업화로의 경험은 미흡하다. 특히 해당분야에서는 인조흑연의 공업적 제조기술 및 노하우 확보가 관건이며, 원소재 합성 및 혼합, 인조흑연 성형 공정, 탄화/흑연화 등의 열처리 공정에 대한 경험적 노하우 확보가 중요하기 때문에 인조흑연 제조기술을 보유한 선진국 기업은 제조노하우 유출을 철저하게 차단하고 있다(한국 흑연산업의 현황 및 발전방안 연구, 2019). 이에 따라 선진국과 대비하여 인조흑연의 제조기술 수준은 매우 미흡한 수준이다 그림 3-5는 산업통상자원부에서 보고한 인조흑연 기술개발 체계도와 세부과정 기술연계도를 보여주고 있다.

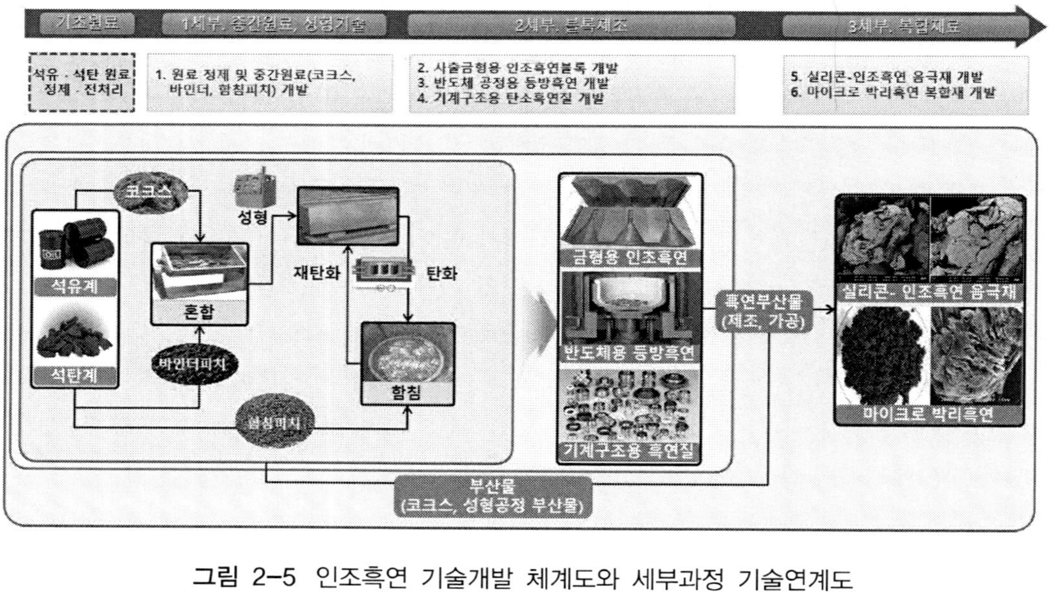

그림 2-5 인조흑연 기술개발 체계도와 세부과정 기술연계도

나노탄소와 연료전지

공학박사 곽이구·김홍건·주용수 공저

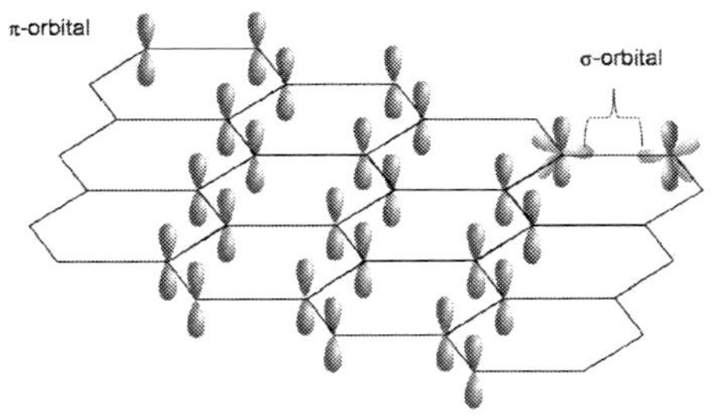

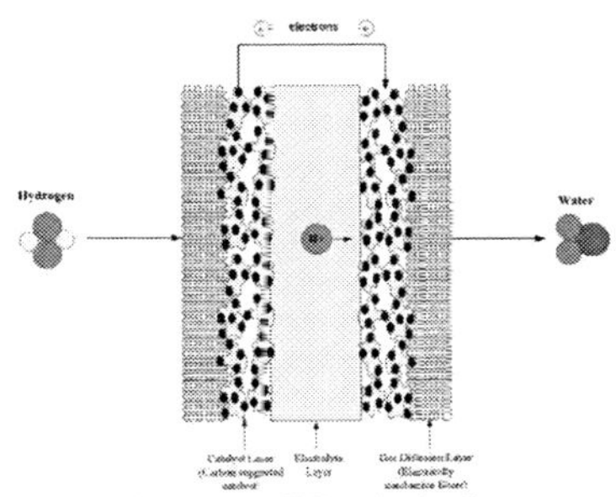

Figure 1: A single PEM fuel cell configuration

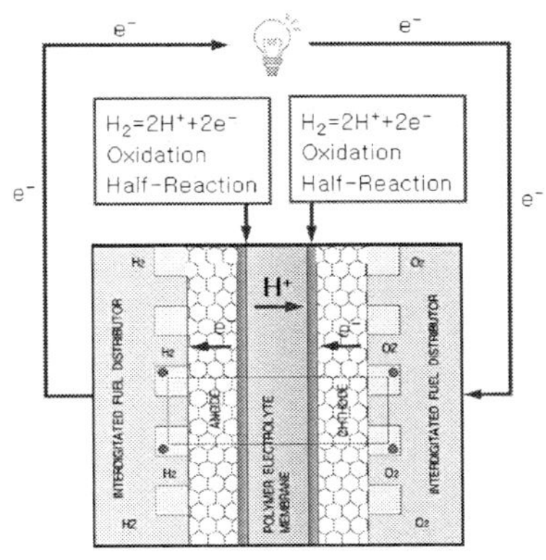

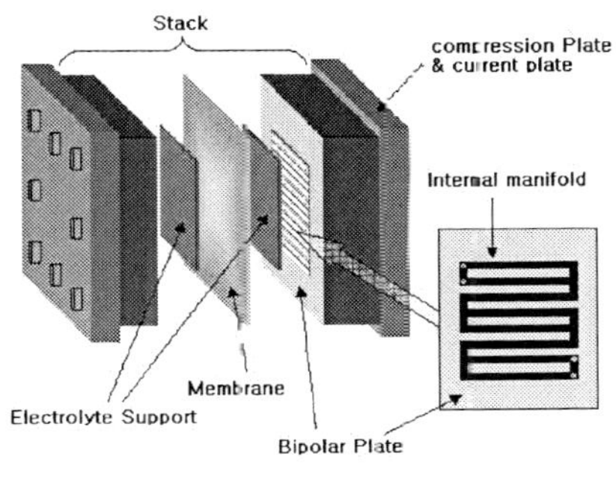

문운당

PREFACE

최근 지구온난화 및 기후변화협약 규제대응 등 국내외 환경 변화에 따라 탄소 및 신·재생에너지의 중요성이 새롭게 인식되고 있습니다. 탄소 및 신·재생 에너지는 초기투자비가 비교적 큰 장애 요인에도 불구하고 기존의 화석에너지의 고갈문제와 환경 문제에 대한 해결방안이라는 점에서 선진 각국에서는 이미 그에 따른 과감한 연구개발과 보급정책을 추진해 오고 있습니다. 또한 탄소 및 신·재생에너지 사업은 기존에너지원 대비 가격경쟁력 확보 시 IT, BT, NT산업과 더불어 우리나라의 차세대 성장동력이 될 수 있는 중요한 미래 산업입니다. 최근 탄소 및 신·재생에너지 기술은 미래의 가장 확실한 에너지 기술로 자리매김하게 되었고, 어쩌면 미래의 환경 및 에너지 문제를 동시에 해결할 수 있는 유일한 현실적 대안으로 평가받고 있습니다. 이러한 이유로 탄소 및 신·재생에너지 기술은 전 세계적으로 연구개발이 활발히 진행되고 있으며, 주지하시다시피 일부 분야에서는 이미 실용화가 되어 있습니다. 다행스럽게도 이제는 우리나라도 정부주도의 탄소 및 신·재생에너지 개발 사업이 기반기술 확립단계를 거쳐 도약기에 접어들었습니다.

먼저 탄소에 관해 살펴보면, 탄소는 지구상에 널리 존재하는 흔한 원소입니다. 또 모든 생명체의 구성 원소로 인체 무게의 약 18.5%를 차지하며 이는 산소 다음으로 많습니다. 대기에서는 주요 온실가스인 이산화탄소(CO2) 형태로 존재하며 여러 광물에서는 탄산염의 형태로 존재합니다. 과거에도 목탄의 형태로 사용되어 왔을 정도로 탄소는 산소와 함께 우리가 생명을 유지하는데 없어서는 안될 가장 기본적인 원소 중 하나입니다. 탄소는 다른 물질과의 결합이 쉬워 어떤 원소보다도 많은 종류의 화합물을 생성할 수 있는데 그 수가 무려 2천만 가지에 이른다고 합니다. 같은 원자이지만 결합 방식에 따라 여러 형태를 갖는 물질을 동소체라고 합니다. 한 집안 친척관계라 생각하면 쉽습니다. 탄소의 친척들은 활성탄, 흑연, 그래핀, 다이아몬드, 탄소나노튜브, 카본블랙 등이 있습니다. 이와 달리 인공적으로 만든 동소체도 있는데 탄소원자 60개가 축구공 모양으로 결합된 분자를 플러렌(Fullerene C60)이라 합니다. 탄소는 앞서 언급한 바와 같이 결합되는 형태에 따라 특성 등이 전혀 다르기 때문에 용도에 맞게 여러 분야에서 무궁무진하게 이용이 가능합니다. 대표적으로 건축, 토목, 자동차, 우주항공, 조선, 고압용기, 환경에너지 분야 등 다양한 산업분야에 이외에도 골프채나 테니스 라켓, 낚시대 등 우리 생활속에서도 흔히 사용되고 있습니다.

이렇게 다양하게 구성되어지는 탄소소재는 3대 산업소재인 금속, 세라믹 등과 더불어 재료로서 새로운 기능을 가진 분야의 첨단소재로 활용되고 있습니다. 또한 미래를 바꿀 10대 핵심소재에 탄소섬유복합재료, 탄소나노튜브, 인조다이아몬드가 포함되는 등 미래를 이끌어나갈 소재로서 매우 중요한 역할을 수행하고 있습니다. 탄소소재 산업은 경제적 측면에서도 현재 세계적인 무한경쟁 구도와 함께 고부가가치 상품에 대한 수요를 확대시키고 끊임없는 기술혁신을 요구하고 있습니다. 선진국에서는 기술집약적인 컨소시엄을 형성하고 시장 규제를 보다 엄격하게 적용하여 후발주자의 추격을 늦추려 하고 있습니다. 이러한 급변하는 시장에 대응하기 위한 신소재의 기술개발은 선진국과 후발주자 모두에게 큰 숙제입니다.

한편, 탄소산업은 세계적으로 소재산업육성의 필두에 서 있는 산업이며 주요 산업소재인 금속, 세라믹, 플라스틱 등에 비해서 높은 기계적강도, 전기적 특성 및 내열성, 내부식성과 내화학성을 보이고 있어 초창기에는 우주항공, 군사용 등의 특수소재로서 주목받아 왔을 뿐만아니라 우리의 일상생활에도 많이 접목되어 있습니다. 그리고 탄소소재는 현존하는 가장 가벼운 고비강도 소재입니다. 중량은 강철의 20%, 알루미늄의 70% 정도에 불과하지만 강도는 강철보다 10배 이상 강합니다. 즉, 같은 무게면 철보다 5배 이상 강한 것입니다. 따라서 가볍지만 강하기 때문에 최근 보잉사나 에어버스사 등이 제작하는 항공기에는 탄소섬유 복합재료가 총 중량의 50% 이상 사용된다고 합니다. 또 내열성이 우수해서 급제동과 급가속이 빈번히 이루어지는 경주용 자동차나 항공기 브레이크 등에도 사용됩니다. 일반적으로 시속 300km에서 80km까지 급제동시 브레이크의 온도는 3,000℃까지 상승한다고 하는데 일반 금속 브레이크라면 이미 녹아내렸겠지만 탄소소재라면 거뜬합니다.

하지만 탄소가 철강재료를 대체할 때 걸림돌도 존재합니다. 바로 가격입니다. 현재 탄소섬유는 철강소재보다 10배 이상 비싼 고가소재로써 자동차에 적용하기까지는 아직은 적당하지 않은 가격대를 형성하고 있으며 일부 고급자동차에 적용되고 있지만 양산용 자동차에는 탄소섬유 적용이 현실적으로 어렵다고 볼 수 있다. 최근 이러한 고가의 탄소섬유를 저가에 공급할 수 있는 공법이 많이 연구되고 있으며, 자동차 전용 저가 탄소섬유를 생산하고자 원재료부터 다시 검토하는 연구도 진행되어 일부 대기업 및 연구소에서 상품화하기 위해 다양한 검토가 진행되고 있습니다.

PREFACE

탄소소재는 이미 다양한 분야에서 사용되고 있으나 기술의 발전과 시장 환경의 변화에 따라 새로운 수요처가 생기고 있습니다. 그 방향은 기존의 소재를 탄소소재가 대체하거나 아니면 새로운 제품을 위한 소재로서 등장하는 것입니다. 또한 탄소소재의 성장과 함께 또 하나 주목할 것은 탄소소재가 소재 융복합화에 있어 핵심적인 역할을 할 것이라는 점입니다. 앞서 설명한 바와 같이 탄소소재는 다양한 소재의 장점을 동시에 지니고 있어 소재 융복합화의 가교역할을 할 최적의 후보로 평가됩니다. 탄소소재는 이러한 관점에서 소재산업의 활력을 제고할 수 있는 새로운 모멘텀이 될 것으로 기대됩니다. 탄소소재 자체의 혁신, 그리고 소재의 융복합화의 촉진은 소재/부품/장비 산업에 새로운 활력을 줄 것으로 기대되어집니다.

또 신・재생에너지에 관해 살펴보면, 그 동안 탄소 및 신・재생에너지의 각 분야에서 노력하여 대학, 연구소, 민간기업의 전문 인력도 많이 증가하였고, 국내 기술개발 속도 및 수준에도 많은 진전이 있어 선진 외국에서도 좋은 평가를 받고 있습니다. 이제 정부에서도 탄소 및 신・재생에너지 기술개발속도를 가속화하기 위하여 풍력, 태양광 분야와 함께 수소・연료전지분야를 3대 중점과제로 선정하는 등 집중적으로 지원하고 있습니다.

본 서는 위와 같은 시대적 요구에 따라 전공자 뿐 아니라 탄소 및 신・재생에너지에 관심을 가지고 있는 일반인과 비전공 학생들도 탄소 및 신・재생에너지의 이해를 도우며, 기본적인 지식을 함양할 수 있도록 내용을 구성하였습니다. 탄소 및 신・재생에너지 분야의 기술은 인류의 새로운 문화 창조를 이룰 수 있는 기술변화의 가능성을 창달하는 폭넓은 주제이기 때문에 기술하는데 있어서 조심성과 두려움이 많지만 일반인들과 학생들에게 현재와 미래의 에너지변환 시스템을 검토할 수 있는 능력과 이러한 장치의 해석 및 응용에 관심을 조성하였으면 합니다. 특히 연료전지 부문의 사업화시 꼭 필요한 경제성 평가를 위해 사례연구로서 본 저자 중 한분의 학위논문 축약본을 부록에 수록함으로써 독자에게 도움을 드리고자 하였습니다. 아울러 본 서의 준비에 도움을 주신 학계・산업계 전문가 여러분들과 본 서가 완성되는 과정에서 편집에 수고하신 문운당 이성범 사장님 이하 관계자 여러분께 심심한 감사를 드리며 서술한 내용 중 수정이 필요하거나 기록이 잘못된 부분에 관해서는 각 분야의 전문가 여러분께 많은 지도와 편달을 부탁드리겠습니다. 감사합니다.

제1부 나노탄소

CONTENTS

부록 지게차용 DMFC-배터리 하이브리드 시스템 경제성 분석

CONTENTS

2.3.7 인조흑연 중간원료 제조기술

인조흑연을 만들기 위해서는 충전재인 코크스와 결합재인 바인더 피치가 필요하다. 인조흑연 개발을 위한 국내 최초 연구는 포항산업기술연구원(책임자 박양덕)이 1995년부터 통상산업부(현, 산업통상자원부)의 '공업기반기술개발사업'(통상산업부, 1995)으로 수행되었으나 IMF 외환위기 발생으로 중단되었다.

고가의 생산설비를 추가로 구축할 수 없어서 목표로 하는 인조흑연의 물성을 달성하지 못하였기 때문이다. 포스코는 2014년 1월 침상코크스 제조방법을 특허 등록하였고, 계열회사인 ㈜포스코케미칼이 2015년 12월부터 포스코에서 생산하는 콜타르를 원료로 하여 침상코크스를 생산하고 있다. 바인더 피치의 경우 OCI(주)에서 콜타르를 원료로 하여 생산하고 있으나, 인조흑연 제조를 위한 혼합/성형/열처리 공정기술의 부재로 인해 여전히 국내 인조흑연의 제조사는 전무한 실정이다.

한국화학연구원은 2018년 9월 6일 인조흑연 생산의 원료인 '피치'를 석유 잔사유에서 추출하는 기술을 개발했다고 밝혔다. "여태까지 국내에서는 석유 잔사유를 저급 연료 수준으로 활용해왔으나, 우리나라도 미국, 독일, 일본 등에 이어 피치 추출기술을 확보한 것이다. 이에 따라 전체 피치 수입량 중 90% 이상인 매월 600만 US $ 상당을 중국산에만 의존하던 국내 배터리 업체들은 수입의존도를 낮추고 원가 절약까지 기대하게 됐다. 한국화학연구원 연구자는 피치를 합성하기 위해서는 400℃ 이상의 고온이 요구되나, 기존의 화학 공정에서 발생하는 폐열을 활용하여 경제성을 확보할 수 있다고 설명했다. 이어 피치로부터 인조흑연을 생산하는 기술도 개발 중이라며 기술 개발에 성공하면 수입에 의존하던 전량을 내수로 대체가 가능할 것이라고 전했다.

한국화학연구원 임지선 박사는 피치 합성기술에 이어 인조흑연의 국내 생산 시기를 앞당길 수 있을 것으로 기대한다며 자원 확보와 수입 대체로 인한 사회・경제적으로 효과를 창출해 낼 수 있을 것이라고 말했다." 한편, 인조흑연은 비싼 가격이어도 배터리로 생산된 뒤 천연흑연보다 더 높은 효율을 내는 데 도움을 주기 때문에 장기간 사용하는 제품에 용이하다는 분석이다(뉴데일리경제, 2018.09.06.).

또한 한국화학연구원은 피치를 석유잔사유로보터 추출하는 기술을 ㈜동양환경에 이전했다고 밝혔다. 이는 연구원이 ㈜동양환경에서 보유중인 열과 전기 생산 공정을 활용할 수 있도록 맞춤형으로 개발이 진행되었고, 특히 서산에 위치한 석유화학 공단 부지에는 생산기지가 있어 공단에서 발생하는 석유화학공정의 찌꺼기를 바로 사용할 수 있는 등 운송비 절감할 효과를 기대할 수 있기 때문이다 ㈜동양환경에 사업진행 과정에 대해 직접 문의한 결과, 석유잔사유를 활용한 피치 합성 플랜트 운영을 위한 추가적인 연구를 수행 중에 있으며, 2021년 상반기부터 피치 합성 플랜트를 가동할 예정에 있음을 확인하였다.

한국화학연구원은 보유하고 있는 피치 및 코크스 합성 기술과 피치를 활용한 탄소소재 제조 기술 등의 사업화를 목적으로 국가과학기술연구회가 운영하는 '공동TLO마케팅사무국' 등을 통해 민간 기업에게 기술이전을 홍보하고 있으며, ㈜동양환경을 포함하여 2017년부터 ㈜JBK, ㈜유니코정밀화학, ㈜스마트코리아, ㈜한독카본에 기술이전을 실시한 바 있다. 그림 2-8은 저급유를 활용한 인조흑연 제조단계를 보여주고 있다.

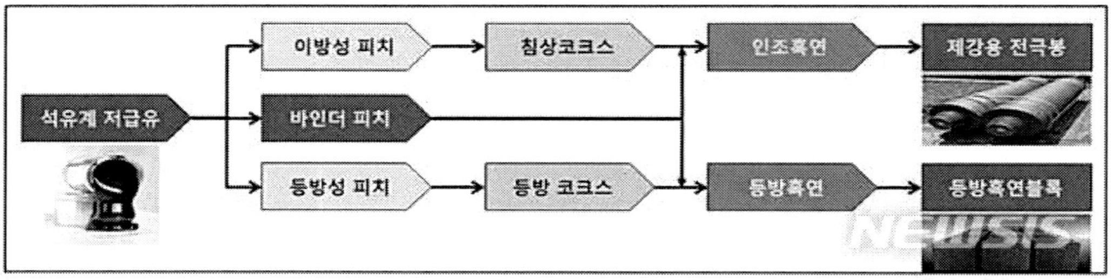

그림 2-6 저급유를 활용한 인조흑연 제조단계

2.4 활성탄

2.4.1 활성탄의 배경

활성탄(Activated carbon)은 매우 넓은 표면적, 미세공 구조, 무한 한 흡착 능력, 대단한 표면 반응성을 가지고 있기 때문에 독특하고도 다방면으로 응용될 수 있는 탄소 물질이다. 이들은 특히 음용수를 정제할뿐만아니라 탈색, 냄새 제거, 염소성분, 제거, 및 독성성분을 제거하는 능력을 가졌다. 그리하여 화학공장, 식품공장, 식당 등과 같이 제한된 공간에서 용매를 회수하고 공기를 정화하고, 여러 가지 가스를 상대로 다양하게 응용되고 있다. 이들은 금, 은, 기타 무기물의 회수를 위한 hydrometallurgy에 응용이 증가하고, 산업폐수와 공업용수의 처리에도 중요한 역할을 하고 있다. 이들은 또한 어떤 타입 박테리아 질병의 퇴치에도 응용되고 있는 등 매우 다양한 분야에서 응용성이 확대되고 있다.

활성탄은 넓은 의미에서 고도의 세공도와 입자내 확장된 표면적을 가지고 있는 넓은 범위의 무정형 탄소물질을 포함한다. 이들은 여러 가지 탄소를 함유하는 물질의 연소, 부분적 연소, 열적 분해로부터 얻어지는 입자성 및 분말성 물질이다. 입자성 형태는 큰 내부 표면적과 미세공들로 특성화되고, 아주 작게 나누어진 분말성 형태는 세공의 크기가 조금 더 크지만 내부 표면적은 더 적은 것으로 특성화된다. 활성탄의 80% 이상은 액상에 적용되고 있으나 근래에는 공업의 발달과 공기를 오염시키는 가스가 많이 배출되므로 기상에 적용되는 양이 점차 증가하고 있다.

탄화된 나무의 형태 활성탄을 사용하기는 수세기 이전으로 거슬러 올라간다. B.C. 1500년에 이집트인들은 의학 목적과 정제 목적의 흡착제로 사용하였다. 인도의 고대 힌두인들은 목탄으로 음용수를 정제했다. 활성탄의 공업적 생산은 1900-1901년으로 보고되고 있는데, 설탕 정제 공정에서 골탄(bone char)를 대체하기 위하여서다. 이대의 활성탄은 금속염화물의 존재하며 식물성 물질을 탄화하거나 목탄성 물질을 탄산가스나 스팀의 작용으로 제조하였다. 우수한 탈색력을 보이는 분말 활성탄은 나무나 다른 탄소 함유량이 높은 식물질을 $ZnCl_2$로 처리하여 만들었다. 더 우수한 질의 기상 흡착용 활성탄가 제1차 세계대전 동안에 독성가스를 방어하기 위한 방독 마스크에 적용하기 위하여 개발되었다. 1930년대 후반에 휘발성 용매 회수와 tower 가스로부터 벤젠을 회수하기 위하여 톱밥을 $ZnCl_2$와 반응시켜 활성탄을 만들었다.

활성탄의 흡착특성은 근본적으로 그들의 넓은 표면적, 고도의 표면 반응성, 우용한 세공의 크기 등에 기인한다. 대표적으로 널리 사용되고 있는 활성탄의 표면적은 800—1500 m^2/g이다. 이 표면적은 무수한 미세공으로부터 제공되는데 이 미세공들의 평균직경은 일반적으로 2 nm보다 작다. 사실상 활성탄 입자는 내부에 복잡한 세공들의 network으로 이루어져 있는데 이들 세공들은 세공의 폭이 2 nm보다 작은 미세공(micropores), 2 nm 보다 크고 50 nm보다 작은 중간세공(mesopores), 50 nm보다 큰 큰세공(macropores)로 분류된다. 큰 세공들은 실제로 흡착에 기여하지는 않고 대부분의 흡착이 일어나는 내부 중간세공 및 미세공으로 흡착질이 이동하는 통로를 제공하고 있다. 활성탄의 세공 크기 분포는 원료물질의 타입과 제조방법에 의존한다. 그림 2-7에 여러 다른 전구체를 원료로 한 활성탄의 미세공 분포도를 보였다.

활성탄의 큰 표면적은 활성화공정에 의한 결과인데, 이 활성화공정이란 탄소를 함유하고 있는 표면적이 작은 char가 800-900℃의 공기, 탄산가스 혹은 스팀 분위기에서 산화되는 과정을 말한다. 분위기 가스들이 char에 있는 어떤 부분의 산화를 유발하고 결과적으로 큰 내부 표면적을 만드는데 때로는 표면적이 2500 [m^2/g] 이나 되기도 한다. 활성탄의 구조는 반복적으로 흑연의 구조 및 미세결정체와 비교된다. 그러나 근래에는 활성탄의 TEM 분석으로부터 흑연과의 유사성은 거리가 멀고 평편한 방향족 면이 불규칙한 방법으로 적층되어 있음을 밝혔다. 800-900℃ 범위에서 탄산가스나 스팀으로 활성화하면 원래 적층되어 있는 이러한 방향족 면의 수가 감소한다.

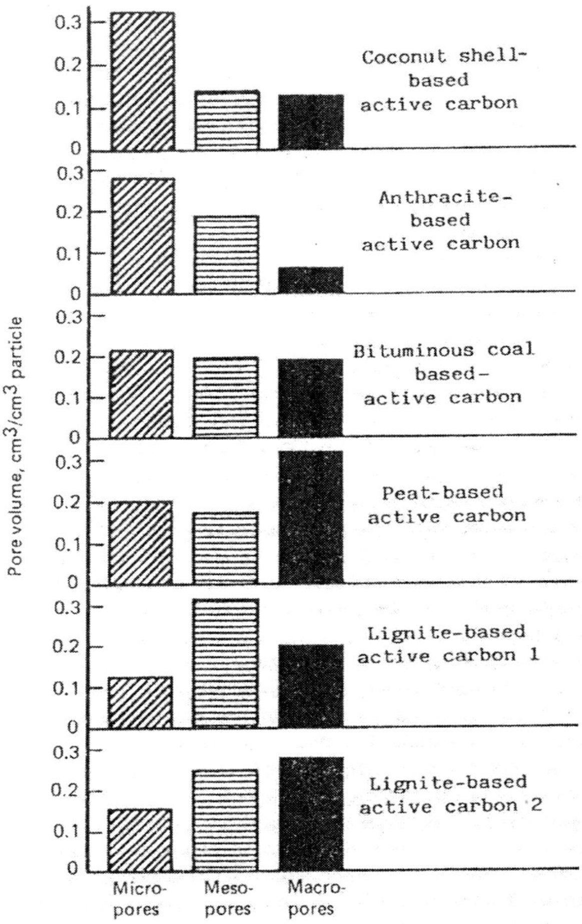

그림 2-7 활성탄의 미세공 분포도

2.4.2 활성탄의 원료

높은 탄소함량을 소유하고, 무기물질의 함량이 적고 값 싸다면 어떤 물질도 활성탄을 제조하는 원료가 될 수 있다. 초창기 공정에서는 원료로서는 연대가 짧은 나무나 토탄, 채소를 근거로 하는 화석물질들과 열매의 씨, 껍질, 톱밥 등에 우선권이 있었다. 그들로부터 얻은 char는 쉽게 활성화 되었고, 제법 우수한 질의 활성탄을 얻을 수 있었다. 그러나 근래의 추세는 다양한 종류의 천연 석탄을 사용하는 일이 증가하고 있다. 이들은 값싸고 쉽고 구할 수 있기 때문이다. 또한 최근의 흥미는 폐 리그닌이나 sulfite liquors, 석유 정제과정이나 윤활유 제조과정의 잔유물과 같은 다양한 폐기물들로부터 제조할 수 있게 되었다는데 있다. 탄소를 함유하는 원료물질들로 선정될 수 있는 범주가 아래 나열되어 있다.

① 우수한 질의 활성탄을 얻을 수 있는 가능성
② 최소의 무기화합물 함유
③ 원료물질의 부피와 가격
④ 원료물질의 저장성
⑤ 원료물질의 가동성(Workability)

채소 혹은 화석으로부터의 원료물질의 경우는 타다 남은 찌꺼기의 양이 3%를 넘지 말아야 하고, 석탄과 나무 char는 2%를 넘지 말아야 하고, 토탄은 1–2% 이어야 한다. 실제로는 5가지 다른 탄소를 함유하는 물질들이 공업적 규모의 활성탄을 생산하기 위하여 이용되었다. 이들 원료들을 중요성과 활성탄 생산량의 관점에서 순서대로 나열하면 아래와 같다. 물론 다소 오래된 자료이나 비교를 위해서는 유익한 정보가 될 수 있다. 원료물질로서 나무인 경우는 소나무가 약 70,000 tons/yr 로서 오랫동안 활성탄의 주 원료 역할을 하였다. 나머지 나무들은 다 합하여 60,000 tons/yr 가 되는 셈이다. 부드럽거나 단단한 나무가 다 같이 톱밥의 형태로 사용되었다. 석탄의 경우는 90% 이상이 유연탄(Bituminous) 혹은 Subbituminous를 원료로 하였다. 그림 2–2에 활성탄 제조에 사용되는 원료물질들의 물성들이 정리되었다. 활성탄의 물성에 대한 요구와 그에 따른 원료 물성의 요구가 또한 그들의 새로운 응용과 함께 변하고 있다. 최종 제품에서 ash 성분을 낮추기 위하여 원료가 낮은 무기화합물을 함유하는 것은 필수조건이 되었다. 왜냐하면 이러한 ash 성분의 함량은 변하지 않으므로 여러 번의 활성화를 거치 후 최종 제품에 이르러서는 그의 % 함량이 증가하기 때문이다. 그 외에 원료의 고 밀도 및 충분한 휘발성 함량이 제법 중요하다. 고 밀도는 탄소의 구조적 강도를 증강시켜주어 사용하는 동안 입자의 형태를 유지시켜 주기 때문이다. 휘발성 함량 또한 밀도와 마찬가지로 제조공정을 개선해주고 있다. 나무나 리그닌 같은 저 밀도 물질은 휘발성 함량을 많이 포함하고 있어서 큰 세공부피를 갖는 활성탄을 만들기는 하지만 그의 밀도는 낮다. 이러한 탄소는 일반적으로 액상에서 응용을 많이 하고 기상흡착에 응용하기는 적절하지 못하다. 그러나 이들의 질은 탄화공정시에 탄소의 손실을 줄이고 재구성에 의한 탄소의 고밀도화 또는 탄화동안의 압착 등에 의하여 개선될 수 있다. 나무나 휘발성 함량이 많은 원료보다 단단한 조직을 갖고 있는 야자각이나 과일 씨, 견과류 껍질 등은 단단하고 큰 미세공 부피를 갖는 입자성 활성탄을 만들고 이들은 액상과 마찬가지로 기상 흡착에도 잘 응용할 수 있다. Lignite는 비록 나무와 유사하나 또한 단단한 활성탄을 만들 수 있다. 다만 미세공 부피가 작다. 이러한 활성탄들은 수처리에 적합하다. 연질(Soft) 석탄은 탄화 전에 재구성되어야 한다. 연질 석탄으로부터 얻은 탄소는 야자각으로부터 얻은 것과 Lignite로부터 얻은 것의 중간 정도 밀도와 굳기를 소유하고 있는데, 기상과 액상에 모두 적용할 수 있다. 석유 코크스로부터도 연질 석탄에서 얻은 것과 유사한 활성탄을 얻을 수 있는 반면 반 연질(Semihard) 및 경질 석탄으로부터는 야자각 활성탄와 유사한 탄소를 얻을 수 있다.

최근에는 견과류 껍질, 복숭아 씨, 바나나 나무 줄기, 선인장 섬유(헤네켄) 등 여러 가지 열매의 씨나 섬유로부터 활성탄을 얻기도 하고, 특히 무연탄으로부터 탄소분자체(Carbon Molecular Sieve)라는 성능이 우수한 석탄계 활성탄을 제조하게 되었다. 과거에는 석탄계 활성탄은 토탄이나 유연탄(역청탄)으로부터 제조하였다. 즉 유기성분을 포함하고 있는 유연탄을 공기를 차단하고 높은 온도로 열처리하면 유기성분이 녹아나오면서 다공성 활성탄가 되었으나 이제는 코크스나 무연탄을 산화성 가스와 반응시키면서 필요한 세공크기 분포도를 갖는 석탄계 활성탄을 얻게 되었다.

2.4.3 활성탄의 분류

활성탄은 그들의 거동이나 표면 특성이나 물성을 근거로 분류하기에는 아주 복잡한 생산품이다. 예를 들면, BET 비표면적은 활성탄의 질을 대표하는 것이 아니다. 왜냐하면 비표면적이 크다고 해서 큰 분자들의 흡착에 비례적으로 적용될 수는 없다. 큰 분자들은 또한 그들의 성질이 매우 다르기 때문이다. 활성탄의 질을 평가하는데 의견를 줄 수 있는 단 한가지 변수는 흡착 능력에 있는데 이 것 또한 특별한 적용의 경우다. 그런고로 활성탄은 그들의 입자 크기와 분말상, 입자상 구형 혹은 알갱이(pellet)형으로 분류하고 있다.

분말상 활성탄은 100 μm 이하의 아주 작은 입자들로 평균 직경은 15−25 μm이다. 그들은 큰 외부 표면적을 제공하며 짧은 확산 거리를 가지고 있어서 흡착속도가 매우 빠르고 물질전달에 관한 문제점이 별로 없다. 그리하여 이것들은 느린 확산 속도 때문에 액상으로부터의 흡착에 우선 적용되고 있다. 그들의 응용은 매우 간단하다. 활성탄을 용액에 직접 넣고, 교반하고, 얼마동안(5−10분) 접촉된 상태로 정치했다가 여과를 통하여 분리하면 된다. 활성탄의 소모를 줄이기 위하여 탄소를 흡착탑에 넣고 처리하고자하는 액상을 향류로 흘려보내는 조작을 이용하는데 처리에 효과적이나 시설 투자비가 크다. 이러한 조작으로는 탈색, 의학적 응용이 포함된다. 이들은 주로 톱밥을 화학적 활성화로 만든 것들이다.

입상 활성탄은 분말상에 비하여 탄소의 입자가 비교적 큰 것들이다. 따라서 외부 표면적은 분말상에 비하여 작다. 그러므로 흡착질의 확산이 매우 중요한 인자가 된다. 이들은 확산속도가 빠른 가스나 증기상 흡착질의 흡착에 유리하다. 가스상으로부터의 흡착은 거의 탄소 충전탑을 통과하는 혼합가스와 운반가스의 동력학적 조건에 관련되어 있다. 입자의 크기 또한 중요한 변수가 된다. 입자가 너무 작아서 충전탑을 통과하는 동안 과도한 압력차가 생기지 않아야 하며 또한 통과하는 가스 흐름에 탄소입자가 함께 끌려나가지 않아야 한다. 사실상, 입자의 크기는 사용하고 있는 충전탑의 높이에 의존한다. 탑이 높을수록 입자의 크기도 커져야 한다. 입자상이 요즈음에는 물의 처리나 용액으로부터 탈색처리 및 흐르는 용액으로부터 일정 성분을 분리하는 처리에도 곧 잘 사용되고 있다. 입상 활성탄은 bituminous, subbituminous, lignite coals, 석유계 중질유, 중질 잔사유, 합성 및 천연고무 등과 같은 탄소를 포함하는 다양한 원료로부터 물리적 활성화 방법으로, 또는 폐 고무타이어의 열 분해에 의하여서도 제조한다.

Katori 등은 피치로부터 구형 활성탄을 제조하는 방법을 개발하였다. 피치가 나프타렌이나 tetralin의 존재하에 녹고 구형으로 전환된다. 이 구형들이 용매 naphtha와 접촉된다. 이 납사는 구형 입자로부터 나프타렌을 추출하고 다공성 구조를 만든다. 이 구형 입자가 무게로 약 30%의 산소를 포함하고 있는 산화가스의 존재하에 100-400℃의 온도에서 가열된다. 피치 입자는 무게로 약 10%의 산소를 화학흡착한다. 이렇게 산화된 입자는 암모니아 존재하고 질소가 구형 속으로 들어가도록 150-700 ℃에서 다시 가열된다. 이것이 다시 스팀이나 탄산가스로 활성화 된다. 이렇게 하여 얻은 구형 활성탄은 고도의 강도와 뛰어난 SO_2 및 NO_2 흡착능력이 있다. bellow 구형, 입자성 구형 pellet 형태의 구형 활성탄가 또한 개발되었다.

첨착 탄소는 요오드, 은 등 여러 가지 타입의 무기물, aluminum, manganese, zinc, iron, lithium, calcium 등과 같은 양이온들, 피리딘, 케톤, tertiary amines 과 같은 유기 첨착제 등을 첨착하는 활성탄가 개발되었다. 요오드가 첨착된 활성탄은 가스의 흐름에서 SO_2나 H_2S를 제거하는 공정에서 촉매의 담체로 사용되며 반응기의 배출가스로부터 메틸 요오드를 제거하는 공정에도 응용되고 있다.

Fennimore 등은 생화학적으로 응용되는 고분자를 세공이 막히지 않고 다공성 탄소의 표면에 얇게 또는 내부로 침투해 들어가도록 코팅하였다. 이것들은 혈액의 관류(hemoperfusion)에 유용하게 사용되고 있다.

2.4.4 활성탄의 제조

활성탄 제조는 두 핵심 단계를 포함한다. 즉, 산소의 존재하며 800℃ 이하의 온도에서 탄소를 함유하는 원료물질의 탄화과정(carbonization)과, 탄화된 물질의 활성화과정(activation)이다. 비록 최종 제품의 물성 사용한 원료의 본성에 의존하고, 활성화제의 본성에 의존하고, 활성화공정에 따라 다르지만 사실상, 모든 탄소를 포함하는 물질들이 활성탄로 전환될 수 있다. 탄화공정 동안 산소, 수소 등 탄소가 아닌 대부분의 원소들은 출발물질의 열 분해(pyrolytic decomposition)에 의하여 휘발성 가스로 방출된다. 잔류된 탄소원자 그룹이 어느 정도 평편한 구조를 갖는 축합된 방향족 고리 형태가 된다. 이 방향족 면들의 상호 배열은 불규칙적이고 그런고로 그들 사이에 갈라진 틈이 생기는데 이곳에 타르성 물질 혹은 분해된 물질들이 채워지고 또는 배열을 벗어난 탄소들에 의하여 부분적으로 막혀버린다. 이 갈라진 틈이 세공이 되는데 이들이 활성탄을 뛰어난 흡착제가 되게 한다.

단순한 코킹이나 탄화로는 그들의 덜 발달된 세공들과 낮은 표면적으로 인하여 고도의 흡착능력을 갖는 제품을 만들 수가 없다. 이 세공 구조는 활성화공정에 의하여 확대된다. 이 활성화 공정은 탄화된 원료 물질을 여러 가지 모양과 크기의 갖는 제멋대로 분산된 엄청난 수의 세공을 포함하는, 그리하여 엄청나게 넓은 표면적을 갖는 물질로 전환시킨다. 그림2-5는 대부분의 원료물질로부터 활성탄을 제조하는 가장 대표적인 계통도이다. 그림으로부터, 싸이징(sizing)은 원료물질을 적당한 크기의 덩어리나 입자들로 부수는 일로서 이 일은 다음 과정에서 이들을 취급하는데 편리하게 한다. 재구성(reconstitution)이란 원료 물질을 가루로 부순 다음 사출하여 작은 알갱이로 합치게 하던가, 분탄을 만들던가, 표t을 만드는 일을 포함한다. 원료 물질의 탄화(carbonization)는 앞의 알갱이들로부터 휘발성 물질을 방출시키고 남은 고정탄소에 무수한 세공구조를 형성시키기 위하여 미리 정해논 시간 계획표에 따라 가열속도를 조절하는 공정이다. 이 세공구조는 활성화공정에서 발달된다. 활성화공정(activation)이란 높은 온도에서의 산화반응을 말한다. 이 공정에서는 산화제로 스팀이나 탄산가스를 사용하는데 때로는 공기 자체를 쓰기도 한다. 탄화 및 활성화공정은 인산이나 황산 또는 $ZnCl_2$와 같은 활성화제를 사용하여 동시에 수행되기도 한다. 이러한 활성화제는 산화제와 마찬가지로 탈수소제로의 역할을하고 탄화와 활성화를 동시에 수행하는 것이다.

대부분의 원료물질은 직접적이고 경제적인 경로를 따라 활성탄로 전환된다. 활성탄의 타입은 원료물질의 타입에 의존한다. 그러나 제품의 본성은 원료물질의 재구성에 따라서 혹은 부분적 탄화 후 재구성에 따라서, 혹은 탄화공정시 원료물질을 압착하거나 또는 특히 ZnCl2가 활성화제로 쓰인 경우는 활성화 직후 재빨리 압착함으로서 변하기도 한다. 탄화공정의 가열속도, 최종 온도, 활성화 기간의 길이 등에 따라 최종 제품의 세공 부피나 표면적, 평균세공 직경 등이 달라진다.

활성탄의 현대적인 생산 공정은 기본적으로 원료물질의 준비, 저온 탄화, 그리고 활성화의 단계를 포함한다. 요구되는 활성탄의 구조와 기계적인 강도를 달성하기 위하여 조작 조건을 조심스럽게 조절한다. 모든 섬유질 물질들은 활성탄의 원료가 될 수 있으나 유럽에서 많이 사용되는 원료는 올리브 씨(olive seeds)이고, 아시아 지역에서는 야자각(coconut-shell)이 많이 사용된다. 한국에서는 예전부터 톱밥이나 왕겨 등을 원료로 사용하였으나 근래에 와서는 야자각을 주로 사용한다. 섬유질 물질들은 면상조직이 겹겹이 쌓여 있다. 이 겹겹으로 된 조직을 화학약품이나 혹은 높은 온도에서 탄화하여 산소 및 수소결합 물질들을 떼어낸 후 산화성 물질과 반응시키면 결합력이 약한 탄소원자가 골격에서 떨어져 나오면서 틈이 벌어지고 공간이 생긴다. 이렇게 생긴 세공들은 큰 세공, 중간세공, 미세공으로 나뉘는데 필요에 따라 이 세공들의 크기를 조절할 수 있다. 최근에는 견과류 껍질, 복숭아 씨, 바나나 나무 줄기, 선인장 섬유(헤네켄) 등 여러 가지 열매의 씨나 섬유로부터 활성탄을 얻기도 하고, 특히 무연탄으로부터 탄소분자체(carbon molecular sieve)라는 성능이 우수한 석탄계 활성탄을 제조하게 되었다. 과거에는 석탄계 활성탄은 토탄이나 유연탄(역청탄)으로부터 제조하였다. 즉 유기성분을 포함하고 있는 유연탄을 공기를 차단하고 높은 온도로 열처리하면 유기성분이 녹아나오면서 다공성 활성탄가 되었으나 이제는 코크스나 무연탄을 산화성 가스와 반응시키면서 필요한 세공크기분포도를 갖는 석탄계 활성탄을 얻게 되었다.

2.5 탄소섬유

2.5.1 탄소섬유의 배경

탄소섬유는 에디슨(Edison)이 셀룰로오스 섬유를 신중한 탄화로 전기 램프용 탄소섬유(1879년)를 생산하여 백열광을 내는데 성공하였다. 그가 전기불을 밝히기 위하여 전구에 사용한 필라멘트는(1) 순수한 목화를 $ZnCl_2$용액에 녹인 후, 이 물질을 액체 경화제 속으로 다이(die)를 통하여 분출하여 만들었다.(2) 필라멘트를 건조시킨 후, 공기를 접촉시키지 않고 탄화하였다.(3) 탄화된 필라멘트를 벤젠 같은 탄화수소 속으로 넣고 전류를 가하여 필라멘트를 가열하면서 탄화수소를 분해시켜 탄소만 필라멘트상에 남게 하였다. 이 필라멘트 base는 약간 불순물을 포함하지만 밀도가 높아지고, 표면이 shell 혹은 탄소로 코팅된 hard carbon base 필라멘트가 된다.

에디슨이 처음에 만든 백열전등은 5-6초 밖에 켜지지 않았으나 그 후 770 번 실패 끝에 1879년 10월 21밤에 무명실을 태워 만든 필라멘트로 전구의 불을 오래 밝히는데 성공하였다. 대나무 또는 면화가 출발 물질로 사용되어 매우 부서지기 쉬운 필라멘트로 이어졌다. 2 세대 탄소섬유(1963년 이후)는 차별화되어 매우 높은 강도와 강성을 가지고 있다. 탄소섬유는 폴리 아크릴로니트릴(PAN) 또는 피치(석유 정제 부산물)를 기반으로 한다. 그림 2-8은 PAN계 탄소섬유의 미세구조를 보여주고 있으며 PAN 전구체는 분자 및 구조적 배향을 얻기 위해 신장 된다.

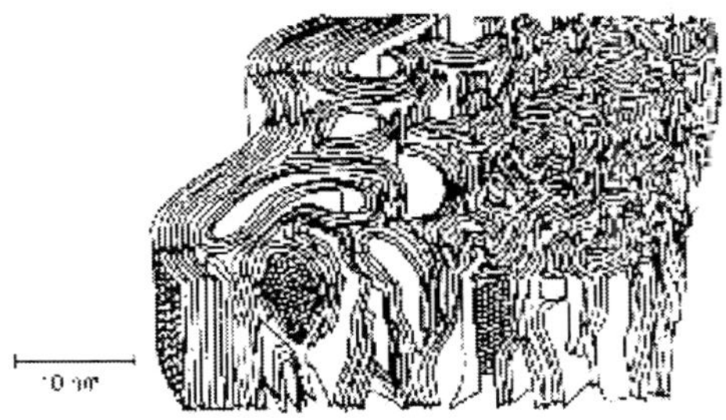

그림 2-8 PAN계 탄소섬유의 미세구조

공업화된 재료로서의 탄소섬유의 역사는 1959년도에 UCC(현재의 AMOCO)에 의해 레이온을 원료로 한 GPCF(general purpose carbon fiber)가 생산되기 시작하면서부터 출발하게 되었다. 최초 탄소 섬유의 개발 동기는 미국의 우주개발과 군수용으로 개발된 로켓모터의 노즐에 필요한 내열재료의 개발 요구에 의하여 처음 생겨났다. 우주, 항공기분야에서 꾸준하게 기본적으로 요구되는 경량 및 고강성의 재료연구가 1950년대부터 미국에서 수행되었다. 이것을 가능하게 하는 재료는 바로 고분자 복합재료라는 결론을 내려졌고 보강재로서 비강도 및 비탄성이 매우 우수한 탄소섬유를 개발하게된 것이다. PAN계의 탄소섬유는 일본의 오사카공업 시험소의 신도 박사에 의해 개발되었으며, 1962년에 일본 카아본사에서 GPCF의 공업화가 진행되었다. 그리고 1963년에는 피치계의 탄소섬유가 일본 군마대학의 오타니 교수에 의하여 개발되었다.

1964년에는 영국 RAE사가 PAN계 탄소섬유의 고강도화 제조 특허를 출원하였고, 그 이후에 고강도/고탄성의 탄소섬유의 기업화가 이루어지면서 용도개발에도 영국이 매우 적극적이었다. 하지만 Rolls-Royce사는 날아다니는 새들에 의해 발생한 RB211 터보팬 엔진의 사고로 인하여 영국에서의 개발은 주춤하게되고 탄소섬유의 응용개발의 중심은 미국으로 옮겨가게 되었다. pitch계의 HPCF(High Performance Carbon Fiber)는 1964년 일본에서 개발되었다. 1969년에는 일본 카본에서 PAN계의 HPCF를 공업화하는데 성공했으며, pitch계의 GPCF는 1970년에 일본 오우화학에서 첫 생산을 시작하였다. 1976년에는 미국의 UCC(현 AMOCO)사에서 pitch계의 고탄성 타입을 공업화 하는데 성공했다. 사실 PAN계의 탄소섬유의 등장으로 인하여 rayon계의 탄소섬유는 경제적인 관점과 성능적인 관점에서 모두 경쟁이 어렵게 되면서 활성탄소 섬유(activative carbon fiber) 등의 재료로 변모하여 재등장하게 되었다. 현재는 복합재료 강화용으로 대부분 PAN계와 pitch계의 탄소섬유를 사용하고 있으며 그림 2-9와 같이 강도별로 다양한 섬유가 존재함을 알 수 있다.

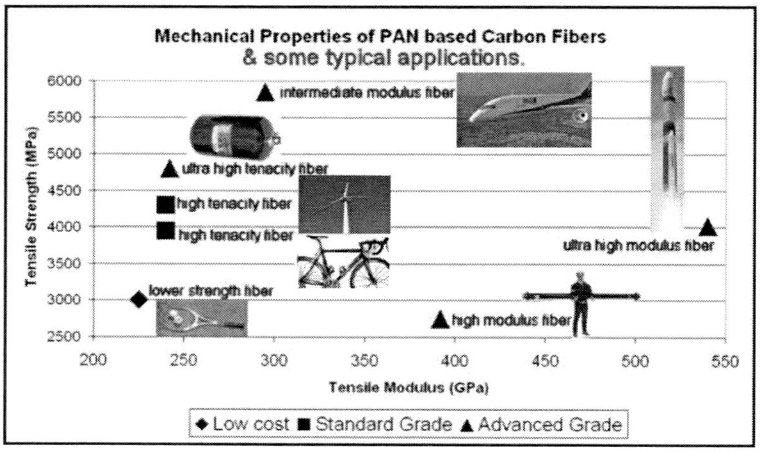

그림 2-9 탄소섬유의 강도별 분류

우리나라에서는 1988년도 8월부터 태광산업이 ACELAN이라는 상표로 PAN계의 탄소섬유를 최초 생산하기 시작했으며, 고탄성타입(acelan IZ~40)과 고강도타입(acelan TZ-307)을 생산하였다.(주)효성에서는 2013부터 전주공장(현재는 효성첨단소재(주) 전주공장)을 준공한 후 탄소섬유를 생산하고 있다. 일본의 도레이첨단소재는 경북 구미에서 생산공장을 운영하고 있다.

섬유는 탄소 함유 전구체 섬유가 다른 열처리(공기 중 약 200-400℃에서의 산화, 약 1000℃ 부근의 N_2에서의 탄화(탄소섬유), 및 아마도 1500℃의 Ar에서의 흑연화)를 거치게 함으로써 얻어진다(흑연섬유). 탄소섬유는 탄소 함량이 95%이고 흑연섬유는 99% 이상이다.

이어서, 섬유는 매트릭스 수지에 대한 접착을 촉진시키기 위해 산화 될 수 있고, 사이징 수지로 코팅되어 취급 동안 이들을 보호할 수 있다. 탄소 섬유의 전형적인 직경은 약 5~7mm이다. 얻어진 구조는 비정질 탄소와 흑연 질 탄소의 혼합물이라는 점에 유의하는 것이 중요하다. 원자가 평행한 평면으로 배열된 이 마지막 형태는 높은 인장 탄성률을 제공한다. 강한 공유 결합이 평면 내에 존재하지만, 평면광각방향은 약한 반 데르 발스 타입 힘과 함께 유지된다. 이로 인해 이방성이 매우 높다.

탄소섬유는 높은 고유 탄성계수를 가지고 이방성이며, 열팽창계수가 높고, 전기 전도성이 우수하여, 탄소로 만들어진 구조물은 일반적으로 충격에 민감하므로 아라미드 섬유와 함께 사용한다는 특징이 있다.

2.5.2 탄소섬유의 종류와 분류

탄소 섬유는 그 뛰어난 특성상 다양한 용도로 널리 이용되고 있다. 원료와 제조법 그리고 다양한 조건에 의한 다양한 특성의 탄소섬유 제품을 만들 수 있다. 원료별로 구분한다면 PAN계의 탄소섬유와 Pitch계의 탄소섬유가 가장 대표적이며, 이 외에도 셀룰로오스계의 탄소섬유 등이 있다. PAN계 탄소섬유는 프리커서(폴리아크릴로니트릴 섬유)를 열안정화과정과 탄소화과정을 통해 고강도·고탄성 성질을 가지게 되며, 항공 우주 및 산업 분야에서 구조재료용이나 스포츠 레저 분야 등에서 광범위한 용도로 사용하고 있다. Fitch계 탄소섬유는 피치 프리커서(콜타르 또는 석유 중질유분을 원료로 얻어지는 피치섬유)를 탄소화과정을 통해 얻는 것이다. 제법의 조건에 의하여 저탄성률에서부터 초고탄성률·고강도에 이르기까지 광범위한 성질을 만들어 낼 수 있다. 초고탄성률품은 고강성 용도외에 뛰어난 열전도률과 도전성으로 인해 다양한 용도로 쓰이고 있다. 역학적 특성에 따른 분류로는 탄성률과 강도가 주 기준이 된다.

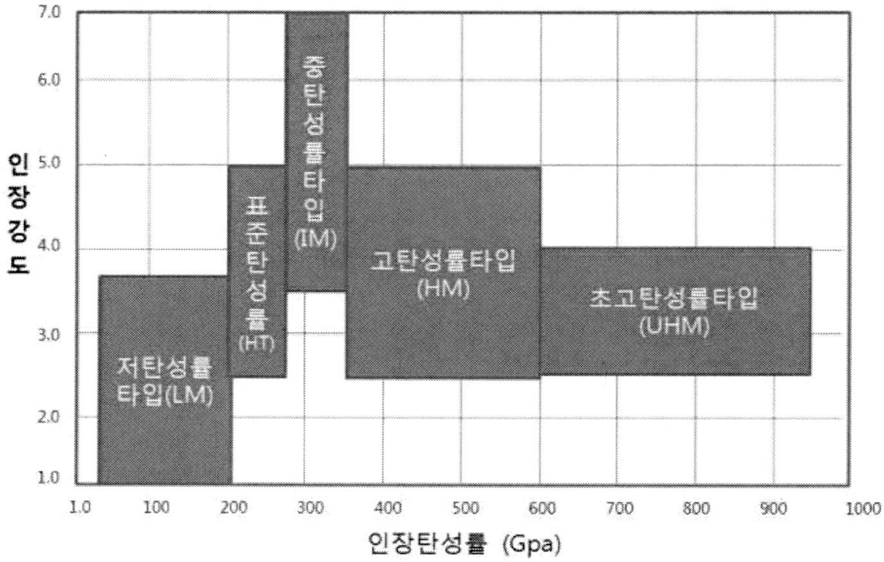

그림 2-10 역학적 성능에 따른 탄소섬유의 분류

2.5.3 탄소섬유의 제조방법

탄소섬유의 대표적인 제조방법은 PAN계와 Pitch계로 구분할 수 있다. PAN계는 AN(Acrylonitrile)의 모노머를 소량공중합하는 과정을 진행한 후에 PAN을 중합하고난 후에 습식 또는 건식 방사를 진행하여 프리커서를 제조하게 된다. 이를 중간체로 사용하여, 내염화(200~300℃)와 탄소화(1,000~1,500℃)과정을 거쳐서 탄소섬유를 제조하게 된다. 이후에 공정의 안정성 과 편의성을 위해 표면처리와 사이징을 진행하게 되며, 고탄성의 섬유를 얻기 위해 추가적으로 흑연화라는 공정(2,000~3,000℃)을 거치게 된다. Pitch계의 탄소섬유는 콜타르 혹은 석유 중질유분을 원료로 사용하며, 방사성이 좋은 피치로 개질한다. 피치를 용융방사 하여 핏치섬유를 확보한 후에 불용화과정을 위하여 200~300℃로 유지되는 산성화가스 공기중을 통과시킨다. 불용화한 섬유는 1,000~1,500℃의 높은 온도의 불활성 기체에 장력을 건 상태로 통과시키며, 이를 또다시 고온(2,000~3,000℃)의 불활성 기체에 장력을 건 상태로 통과시키게 되면 흑연이 된다. 후공정의 안정성과 편의성을 위해 표면처리와 사이징과정을 거치면 고강도와 고탄성률의 섬유가 완성되게 된다.

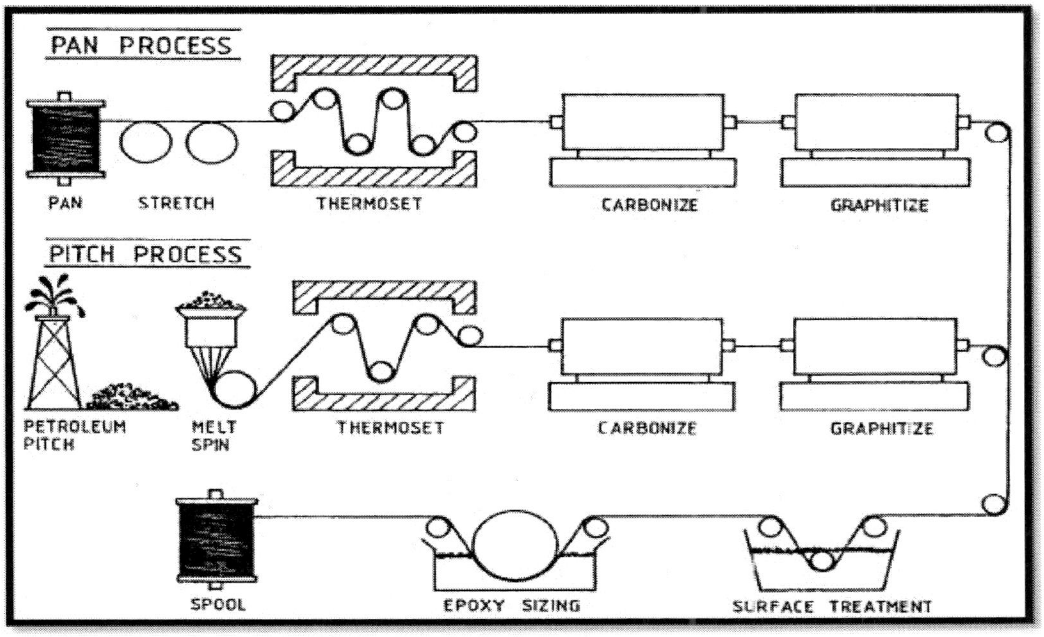

그림 2-11 탄소섬유의 제조 공정

2.5.4 국내 탄소섬유산업 현황

국내에서는 동양제철화학이 연간 약 150톤 규모의 탄소섬유제조시설을 운영하고 있다가 1991년부터 생산을 중단하였고, 태광산업도 연간 60톤의 탄소섬유를 생산하다가 2001년에 생산을 중단하였다. 따라서 최근까지 국내 탄소섬유 생산이 전무하였으며, 2012년부터 태광산업이 연간 1500톤 규모의 PAN계 탄소섬유 생산을 시작으로 도레이첨단소재, 효성 등에서 2013년부터 탄소섬유 생산을 시작하였다. 현재 국내 탄소섬유 생산량은 약 6000톤 규모로 시장진입 초기단계로 판단된다. GS칼텍스, OCI, 포스코, 삼성석유화학 등에서도 탄소섬유 시장에 관심을 가지고 시장진입을 준비하고 있는 것으로 파악되며, 탄소섬유 단열재는 다결정 실리콘, 단결정 실리콘, 사파이어, SiC 잉곳 제조 등 주로 1500℃ 가 넘는 초고온에서 사용되고 있는데, 전량 수입에 의존하고 있는 상황이다. 한국은 폴리실리콘과 실리콘 잉곳 등 그린에너지 분야의 세계적인 생산국임에도 불구하고, 탄소섬유와 단열재에 대한 연구가 이루어지지 않아 차세대 그린에너지개발에 대한 발판이 매우 부족한 상태이다. 이러한 기초적인 부분에서부터 해외의 기술에 의존하고 있어 이에 대한 연구가 시급하다.

비강도, 비탄성률이 매우큰 PAN계 탄소섬유는 금속을 대체할 수 있는 첨단 복합재료로 항공·우주산업 및 고성능 스포츠 용품 등에 널리 활용되어 왔다. 최근에는 다양한 용도개발에 힘입어 일반 산업용도에서도 탄소섬유의 수요가 급증하고 있으며, 특히 건축산업의 보강재로 주목을 받고 있다. 다른 탄소섬유에 비해 단가가 높은 PAN계 탄소섬유는 초기에는 골프 샤프트, 낚싯대 등 고성능 스포츠 용품을 비롯하여 부가가치가 큰 항공 · 우주산업 등에 한정되어 사용되어 왔으나, 탄소섬유 가격 하락에 따라서 다른 소재의 대체재로서 수요가 늘고 있는 실정이다 최근에는 천연가스 및 연료전지 자동차의 연료탱크, 풍력 발전기 블레이드, 심해 해저의 고압력용 해저 유전 송유파이프등 다양한 분야로의 응용이 이루어지고 있는 실정이다.

2.6 다이아몬드

2.6.1 다이아몬드의 배경

다이아몬드도 탄소로 구성된 결정체이며, 보석의 종류 중 하나이다. 다이아몬드는 탄소로 이루어진 천연광물 중에서 굳기가 가장 우수한 물질(모스 경도계 10)이며, 굳기가 우수하다는 코런덤(모스 경도계 9) 보다 90배나 더 단단한 대표적인 보석으로, 금강석(金剛石)이라고 불린다. 다이아몬드란 그리스어로 '투명하다'는 뜻의 'Diaphanes'과 이보다 단단한 것은 없다는 뜻에서 '굴복되지 않는 것'을 의미하는 그리스어 'Adamas'를 합친것으로 보인다.

동소체 중에서 흑연과 함께 순수한 탄소로 이루어져 있다. 열역학적 보았을때 흑연보다는 불안정한 모습이다. 다이아몬드는일정도형의 형태를 가지고 있어야 보석으로써의 가치가 인정되어지기 때문에 귀금속으로 쓰일 만큼 품질이 좋은 다이아몬드는 드문편이고, 이중에서 형태가 유지되지 않으면 공업용 다이아몬드로서 사용된다. 다이아몬드의 질량의 단위는 대부분의 보석과 같이 질량의 단위로 캐럿(carat)을 사용한다.

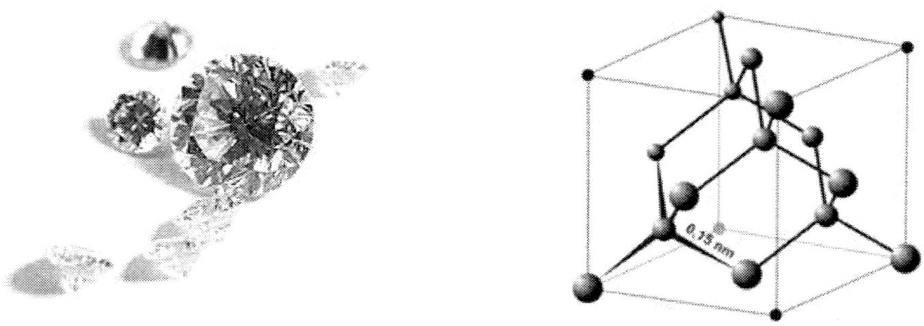

(a) 자연에서 발견되는 다이아몬드 (b) 다이아몬드 결정구조

그림 2-12 다이아몬드의 외형과 결정구조

GE에서 고온, 고압 조건을 인위적으로 형성하여 값싼 흑연으로 다이아몬드 만드는 실험 성공하여 세계에 공급하고 있다. 인조 다이아몬드는 1300도 이상, 5만 기압이상의 환경에서 합성할 수 있으며, 인조 다이아몬드는 공기 중의 질소와 섞이게 되면 노란색을 띠게 된다. 천연 다이아몬드를 발굴할 때 색깔이 섞여있는 다이아몬드도 종종 나오게 되는데 노란색과 초록색 계열의 다이아몬드는 큰 값을 받지 못하는 편이고 파란색이나 붉은색 계열의 다이아몬드는 비싸게 팔린다. '호프 다이아몬드'와 같은 파란 다이아몬드와 연관된 저주와 관련된 이야기로 유명하다.

다이아몬드는 경도가 높아 보석으로도 사용되고 있으나, 절삭공구에 다이아몬드 사용되고 있으며 공업용 90%는 인위적으로 만든 다이아몬드 사용되고 있다. 높은 경도를 가지는 다이아몬드가 가지는 특성으로 인해 훌륭한 절삭공구 재료사용 될 수 있지만 가공과정에서 발생하는 절삭열에 의해 산화작용이 발생하게 되면 탄소와 친화력이 높은 철의 특성으로 인하여 다이아몬드공구가 급격히 마모될 수 있기 때문에 철계 금속을 가공할 때는 사용면 안되며 알루미늄과 같은 비철금속재료와 유리 등의 비금속 재료를 절삭할 때 공구재료로써 주로 사용된다. 이외에 자외선을 뿜어내는 LED의 재료로도 사용된다.

최근에는 쉽게 다이아몬드 만드는 방법 발견하였으며, 고온상태 유기가스가 분해되면서 탄소 나오며, 기체상태 탄소가 고체화되면서 다이아몬드 형성한다.

2.6.2 결정구조 및 성질

탄소원자1개가 4개의 다른 탄소원자와 결합으로 되어 있으며, 경도가 높은 특징이 있다. 다이아몬드 형성조건은 온도가 높고 1,000도, 1만~10만 높은 기압에서 형성된다. 그러므로, 지상에서는 자연조건이 형성되지 않으며, 지하서 160 km에서는 온도가 1,000도, 압력이 5만 기압 형성되어 다이아몬드가 형성될 수 있다. 화산폭발로 인해 지하에 있는 다이아몬드가 지층으로 나오게 되며, 자연 다이아몬드는 형성이 힘들고, 여러 색으로 존재한다. 강도에 따라 화씨 1400 ~ 1607℃ 사이에서 완전히 연소된다.

2.6.3 인공적인 제작

인공적인 제작을 위해서는 다이아몬드의 성형 조건(온도, 압력 등)을 검토 하여 높은 압력을 가해주면, 원자간의 거리가 짧아지게 된다.(조밀) 원자간의 거리가 짧아질 경우의 현상 연구(원자간의 힘을 이해) 자연상태를 인위적으로 실험적으로 조건 구현 하게 되며, 학교의 기초연구를 토대로 확보된 원천기술 기반으로 기업에서 제품화, 보급화가 이루어지게 된다. 이는 앞서 재료와 인간의 역사에서 언급한 기술이 먼저 발견되고, 경험적으로 실패를 기반으로 기술정착, 기술 정착 후 원리 규명의 단계에 따라 진행되게 된다.

	다이아몬드	흑연
색	투명	검은색
경도	10	1
밀도	3.5 g/cm³	2.2 g/cm³
전기	안 통함	통함

그림 2-13 다이아몬드와 흑연의 물성 비교

2.6.4 국내 · 외 다이아몬드 산업 현황

오늘날 세계 곳곳에 드리운 불황은 다이아몬드 시장도 강타했다. 전 세계의 다이아몬드 수요는 급격히 감소하게 되면서 세계 최대 다이아몬드 업체들은 원석 가격을 이례적으로 인하하는 등의 업계 상황이 악화되었다. 블룸버그는 최대 다이아몬드 제조 업체인 드비어스(De Beers)사는 이달의 다이아몬드의 원석가격을 무려 5%나 인하하겠다고 발표하였다. BMO캐피탈마켓의 에드워드 스터크 애널리스트는 "올해 초부터 지금까지 다이아몬드 원석 시세가 9% 하락하면서 세계 다이아몬드 시장에서 가격결정자 역할을 하는 드비어스가 몇 년 만에 처음 가격 인하를 단행했다"고 설명했다.

다이아몬드 시장의 침체로 인하여 관련 업체의 실적도 역시 뚜렷한 폭으로 악화되고 있다. 올해 1~10월 드비어스사의 매출은 32억1600만 달러를 기록하였는데, 44억1200만 달러의 매출을 올렸었던 지난해의 같은 기간보다 크게 감소되었다. 광산에서 다이아몬드를 채굴하는 전문 업체들의 재무 상황도 역시 좋지 않다. 루카라다이아몬드사는 지난 3분기에만 4만 달러상당의 영업 손실을 내어 어닝쇼크를 기록했고, 영국 젬다이아몬드사는 3분기 매출이 지난 분기보다 15% 감소했다. 다이아몬드 업계가 위기에 빠지게 된 이유로는 대부분 세계 경제 부진에 따른 수요 감소로 본다. 특히 세계 다이아몬드시장 수요의 절반을 차지하는 미국과 새로운 신흥 시장으로 성장한 중국의 무역분쟁이 점차 격화되면서 세계 다이아몬드 소비가 크게 감소하는 모습을 보인다. 미국가 중국시장 외에도 소비 비중이 컸던 홍콩에서도 최근 민주화 시위가 격화되됨에 따라 세계 다이아몬드 시장에 악영향을 미친 것으로 보인다. 다이아몬드는 오래전부터 전통적인 안전자산인 금보다도 희소성이 높으면서도 금에 비하여 가공과 거래가 쉽지 않다는 점과 표준화된 규격이 없다는 점이 경제 상황이 어려워지고 소비가 줄어들면 가격이 떨어지는 양상을 만들어 낸 것으로 보인다.

글로벌 다이아몬드 시장의 급속한 침체는 국내의 업계에도 비슷한 영향을 미칠 것으로 보인다. 우리나라에서는 극심한 내수 침체가 이어지고 있으며, 결혼을 기피하는 추세점차 심화되어 대표적인 결혼 예물이였던 다이아몬드의 소비가 감소되고 있다. 국내의 대표적인 다이아몬드 업체인 골든듀는 지난해의 영업이익은 44억 원발표 하였는데, 전년의 45억 원보다 소폭 감소하였고, 같은 기간 순이익이 30억 원에서 24억 원으로 큰 폭 감소하였다.

최근 빠르게 성장하고 있는 인공 다이아몬드는 기존 다이아몬드 업계의 돈줄을 조이고 있다. 기존의 광산에서 채굴되는 천연 다이아몬드와는 다르게 실험실에서 만들어지는 '랩 다이아몬드(lab diamond)', 인공 다이아몬드는 대량생산이 가능하며 가격도 천연 다이아몬드에 비해 훨씬 저렴해서 천연 다이아몬드의 대체재로 떠오르고 있으며 기존의 다이아몬드 시장을 장악하고 있다.

다이아몬드 제조기술이 아무리 기술이 좋다 하더라도, 실험실에서 만든 다이아몬드가 천연 보석과 버금가는 가치를 지니게 하려면 몇 가지의 조건을 만족해야 한다. 다이아몬드는 생각보다 매우 단순한 보석이다. 재료는 오직 탄소 하나뿐이며, 이 탄소들은 규칙적인 3차원의 구조를 가진다. 자연에서 이러한 완벽한 조건을 만족하는 다이아몬드를 찾긴 힘든 일이다. 자연에서 수억 년 이상 높은 압력과 온도를 견뎌내야 제조가 가능한데, 이러한 일련의 과정에서 질소와 같은 불순물이 섞여 들어가기 쉽상이기 때문이다. 불순물은 종류가 매우 다양하며, 질소가 들어갈 경우엔 노란색이나 갈색을보이며, 붕소가 들어가면 파란색을 지니게 된다. 광산에서 나오는 다이아몬드의 대부분인 약 95%가 이 같은 불순물이 섞여 있으며 이러한 광석들은 아무리 가공을 해도 보석으로서의 가치를 가질 수 없다.

또한 다이아몬드의 크기와 잘린 모양도 중요하다. 다이아몬드 결정의 형태에 따라 잘려지는 결이 결정되게 된다. 아무리 큰 원석을 캐내게 되어도 그 안의 결이 좋지 못하다면 보석으로 사용할 수 있는 부분은 작을 수밖에 없으며, 상품으로서 가치가 있는 다이아몬드를 가공하지 못하는 것이다. 인공의 다이아몬드는 이런 어려운 조건들을 만족시키는 데 유리하다. 실험실의 밀폐된 공간에서 탄소만을 사용해 빠르게 만들게 되면 불순물이 끼어들 여지가 없어지게 된다. 또한 결정의 결이 고르게 생성된다. 다이아몬드의 대표적인 제조 방법은 크게 두 가지다.

첫 번째로 고온고압법은 미국 제너럴일렉트릭(GE)이 최초로 개발한 기술이다. 탄소에 약 3000도의 온도와 10만 기압을 가하여 다이아몬드를 만들게 된다. 그림 2-14은 연구실 다이아몬드와 자연 다이아몬드의 비교도이다.

그림 2-14 연구실 다이아몬드와 자연 다이아몬드의 비교사진

두 번째 방법인 플라스마를 이용한 화학기상증착법(CVD)은 진공상태의 용기 내부에 메탄과 수소가스를 주입하고 이후에 마이크로파 등을 통해 용기의 온도를 3000도 이상으로 높여주어 용기 내부의 기체를 제4의 물질 상태인 플라스마상태로 만든다. 이때 메탄에서 뿜어지는 많은 양의 탄소가 용기바닥에 얇은막을 형성하게 되면서 다이아몬드결정으로 성장하게 된다. 이 방법은 고온고압법보다 속도가 빠르기 때문에 요즘에 널리 쓰인다. 최근에는 기술이 발달하여 1시간에 0.006mm씩 다이아몬드를 키울 수 있다. 이는 일주일이면 1캐럿의 다이아몬드를 생성이 가능한 속도이다. 라이트박스사도 이러한 방법을 이용해서 3300도의 온도에서 다이아몬드를 제작하고있다.

역설적이게도, 인공으로 만들어진 다이아몬드는 너무 완벽하기때문에 가치가 떨어지게 된다. 다이아몬드는 불순물이 없으면 없을수록 무색투명에 가까워 가치가 높지만, 불순물이 없을경우 미적으로 아름답지 못하다. 약간의 불순물이 들어가게 되면 빛이 반사되었을 때 은은한 빛이 감돌게 되며 사람들은 아름다움을 느끼게된다. 그 때문에 라이트박스사의 다이아몬드는 불순물이 살짝 들어가도록 화학적으로 조절을 가하여 최적의 다이아몬드를 선별하고 상품화를하고 있다.

한국에서는 1987년에 한국과학기술연구원(KIST)과 일진다이아몬드가 공동으로 고온고압법을 통한 인공다이아몬드 합성기술을 확보했다. 이는 GE와 드비어스에 이어서 세계에서 세 번째다. 일진다이아몬드사는 공업용 다이아몬드를 제조하고 있으며 반도체와 태양광판 제조산업 등 다양한 분야에 활용되고 있다. 세계적인 규모의 기업들은 실험실에서 순도 높은 다이아몬드를 얻기 위한 기술을 확보하기위해 노력을 하고 있으며, 기술의 발전으로 다이아몬드 수요에 변화가 올 것으로 보이며 오늘날 실속을 따지는 젊은층을 대상으로 인공 다이아몬드의 인기는 높아질 전망이다.

2.7 탄소나노튜브(Carbon Nano-Tube)

2.7.1 탄소나노튜브의 배경

탄소나노튜브(Carbon nanotube, CNT)는 탄소 6개로 이루어진 육각형들이 서로 연결되어 원기둥 모양의 나노구조를 지니는 탄소의 동소체로서 길이와 지름의 비율이 132,000,000:1에 까지 이른다(그래핀폼 기반 바이메탈 산화물 나노하이브리드 전극의 전기화학적 특성에 관한 연구, 2018). 이는 오늘날 알려진 물질들 중에서 가장 높은 수치에 해당한다. 탄소나노튜브는 흑연처럼 탄소원자 1개가 다른 탄소원자 3개와 결합되어 있으며, 전기 방전법을 통해 흑연의 음극상에 형성한 탄소덩어리를 투과전자현미경을 사용하여 분석하는 과정에서 최초로 발견(1991년 일본 NEC 연구소 이지마 스미오박사) 하였다.

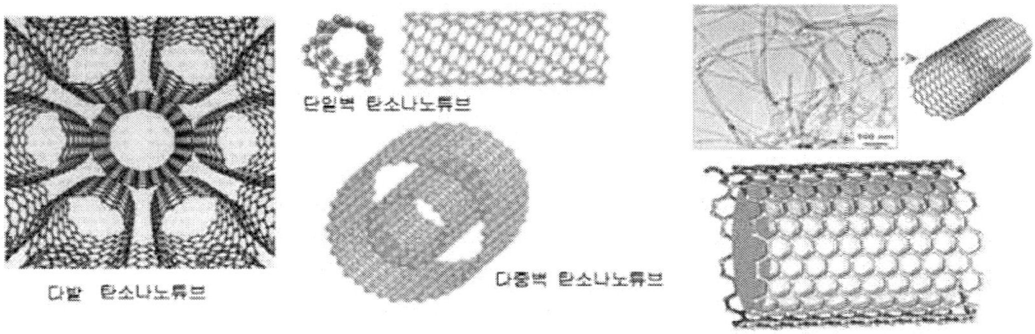

그림 2-15 탄소나노튜브의 결정구조

탄소나노튜브는 기존의 물질과는 특이한 성질을 가지고 있기 때문에 나노기술과 전기공학 뿐 아니라 광학 및 재료공학 등에서 유용하게 쓰일 수 있다. 특히 열전도율과 기계적, 전기적 특성이 매우 특이하기 때문에 다양한 구조 물질의 첨가제로 응용하여 사용할 수 있다. 예를 들면 탄소섬유로 주로 만들어지는 야구방망이나 골프채와 자동차 부품, 심지어 다마스쿠스 강에도 탄소나노튜브를 소량 첨가하여 제작하기도 한다. 탄소나노튜브는 앞서말한 특징을 통해 반도체와 평판 디스플레이와 같은 전자부품과 배터리, 생체 센서, 초강력 섬유 등 탄소나노튜브를 활용한 장치가 수없이 많이 개발되고 있고, 나노 크기의 물질도 집어서 옮길 수 있는 나노집게의 재료가 되어 활용되고 있다.

2.7.2 결정구조 및 성질

탄소원자 하나가 주위의 다른 탄소원자 3개와 sp^2 결합을 하여 육각형 벌집무늬를 형성하며, 이 튜브의 직경이 대략 수 나노미터(nanometer, nm) 정도로 극히 작아 나노튜브라 부른다(Anodic aluminum oxide를 이용한 정렬된 탄소나노튜브 성장과 응용에 관한 연구, 2006). 탄소나노튜브는 전기전도도가 구리와 유사하고, 열전도율은 자연계에서 가장 뛰어나다고 알려진 다이아몬드와 같으며, 강도는 철강보다 무려 100배나 뛰어나고, 전기의 세기가 크면 클수록 더 수축하는 특성을 가지고 있다. 탄소섬유는 단 1%만 변형해도 끊어지지만, 탄소나노튜브는 탄소섬유에 비해 15%가 변형되어도 견딜 수 있다.

특성	단일벽 탄소나노튜브 (SWNT)	다중벽 탄소나노튜브 (MWNT)	비고
지름(nm)	1.2 ~ 3	5 ~ 100	머리카락(70~100) x 10^3
장력(GPa)	~ 45	< 50 ~ 300	합금철 ~ 2 스테인리스강 ~ (0.65 ~ 1)
밀도(g/cc)	1.33 ~ 1.40	-	알루미늄(Al) ~ 2.7
전기저항(Ω·m)	10 x 10^{-6}	5.1 x 10^{-8}	구리(Cu) 1.7 x 10^{-8}
전류밀도(A/㎡)	~ 109	-	구리(Cu) 106
열전도율(W/m·K)	~ 6000	~ 3000	다이아몬드 2000 ~ 40000, 구리(Cu) 393.7

그림 2-16 탄소나노튜브의 물리적 특성

탄소나노튜브는 플러렌 계열의 구조를 지닌다. 그래핀이라는 구조의 탄소 원자 한 층의 막을 벽으로 사용하여 길고 속이 빈 튜브 모양의 형태를 가진다.

그래핀을 마는 각도를 조절하여 서로 다른 나노튜브를 만들 수 있으며 이렇게 말리는 각도와 지름을 조절하여 금속으로 만들 수 있고 반도체로도 만들 수 있다. 나노튜브는 단일벽으로 이루어진 나노튜브와 다중벽으로 이루어진 나노튜브로 나눌 수 있다. 탄소나노튜브는 반데르발스의 힘을 통해 여러 가닥을 뭉쳐 "로프"의 형태로 정렬하는 경우가 많다.

탄소나노튜브의 화학결합은 흑연과 비슷한 sp^2 결합만으로 이루어진다. sp^2 결합은 알케인과 다이아몬드를 통해 볼 수 있는 sp^3 결합보다도 강한데, 탄소나노튜브의 강도가 매우 높은 것도 이러한 이유 때문이다. 탄소나노튜브는 1985년에 "Kroto"와 "Smalley"가 탄소의 동소체중 하나인 플러렌(탄소 원자 60개가 모인 것을 말함 : C60)을 최초로 발견한 후에 1991년 일본전기회사(NEC)의 부설 연구소에서 이이지마 박사가 전기방전시에 흑연 음극상에서 형성된 탄소의 덩어리를 투과 전자 현미경을 통해 분석하는 과정에서 발견하였고 네이처지에서 처음으로 발표되었다. 탄소나노튜브의 탄소원자 하나는 다른 주위의 탄소 원자 3개와 sp2 결합을 이루어 육각형 벌집무늬를 만들며, 이 튜브의 직경은 대략 수 나노미터 정도로 매우 작고 전기의 세기가 클수록 더욱 수축하는 성질을 지닌다.

2.7.3 탄소나노튜브 연구개발 동향

탄소나노튜브는 반도체의 특성을 지니는 카이랄성 탄소나노튜브를 사용해 2013년에 이미 작은 스케일의 컴퓨터를 만드는 데에 성공하였고, 네이처지에 게재되었다. 2017년에는 게이트 길이가 5나노미터인 탄소나노튜브 소재의 트랜지스터를 만드는데 성공하였고, 같은 스케일의 CMOS 소자보다도 월등한 성능을 보였으며 이는 사이언스지에 게재되었다. 탄소나노튜브에는 다양한 종류가 있는데 주로 탄소 벽의 개수로 분류하여 Single-walled, Double-walled, Multi-walled로 분류며, 탄소층의 배열 방식에 따라 Torus, Nanobud, Cup stacked, Extreme 등으로 나뉘게 된다. 각각의 종류에 따라 강도와 기타 특성들의 차이가 난다.

현재는 탄소나노튜브를 만들기 위해 주로 아스팔트를 가공하고 있다. 이러한 과정은 복잡하고 아스팔트의 값이 점점 오르고 있어 향후엔 저렴하고 튼튼한 물질이라는 특징에서 저렴하다는 부분은 빼야될지도 모른다. 하지만 구조가 그래핀과 유사하기 떄문에 기존 그래핀의 테이프 추출법이 발전하게 되면 보다 간편하게 생산할 길이 열릴 수도 있다는 예측이 있다. 실제로 한국과학기술원(KAIST) 계면제어연구센터 이재갑 박사와 국제 공동 연구팀은 '탄소나노튜브는 그래핀 원통 구조가 아닌 그래핀 리본이 나선 방향으로 휘감은 구조다'라고 밝혔다.

Multi-walled CNT(MWCNT)는 다른 탄소나노튜브에 비해 상당히 저렴하다. 반면에 Single-walled CNT(SWCNT)는 합성이 상대적으로 까다로운 편이여서 MWCNT에 비해 수십 배 이상 비싸다. MWCNT가 SWCNT에비해 저렴하다고 하지만 MWCNT도100g에 20~40만원대에 이르는 가격을 형성하고 있다. 따라서 초강력 섬유나 복합소재와 같이 많은 양이 필요한 곳에서는 MWCNT같은 전자 소자가 사용되며, 적은 양으로도 힘을 발휘해야 하는 분야에서는 SWCNT가 쓰이게 된다. 그래핀과 나노 금속 재료(나노 와이어, 나노 큐브)들이 발견되기 전까지 탄소나노튜브는 전자 소자의 결정판의 분위기를 풍겼으나, 탄소배열방법에 따라 전도성이 천차만별로 변형되고, 그에 따른 접촉 저항이 매우 크다는 것이 밝혀지게 되면서 이전과 같은 주목은 끌지는 못하고 있다. 그리고 결정적으로 CNT는 서로가 뭉치게 되는 번들링 현상을 지니고 있기 때문에 당초에 계산값에 비해 떨어진 전기적-기계적 성질을 갖는 경우가 대부분이다. 하지만 탄소나노튜브가 가지는 특징은 무시할 수 없기에 향후 전망이 주목되는 신소재다. 무한한 가능성을 지녔다고 평가되는 그래핀보다 범용성이 약간 떨어지지만 활용될 수 있는 분야는 제법 넓으며, 구조재 외에 스스로 빛을 내는 성질과 반도체의 성질지닌 다는 점에서 모니터 등의 재료로 쓰이기도 한다. 이를 이용하면 투명하고도, 전기 소모량이 적고, 열이 빨리 배출되어 과열의 위험이 적은 디스플레이를 만드는데 사용할 수 있다. 이외에도 SPM(주사 탐침 현미경)에서는 정전기 유도를 통해 나노 집게의 성분으로 사용된다. 정전기 유도를 이용하면 기존의 SPM처럼 원자와 분자를 수월하게 조종할 수 있으며, 원자가 가지는 전기적인 특성도 측정할 수 있게된다. 하지만, 장점이 있는 반면에 탄소나노튜브에는 위험성이 지적되고 있다. 이 꿈의 물질은 최근에 발암물질임이 유력시되고 있고, 우리나라에서도 발암물질 지정 영향 분석을 위한 연구에 들어갔다. 영향 분석 보고서를 요약하면 몇몇의 MWCNT 물질에서 다른 동물에게 제한적인 발암물질의 증거를 발견하였고 인체에도 영향을 끼친다는 증거는아직 발견하지 못했으나, 아직 이에 대한 연구가 더욱 필요할 것으로 보인다.

2.8 플러렌(Fullerene)

2.8.1 플러렌의 배경

전파 천문학자들은 우주 별 공간을 관측하면서 어떤 특정 별, 특히 거대한 붉은 별(red star)에서 탄소 원자의 체인(chain)이 존재한다는 사실을 발견하였다. 붉은 별로부터 떨어진 적은 파편에 관심을 갖게 된 과학자들은 면밀한 연구 끝에 지구상에서도 우주와 같은 조건을 만들어주면 우주에서와 같은 물질을 만들 수 있을 것이라는 생각을 하게 되었다.

영국 서섹스 대학의 크로토(Harold W. Kroto) 교수는 우주에서 오는 짧은 파장의 빛의 원천을 연구하고 있었다. 크로토 교수는 자신의 연구하는 탄소 화합물을 실험실에서도 만들 수 있다는 확신을 갖게 되었다. 크로토 경은 미국 라이스대학 로버트 컬(Robert F. Curl) 교수와 리처드 스몰리(Richard E. Smalley)교수 3인의 공동 연구로 1985년 플러렌(Fullerene)을 발견하였다. 이들은 우주와 비슷한 환경을 만들기 위해 진공장치 속에서 강력한 레이저를 흑연에 쏘아 증발 시킨 후 혼합 가스를 팽창시켜 급격하게 냉각시켰다. 이때 레이저의 높은 에너지로 인해 탄소가 흑연 표면에서 떨어져 새로운 결합을 이루며 흑연과는 다른 분자 구조의 화합물을 생성하였다. 이것이 우주에 존재하던 새로운 탄소 동소체인 플러렌을 실험실에서 생산한 첫 발견이다. 이때까지 과학자들은 순수한 탄소 형태는 흑연과 다이아몬드 두 가지로 믿고 있었다. 플러렌 개발자들은 탄소의 새로운 분자 구조가 축구공과 비슷하며 12개의 오각형과 20개의 육각형으로 형성되었으며 각각의 오각형은 완벽하게 육각형들에 둘러 싸였다는 가설을 제안하였다. 이 구조는 건축가 버크민스터 풀러가 발명한 돔형 경기장과 흡사하였다.

2.8.2 플러렌의 기술 개요

과학자들은 이 탄소 동소체 C60 이름을 버크민스터 플러렌(Buckminster Fullerene)이라 불렀다. 초단파 및 자외선 분광학을 전공한 로버트 컬(Robert F.Curl) 교수는 플러렌의 구조를 확인하였다. 1985년 이들 3인의 과학자들이 발견한 플러렌은 전 세계 수많은 과학자들의 관심과 연구 대상이 되었다. 플러렌 C60의 발견은 50억분의 1초 안에 탄소의 아주 작은 양을 기화시키는 첨단장비의 사용으로 이뤄졌다. 그러나 이 실험에서의 문제점은 제안된 구조를 정확하게 증명할 수 있을 만큼 충분한 양의 플러렌을 얻을 수 없었다. 따라서 1985년부터 1990년까지 수많은 과학적인 논쟁이 끊이지 않았다. 플러렌 발명자들에 대한 비판에도 불구하고 신물질 발명자들은 인내심으로 그들의 가설을 잘 지켜나갔다. 1990년에야 도널드 허프만과 볼프강 크라처머가 플러렌을 신속하고 값싸게 생산할 수 있는 방법을 개발하여 1g 정도의 C60을 만들 수 있었다. 이 허프만과 크라처머의 플러렌 생산 방법은 소량이기는 하나 플러렌 연구 개발에 중요한 역할을 하였다. 오늘날 벤젠 연소방법(Combustion process)등을 사용하면 연간 플러렌을 5,000톤/연까지 생산이 가능하다. 1996년 플러렌의 연구 공르로 크로토, 컬, 스몰리 이들 3인은 노벨 화학상을 공동 수상하였다. 2010년 NASA에서는 “Spitzer” 적외선 망원경을 통해 6,500광년 떨어진 우주의 먼지 속에서 플러렌의 존재를 확인하였다.

2.8.3 플러렌의 구조

1980년 중반 플러렌이 발견될 때까지 탄소 동소체는 흑연과 다이아몬드 두 종류가 있는 것으로 믿었다. 그러나 플러렌이 발견된 이후 탄소의 결합 구조가 다른 많은 탄소 동소체가 발견되었다. 플러렌은 흑연이 레이저 빔의 고온에서 증발한 그을음에서 발견한 완전히 새로운 물질이다. 이는 우주 공간에 존재하는 붉은 별 항성의 고온의 탄소로 된 물질을 지구상에서 재현한 것이라 하겠다. 이는 주로 탄소 원자 60개가 축구공의 모양으로 결합하여 “버크민스터”라고 불리는 플러렌 C60을 말한다. 12개의 5원환과 20개의 6원환으로 이뤄졌으며 각각의 5개의 6원환이 인접했다는 특징이있다. 지름이 약 1nm인 축구공을 형성하는데 플러렌이라는 명칭은 이러한 구조의 돔을 설계한 미국 건축가 풀러(B. Fuller)의 이름에서 유래하였으며, Bucky ball이라는 별칭으로도 불리는데 이것 역시 그의 이름에서 따온 것이다(탄소의 동소체인 C60 풀러렌과 탄소나노튜브에 관해, naverhttps://kin.naver.com/qna/detail.nhn?d1id=11&dirId=1115&docId=68741538).

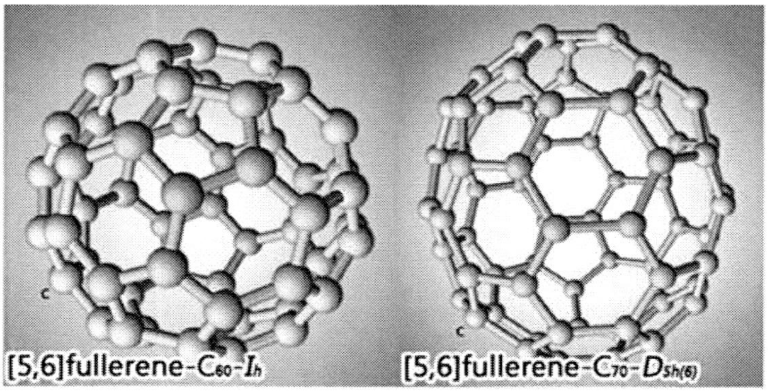

그림 2-17 플러렌 C68과 C78

2.8.4 결정구조 및 성질

플러렌은 대부분 60개의 탄소원자가 1nm의 지름을 가진 축구공 모양으로 결합하여 생긴 버크민스터플러렌 C60을 말한다. 12개의 5원환과 20개의 6원환으로 이루어져 있으며, 각각의 5원환에는 5개의 6원환이 인접해 있다. 1990년 W 크래치머 등이 훗날 아크법으로 발전하는 플러렌의 생성법을 발견한 이래, 이에 대한 연구가 활발해졌다(화학용어/풀러렌(fullerene), blog.daum.net). 압력 약 50~600토르의 헬륨 가스 안에서 흑연을 전극으로 하여 아크방전을 통해 생성한 주석의 유기용매(벤젠, 톨루엔 등) 추출로 생성하는데, 이때 럭비공 모양의 C70이나, 소량이기는 하지만 보다 사이즈가 큰 C76, C78, C82, C90, C94, C96과 같은 고차 플러렌도 생성되게 된다.

2.8.5 플러렌의 주 용도

아직 개발단계에 있으나, 향후 절삭도구나 강도가 좋은 플라스틱으로 이용 연구 중에 있다. 최근 알칼리금속을 도입한 금속플러렌이 종래의 유기물 초전도체보다 높은 온도에서 초전도성을 나타내서 주목을 받고 있다. C60에는 지름 0.4nm(0.4×10-9m)의 공간이 있고, 고차 플러렌에서는 보다 큰 공간이 있기 때문에 금속내포 플러렌도 만들 수 있으며, 이것은 금속원자를 혼합한 흑연을 전극으로 하여 아크방전 했을 때에 생성된다. 기름에 녹는 성질을 이용하여 플러렌을 수지에 첨가해서 내구성이나 내열성을 높이거나 정전기의 제거, 잡음필터로의 응용이 시도 중이며, 이것을 이용해서 단단하고 날카로운 절삭 도구나 아주 단단한 플라스틱을 만드는 연구도 진행 중이다. 플러렌에 20GPa의 압력과 2200K의 온도를 가하면 응집 다이아몬드 나노막대를 만들 수 있으며, 강도는 다이아몬드의 1.17-1.52배이다.

2.8.6 플러렌의 합성

• Hufmann-Kratschmer 방법

지금까지 이들 3개 플러렌 생산 공정은 플러렌 연구를 열어가는 중요한 역할을 하여왔다. 원료와 부산물이 흑연이므로 필요에 따라 연료봉 재순환이 가능하다. Hufmann-Kratschmer 플러렌 합성법은 고순도 지름 6mm 흑연 전극의 아크 방전에 의한 2,000℃ 고온 상태에서 압력 100-200 torr 헬륨 가스 분위기에 서 플러렌을 합성하였다. 불활성 가스로 아르곤 가스를 사용 할 수도 있으나 효율이 낮아진다. 전극 사이에서 온도 차가 없어야한다.

• Benzene의 연소 공정

Howard와 그의 공동 연구자들은 산소가 부족한 상태에서 Benzene을 연소하여 플러렌 C60과 C70을 발견하였다. 한때 일본에서 일정한 목적을 해 연간플러렌을 5.000톤을 생산한 적이 있으나, 현재 설계용량의 1/10 약 500톤을 생산하고 있다. 이처럼 시설용량의 과다한 투자는 플러렌의 장기적인 수요를 정확히 예측하지 못한데 원인이 있다. 따라서 플러렌의 설비투자는 플러렌에 대한 충분한 지식을 활용함으로서 정확한 수요량을 예측할 수 있을 것이다.

• PAH의 탈수소 열분해 응축 공정

이 방법은 플러렌 합성에 대한 방법을 추론한다. 예를 들면 C60은 3개의 dehydronaphthalene의 일부분으로서 6면체의 일부로서 위치하고 있다. Naphthalene의 열분해는 C60을 생산한다. 탈수소화 반응(dehydrogenation)은 고에너지 공정으로서 전구체(precursor)의 할로겐 수소 이탈 반응은 보다 성공적이고, Chloroaromatic 전구체로 부터 생성되는 C60의 생성에 이용되는 특성을 가지고 있다. 그러나 이공정은 플러렌의 합성은 가능하나 생산량이 너무 작어서 이 공정을 사용해 본 경험이 전혀 없다. 플러렌에 함유된 soot는 속스레(Soxhlet) 추출기를 사용하여 제거하거나 또는 크로로포름(chloroform), 톨루엔(toluene) 또는 1,2-dichloroBenzene(가장 빠른반응, 그러나 용매 중에 미량 성분이 존재 할 경우 고진공이 필요하다.) 만일 탄소 이황화물(disulfide)이 미량성분 추출과정이나 농축 과정에서 사용되었을 경우엔 진공 상태에서 철저하게 제거해야 한다. 그렇게 하지 않으면 플러렌은 오염되고 만다.

2.8.7 플러렌의 연구 개발 동향

새로운 제품으로 출현한 플러렌 제품에 대하여 사람들은 기존 제품을 혁신적으로 교체 할 것을 제안하고 있다. 플러렌은 안정적인 물질로서 다른 물질과 쉽게 반응하지 않는다. 그러나 플러렌의 유도체들은 다른 물질과 쉽게 반응한다. 따라서 플러렌의 유도체를 개발함으로서 기존 제품, 제조공정, 생산 방법보다더 많은 이점이 있어야한다. 플러렌은 물리, 화학, 재료, 에너지 등 다양하고도 광범위한 분야에서 활용될 수 있도록 세계 각국의 수많은 과학자들이 아래와 같은 분야에서 연구 개발을 추진하고 있다. 1990년 플러렌이 인공적으로 합성되고 15년의 시간이 흘렀지만 아직도 플러렌을 실제 생활에 적용하기 위해서는 많은 장애요인이 있다. 그러나 플러렌이 앞으로 우리 생활에 획기적인 변화를 가져 올 것은 분명하다. 현재 국외에서 추진중인 주요 연구 개발 현황을 살펴보면 화합물에서부터 트랜지스터, 광전소자, 기체 저장, 고분자 재료,촉매, 의약품, 전기화학 탐지소자, 다이아몬드, 태양박막전지, 초고속 성능윤활유, 고강도 신소재, 고성능 배터리, 상온 초전도체 개발 등 다양한 연구가 이뤄지고 있다.

화학 반응을 이용하여 많은 플러렌 유도체를 만들고 있다. 이들 중의 일부는 개발이 완료된 것도 있으나 대부분이 연구 개발이 진행 중인 미래 기술들이다. 촉매 개발을 위해서는 아직도 많은 시간이 필요하다. 산업 분야의 깊은 관심은 플러렌 폴리머로서 고분자 물질은 순도가 높은 물질을 요구하지 않으며 저렴하고 많은 생산량을 필요로 한다. 바이오 및 의학의 활성화 시스템은 잠재적인 플러렌의 응용분야이다. 의약과 관련된 물질의 개발은 장시간이 소요된다. 신약 개발은 많은 시험이 뒤따른다. 플러렌의 잠재적인 응용은 SiC 생산으로서 이는 Si 보다 우수한 재질이다.

국내 플러렌 연구는 1990년 전북대학교 화학과에서 Huffman식 으로 C60 플러렌을 최초로 합성하는데 성공하였다. 그 이후 서울대학교, 한국표준과학연구원, 이화여대, 고려대, 세종대 등에서 연구를 했거나 현재 진행 중이다. 특히 표준과학연구원에서는 고주파 플라즈마 유도장치에 흑연 봉이 아닌 흑연 가루를 아르곤 기체와 함께 섭씨 10,000℃의 고온 플라즈마를 만든 다음 생성된 그을음을 회수하고 용매 추출로 플러렌을 분리하는 대량 합성법을 개발하였다. 전기를 통하는 플라스틱(유기 태양전지:organicsolar cell) 연구는 국내에서 부산대학 연구팀이 2000년도 초에 처음 시작하였다. 이들 연구팀은 반도체 고분자인 MEH-ppv와 Fullerene(C60) 유도체인 PCBM 비율이 1:1 배율로 섞인 복합재료를 사용하여 1.2%의 효율을 얻었다. 이들은 MEH-ppv와 PCBM 비율을 1:3으로 바꿈으로서 같은 조건하에서 에너지 전환 효율을 2.3%로 올렸다. 최근 부산대와 UCSB팀공동연구를 통해 5%의 에너지 전환 효율을 달성했다고 보고한 바 있다.

인하대 팀도 유기태양전지 연구를 수행하였으며 1.74%의 에너지 전환효율을 달성한 것으로 발표하였다. 광주과기원, 서울대, 서강대 등 여러 대학들이 참여하여 유기 태양전지 연구가 활성화되고 있다. 특히 광주 과기원은 전도성 고분자개발로 노벨상을 수상한 미국 싼타바바라 대학의 앨런 히거(Alan Heeger)교수의 지원으로 유기태양전지를 개발하고있다. 한편 한국화학연구원 등의 출연(연)과 삼성SDI등의 기업 연구소에서도 2000년대 초부터 나노 박막형 유기전지에 대해 꾸준히 연구를 수행하고 있으며 에너지 전환효율 4.5% 이상을 실현하고 있다.

유기태양전지가 실용화 되면 기존의 실리콘 태양전지에 비해 가격이 약 10분의 1로 줄어들 것으로 예상된다. 가벼워서 수송이 용이하고 재료의 유연성 때문에 다양한 모양으로 가공할 수 있을 것으로 기대된다. 유기 태양전지는 기존 실리콘 태양전지의 에너지 전환효율 20%에 비해 5-10%로서 낮으나 전도성고분자(P3HT)와 Fullerene 유도체(PCBM)의 결합체인 P3HT의 최적 결합을 통해서 유기태양전지의 성능이 향상되고 안전성이 있는 실용화 제품이 가까운 장래에 출현할 것으로 기대한다. 일진나노텍(우하영)은 탄소 나노튜브를 생산하는 기업으로서 전기 방전법을 이용하여 단중벽 탄소 나노튜브를 합성할 때 다량의 플러렌C60)을 탄소 나노튜브 내부에 주입할 수 있는 신기술을 최초로 개발하였다고 발표한 바 있다. 플러렌을 탄소나노튜브에 주입할 경우에 탄소 나노튜브의 강도가 현저하게 증가된다고 한다. 일진나노텍은 시장이 확장됨에 따라 시설을 크게 확장할 계획이다.

2.9 그래핀(Graphine)

2.9.1 그래핀의 배경

그래핀(graphene)은 흑연 즉 '그래파이트(graphite)'와 탄소이중결합을 가진 분자를 뜻하는 접미사 '-ene'를 결합하여 만든 용어이며, 흑연의 층중 한층을 떼어 놓는다면 그래핀이 된다. 2004년 러시아의 물리학자 가임(Andre Konstantin Geim)과 노보셀로프(Sir Konstantin Sergeevich Novoselov)가 연필심에 투명 테이프를 붙여 떼어낸 뒤, 테이프에 달라붙은 흑연 가루를 반복해서 유리 테이프로 떼어내는 방식(물리적 박리법)으로 그래핀을 최초로 분리. 2010년 그들은 그래핀을 분리해낸 공로로 노벨 물리학상을 받았다.

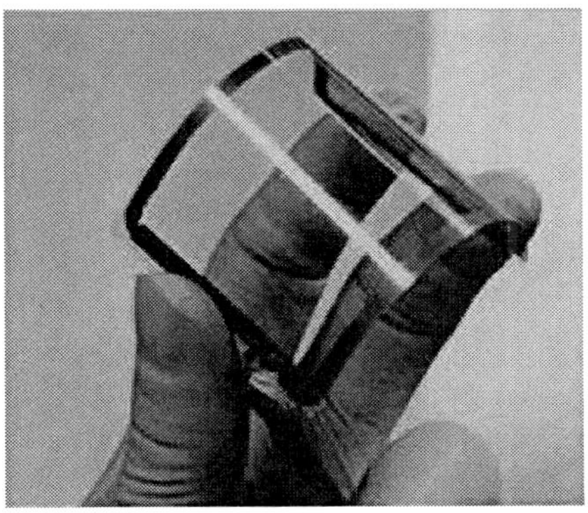

그림 2-18 그래핀 박막 트렌지스터

그래핀은 구부릴 수 있는 특성을 가지고 있어서 얇은 디스플레이나 전자종이, 착용식 컴퓨터(wearable computer)와 같은 전자정보와 산업분야의 유망한 신소재로 기대를 모으고 있으며, 아직 초기개발단계이지만, 향후엔 전자종이와 착용식 컴퓨터로 활용하기 위한 연구가 진행 중이다.

2.9.2 결정구조 및 성질

그래핀은 탄소의 동소체 중 하나이다. 탄소 원자들이 sp2형으로 각각 결합이 되었으며, 연결된 원자 하나의 두께로 이루어진 얇은 막과 같은 2차원 구조로 되어 있으며, 벤젠과 유사한 형태의 탄소고리가 모여서 벌집 형태의 결정 구조를 보인다. 이 모양을 벌집구조 혹은 벌집격자라고도 부른다. 원자 1개의 두께로 이루어진 얇은 막으로서 두께는 대략 0.2 nm이다.(1 nm은 10억 분의 1 m)

100억 분의 2 m일 정도로 엄청나게 얇은 반면에 물리적·화학적 안정성이 높다는 특징을 가진다. 그래핀 결정은, 한 꼭지점에 세 개의 원자가 결합이 하는 구조(sp2 결합)를 지니며 육각형 형태의 연결이 2차원의 방향으로 뻗어나간 모습으로서 넓게 펼쳐진 벌집 모양의 2차원의 결정 모양을 지닌다.

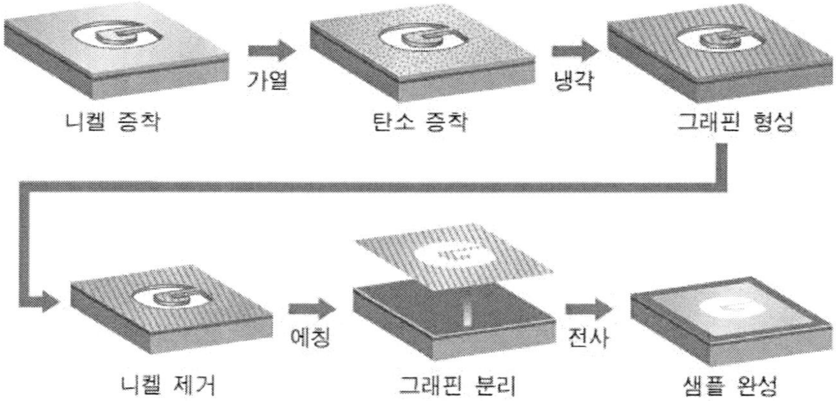

그림 2-19 그래핀 제작과정

그래핀의 결정구조는 흑연에서 매우 얇게 한 겹을 떼어낸 것이기 때문에, 세상에서 가장 얇고 안정적인 분자 구조로 구성된 재질이며 두께는 0.2nm 정도로 매우 얇으면서도 물리적·화학적 안정성이 높다. 원자 한 개 두께밖에 안되는 얇은 막형태이며 투명한 성질을 갖고 있고, 백색광을 보낼 경우 2.3%의 흡수율을 보이고, 탄력이 강하면서 물리적힘으로 20%를 늘렸음에도 각종 전기전자적 성질이 변함없이 유지된다. 그래핀은 다른 재질에서는 찾을 수 없는 특별한 전기적 성질을 지니며 반도체의 특징인 띠구조(Band-structure)를 가지기 때문에 반금속(Semi-metal)으로 분류되어 반도체의 소재로서 적용이 가능할 것으로 보인다. 그래핀은 구리보다 약100배 이상의 전기가 통하며, 반도체로서 주로 쓰이는 단결정의 형태를 지녀 기존의 실리콘보다 100배 이상 전자를 더욱 빠르게 이동시킬 수 있다. 그래핀은 고속 트랜지스터와 같이 차세대의 전자 재료로 각광받고 있다. 그래핀이 나타내는 흥미로운 물리 현상 중 하나로 양자 홀 효과가 있다. 전자분포가 2차원 평면에 넓게 퍼져 있는 상태에서 강한 자기장을 가할 때, 전자의 궤도나 에너지 준위가 이산적인 값을 띄는(양자화되는) 현상이다. 이는 일반적으로 극저온에서만 관찰 가능하고, 반도체의 품질이 높다는 증거로 이용되고 있지만 그래핀에서는 이 현상이 상온에서도 관찰된다.

강도는 강철보다 200배 이상 강하며, 최고의 열전도성을 자랑하는 다이아몬드보다 2배 이상 열전도성이 높고, 탄성이 뛰어나 늘리거나 구부려도 전기적 성질을 유지하며, 이런 특성으로 인해 그래핀은 차세대 신소재로 각광받는 탄소나노튜브를 뛰어넘는 소재로 평가받으며 '꿈의 나노물질'이라 불린다. 균일한 특성을 나타내는 고분자 복합재료를 제조하기가 어렵기 때문에 그래핀 그 자체가 우수한 물성을 가짐에도 불구하고 실제 적용 가능한 기술에 대한 연구가 매우 제한적이었다. 이러한 문제점을 해결하고자 유기용매 안에서 그래핀이 불균일한 분산성을 형성시키도록 표면을 개질하는 방법에 대한 연구가 활발히 진행되고 있다.

2.9.3 그래핀 연구개발 동향

그래핀 응용분야는 매우 다양하다. 현재 그래핀 시장의 메인플레이어는 그래핀 소재 생산업체이며, 그래핀 상업생산이 가능한 업체는 전 세계에 XG Sciences와 Vorbeck Materials 2개사 뿐 이다. 따라서 시장 선점 및 향후 시장에 진출하기 위해서는 소재확보와 기술 국산화가 필수적이며 그 외 기존 시장대체를 위해 가격 경쟁력 확보가 중요한 이슈일 것이다. 그래핀 응용분야의 한 예로서, 에너지 저장소자는 한국생산기술연구원이 WPM 기획 보고서, 나노마켓 2009, 지경부 이차전지경쟁력방안, 디스플레이 리서치 2010 등을 인용, 발표한 자료에 따르면, 그래핀 시장규모는 2030년 300조 원대로 성장할 전망이다. 이차전지는 2009년 전 세계 시장 규모가 99억 7천만 달러를 기록했으며 2020년에는 750억 달러 이상까지 성장할 것으로 예상되는 신성장 산업 중 하나로 지난해 삼성그룹과 LG그룹이 앞 다투어 차량용 이차전지를 미래성장사업의 하나로 내세우며 집중 육성을 강조한 바 있다. 이는, 그래핀이 전하를 충전할 때 고용량을 빠르게 충전할 수 있는 특징을 가지고 있어 리튬이온 이차전지의 음극재료로 활용 가능성이 높게 점쳐지고 있는 상황이며, 이차전지의 핵심 전극으로 사용가능한 그래핀의 경우도 이차전지 시장과 동반 성장이 가능하다.

또한, 고출력을 위한 기존 Supercapacitor용 소재는 활성탄을 사용한 2.3~2.7V급의 전기 이중층 커패시터(EDLC)가 주로 상용화되고 있으며 가전, 휴대통신기기용 백업 및 풍력 발전 등의 Pitch 조절용 등에서 시장이 형성되고 있으며 추후 급격한 확대에 따른 소재 시장과 셀 시장은 2025년에 각각 약 3조 및 13조 원1)에 이를 것으로 전망된다. 이는 그래핀 양산공정 개발 및 대면적 전극기술이 개발되고 이를 적용한 Supercapacitor는 고출력, 장기신뢰성 특성으로 인해 향후 수송, 기계 및 스마트 그리드 분야에서 활용도가 급속히 증대할 것으로 예상된다.

그래핀은 투명전극 시장에서도 활용도가 크게 증가할 것으로 전망된다. 투명전극은 LCD, OLED 등의 평판 디스플레이 PMP, 닌텐도DS, 스마트폰 등에 적용되는 터치스크린, 태양전지 등에 사용되고 있는 매우 중요한 전자부품 중의 하나이다. 그래핀을 터치스크린 핵심부품인 ITO를 대체하는 소재로 활용할 경우 아이폰으로 대변되는 터치스크린의 성능을 뛰어넘을 수 있을 것으로 예상하고 있다. 그래핀의 투명전극 시장규모는 2030년 71조 원까지 확대될 것으로 전망하며 그래핀은 초경량 복합재, 전자인쇄용 소재사업 등에서도 큰 성장을 달성해 나갈 것으로 전망하고 있다. 그래핀의 전도성 특성은 다양한 인쇄전자용 전도성 잉크, EMI 차폐 및 ESD 제품 등에 적용 가능한 소재이며 2025년 27억 달러2)의 소재 시장과 270억 달러3) 이상의 다양한 부품소재 시장이 창출되리라 전망된다. 예로서, 그래핀 전자파 차폐제 시장은 최종적으로 고가의 도전성 금속을 저가의 그래핀 소재로 대체하는 시장이며 저가 제품 적용 가능성은 크나 도전성이 낮은 한계를 극복하고자 그래핀 치환기 최적화, 분산성 확보, 유무기 복합체최적화 등의 기술을 이용하여 전기적 특성을 향상시키는 핵심기술 확보가 시장에서는 시급한 상황이다.

2.9.4 국내 기술개발 현황

- **기술개발기** : 국내의 그래핀 연구는 성균관대, KAIST, 포항공대, 서강대 등 대학과 삼성종합기술원, 전자부품연구원,SK에너지 등 기업체 연구소를 중심으로 시작되었다. 2011년에는 산. 학. 연 연구자들이 그래핀 연구회를 조직하여 활동을 시작. 그래핀 합성기술은 CVD 합성법과 흑연의 화학적 박리방법이 있다. KAIST와 ETRI에서 세계 최초로 산화그래핀을 이용한 플렉서블 비휘발성 메모리 소자로의 응용가능성을 입증하였고, 성균관대와 KAIST가 공동연구로 그래핀 표면의 마찰력 도메인을 발견하였으며, 포항공대에서는 그래핀 양자홍 효과를, 서울대에서는 그래핀과 ZnO 나노막대를 융합한 발광소자를 연구중에 있다. 성균관대학은 세계 최초로 롤투롤(roll-to roll) 공정기술을 이용한 고품질 그래핀 대량 합성을 성공하였고, 삼성에서는 그래핀을 활용한 차세대 반도체로의 가능성을, 포스코 등이 원료생산 및 복합재료로의 응용가능성을 제시하였다. 넥스텍이 Nanoplatelet 양산화 기술을 개발하였다.

- 기술도입기 : 한화와 포스코가 미국 XG Science사 지분을 각각 20%, 15% 매입하고 투명전극 등 새로운 기술을 공동으로 개발 중. 일진, 동진세미켐은 Angstron Materials사로부터 그래핀을 수입하여 에너지 저장 및 전자파 차폐막 등을 개발중에 있다.
- 기술선도 전환기: 삼성테크윈에서 상용화한 그래핀 합성기술과 투명전극 제조기술은 세계적 기술로서 그래핀 산업 분야를 선도하고 있으며, 다른 기업체들도 세계적 응용제품 생산에 주력하고 있다. 성균관대에서 롤투롤(Roll-to-Roll) 공정기술을 이용한 고품질 그래핀의 대량 합성 기반 기술 개발에 세계 최초로 성공하였으며, 이를 활용하여 터치스크린 및 웨이퍼 크기 그래핀 트랜지스터 개발에 성공하였으며, 최근 태양전지 및 디스플레이소자용 투명전극에 응용하기 위한 연구를 진행하고 있다. 또 한국전기연구원에서 고품질/대면적 화학적 박리 그래핀 대량합성을 세계 최초로 성공하였으며, 투명전극, OLED, OPV 등의 전극으로 응용하고 있다.그리고 KAIST에서는 그래핀 페이퍼를 양극의 집전체와 음극의 집전체 겸 음극 활물질로 사용하여휘는 것이 가능하고 충방전 특성이 개선된 리튬 이차전지를 구현하였고, 그래핀 페이퍼를 FePO4와 복합화 하여 156 mAh/g의 용량을 갖고, 고속(@12.5C)에서도 100 mAh/g 의 용량을 갖는 고출력의 리튬 이차전지를 구현하였다.

제 3 장 나노탄소의 특성

3.1 탄소재료의 전자적 성질

고립된 중성 탄소원자 전자 배치는 1s2, 2s2, 2p2 로서 2s와 2p에 존재하는 4개가 가전자이다. 흑연엔 2s궤도의 전자 1개가 2p궤도로 이동, 2s궤도의 1개 전자와 2p궤도의 2전자가 혼성궤도를 만들어서 평면상 3회 대칭으로 넓어진다(σ궤도). σ궤도상의 3개 전자(σ전자)는 동일 평면 내에 인접하고있는 3개 탄소원자의 전자와 각각 공유결합(σ결합)을 가지고 강고한 육각망면을 형성한다. 남은 2p궤도에 전자는 6각 망면에 수직, 상하로 퍼져 p궤도에 들어가고 또 면내 인접하고있는 탄소원자 궤도에 있는 전자(π전자)와 결합하여 더해지는 방향족형의 2중 결합을 형성한다. 그러나 탄소원자(이온)에 있는 π전자의 속박은 약하고, 전자는 육각망면내의 π결합 – π결합과의 이동이 가능하다.

흑연은 육각망면의 수직인 180°의 회전축을 갖고 적층하여 소위 ABAB형의 적층구조를 갖는다. 전자구조에서는 원자배열의 규칙성, 대칭성에 의해 결정되고 결정이 규칙성, 대칭성은 단위 격자(원자배열의 반복 최소 단위)에 의해 나타난다. 흑연의 단위격자와 격자정수 a_0, c_0 및 기본격자요소 a, b, c를 그림 3–8에 나타내었다. 흑연의 층간간격 d_{002}=0.3354 nm은 면내의 원자간 거리(최인접: 0.1421 nm, 제 2인접: 0.2461 nm)와 비교하면 아주 크고, 층면 상호결합력은 약하다(Van der Waals결합).

따라서, 흑연의 전자구조는 1매의 층면 전자구조에 의해 거의 결정되어진다. 1매의 층면 단위격자는 그림 3–1의 기본격자 요소 a, b에 표시된 곳에 2개의 탄소원자가 함유되어 있기 때문에 단위 격자당 6개의 σ전자와 2개의 π 전자가 존재한다. 층면 전체에는 이러한 전자가 8개의 band(전자대)를 형성한다. 에너지적으로는 저에너지측의 3개의 결합 σ band와 고에너지측의 3개의 반결합 σ band 중간에 하전자 π band 및 전도 π band가 위치한다. 각각의 band에 허용되는 전자의 상태수는 전자스핀을 고려하여서 단위 격자당 2개가 π band를 채울 때까지 점유한다. 그에 따라서 2차원 탄소육방면은 기본적으로 반도체로 이루어진다.

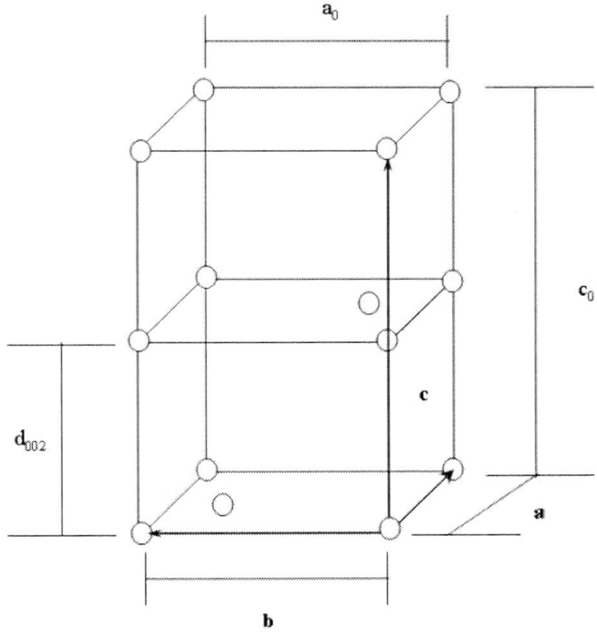

그림 3-1 흑연결정의 단위격자와 격자상수 a_0, c_0 및 기본격자 벡터 a, b c

3.2 탄소재료의 열적 성질

최근, 탄소재료는 원자로용을 비롯하여 핵융합로 분야, 항공우주분야 등 고온분야의 내열재료로서 많이 사용되고 있다. 내열재료로서 탄소재료에 요구되는 성질은 다음과 같다.

㉠ 고온까지 융해나 증발 등의 상변화가 없을 것.

㉡ 고온에서 화학반응이 일어나지 않을 것.

㉢ 열팽창계수가 작을 것.

㉣ 고온강도가 클 것.

㉤ 내열충격성이 클 것 등을 들 수가 있다.

이들 중 대부분은 고온에서 열적 특성과 관계가 있기 때문에 열적 성질을 이해하는 것 또한 매우 중요하다. 열적 성질은 물질을 구성하고 있는 원자의 진동, 전자 산란에 영향을 주기 때문에 이 물질을 이해함으로써 고체물리학상의 중요한 정보를 얻을 수 있고, 그에 따라서 저온에 관한 열적 특성에 대해 연구도 수행되고 있다.

재료의 열적 물성에 대해선 엄밀한 정의를 내리기 어렵지만 일반적으로는 열전도율, 열팽창계수, 열용량 및 열역학적 함수 등이 포함되어진다. 특히 탄소원자의 자기확산계수 등이 포함되는 경우들이 존재한다. 이들의 물성은 주로 탄소원료를 구성하고 있는 원자의 격자 열진동같은 중요한 역할을 하고 있다. 또한 격자진동상태와 온도변화에 대한 지식이 이들 성질을 이해하는데 가장 중요하다. 특히 흑연결정은 다음과 같은 특징을 가지며, 고체물질로썬 비교적 특수한 재료이기 때문에 격자진동의 형태도 보통의 물질과 큰 차이가 있다는 것을 알 수 있다.

㉠ 2차원적인 구조로 구성되어 보이는 것과 유사한 극단의 층상구조를 가짐.

㉡ 각 층의 평면 내에 탄소원자들간 강한 결합을 가짐.

㉢ 원자량이 상대적으로 작은 단체임.

내열공업재료로서 사용하기 위한 실용성인 측면에서 본다면, 특히 고온에서의 특성이 중요한 열전도율과 열팽창율, 내열충격성등이 가장 중요한 물성이 된다. 하지만 실제 탄소재료는 생각보다 복잡한 구조를 가진 집합체임과 동시에 집합조직도 결정의 형상과 크기, 배향성과 공극율, 조직의 계층성 등과 같이 여러가지의 다양성을 가지고 있기 때문에, 이와 같은 경우엔 열전도율이나 열팽창율과 내열충격성은 집합조직을 표현하는 수 많은 인자들에 의해 지배되며, 그 값은 여러 가지로 변화하게 된다.

(1) 탄소의 열전도

탄소재료의 열전도율은 실용성 부분에서 대단히 중요한 물성치이다. 하지만 열용량과 같은 열역학의 양과는 다르기 때문에, 소위 전송현상을 나타내는 양을 말한다. 흑연결정은 결합이 큰 이방성을 갖게 되며 흑연측면 내외층에 수직방향에서는 그 열전도율이 크게 다르지만 흑연결정자를 바인더로 결합하여 만든 흑연재료와 탄소섬유를 이용한 C/C복합재료들은 흑연결정자의 크기와 배열, 혹은 공공의 형상과 분포에 따라 열전도율은 다양하게 분포함을 알 수 있다.

(2) 열팽창계수

열팽창은 미시적인 관점으로 보면 물질 중에서 원자간의 거리이며 거시적으로 보면 재료의 겉보기치수와 체적변화로서 검출되게 된다. 열팽창은 고체재료의 치수가 더 크고 부분적으로 유의미한 온도차가 생기는 경우와 열팽창계수가 크게 다른 다수의 재료를 혼합하여 사용할 경우에 커다란 문제가 되어 정상적인 경우보다 큰 온도구배가 생길 때 혹는 시간적으로 급격한 온도변화에 의하여 폭로될 때에 일어나는 재료파괴의 거대한 원인이 된다. 이와 같은 경우에는 열팽창의 영향이 열응력의 형태로 나타나게 되고 고온에서의 치수변화와 변형(만곡), 박리현상과 균열의 생성과 파괴 등이 구체적으로 생긴다.

(3) 내열충격성

내열충격성은 열충격이 가해질 경우 파괴가 일어나기 어려운 정도를 나타내는 것이며 흑연전극이나 핵융합로용 제일벽의 재료인 다이버터판의 재료 등에 있어 가장 중요한 특성중 하나이다. 열충격파괴는 국부적으로 매우 급격한 온도변화가 가해질 경우에 그것을 다시 평균화하는 과정에서 생성되는 고체내의 열응력에 의한 파괴이기 때문에 재료의 강도와 열전도율, 열팽창계수등과 같은 여러 가지 요인의 중첩된 효과에 해다한다. 열충격이 급격할 경우에 열응력에 의한 균열과 깨짐, 파손 등의 현상과 그밖에 증발이나 입자비산에 의한 마모손상도 발견된다.

3.3 탄소재료의 기계적 성질

다른 세라믹재료들과 비교하여 탄소재료들의 특징을 살펴보면, 1. 강도와 탄성율, 파괴인성치가 상대적으로 낮음에도 불구하고 2. 내열충격성이 세라믹에 비해 매으 높으며 3. 세라믹 특유의 취성(깨짐성)이 나타나지 않으며 4. 기계 가공성이 뛰어난 것을 들 수 있다.

(1) 탄성변형

1) 단결정 흑연의 탄성률

흑연결정은 큰 이방성을 지닌다. a축 방향은 공유결합성이므로, van der Waals 결합에 근거한 c축에 비해 원자 결합력이 매우 크다. 따라서 a축의 0은 c축의 그것에 비해 매우 크므로 영율, 강성률 등에 큰 차이가 나타난다.

2) 다결정 흑연의 탄성률

개개 흑연결정의 경우 기계적 특성에 큰 이방성이 나타난다. 그러나 흑연 미세결정의 무정형적 배향을 기본으로 하는 다결정 흑연재료에서는 국소적인 이방성이 조즈 내부에 상호 상쇄되기 때문에 거시적으로는 등방성으로 나타난다. 실제로는 다결정 흑연재료의 제조과정, 특히 성형과정에서의 성형 이방성(예를 들면, 압출 성형에 있어서 압출방향과 그것에 직교하는 방향과의 차이 등)에 기인하는 이방성이 나타난다.

(2) 다결정 흑연의 비탄성 변형

다결정 흑연재료의 기계적 성질을 특징짓는 중요한 역학거동으로서 그림 3-9의 비탄성 변형을 들 수 있다. 극히 한정된 작은 왜곡을 제외하면 부하 시의 응력과 왜곡과의 관계에 현저한 비선형성이 나타난다. 또한 부하 시에 이런 비선형 변형을 나타낸 흑연재료의 하중제거 곡선은 그림 3-2에 나타낸 바와 같이 부하곡선과는 다른 경로를 거치며 완전 하중제거

후에도 유한의 잔류왜곡이 남는, 소위 이력현상을 나타낸다. 이 비선형성은 흑연 결정자가 지닌 약한 결합(Van der Waals 결합)에 근거한 육방망면 상호 미끄럼에 기인하는 것으로 생각된다. 육방망면간의 미끄럼에 더하여 왜곡이 비교적 큰 영역에서는 미시적인 불균질성과 이방성에 근거하는 미시적 박리균열의 발생이 이러한 비선형변형에 기여할 가능성도 있다. 일반적인 세라믹스와 비교하여 흑연재료가 취성이 작은 이유 중에 하나는 흑연재료의 이런 비선형 변형에서 기인한다.

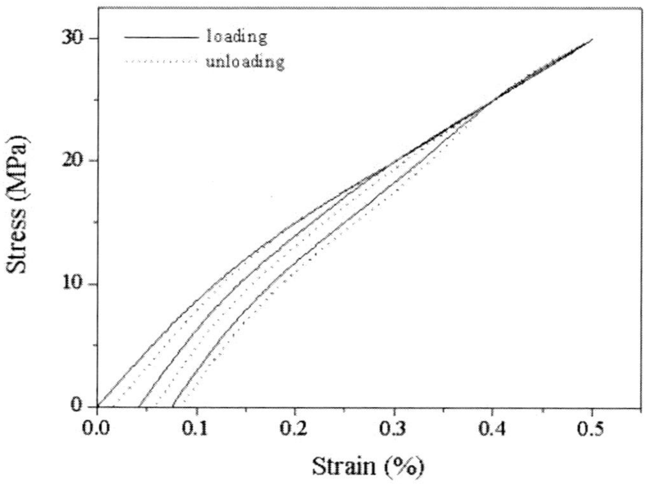

그림 3-2 흑연재료의 S-S곡선

3.4 탄소재료의 화학적 성질

탄소의 화학적 성질 중에서 가장 요소는 화학 반응성으로 본다. 일반적으로 탄소는 화학적으로 안정성을 가지고 구성 되어 있지만, 실제로는 여러 가지의 반응들을 일으킨다. 탄소가 주로 관여하는 화학반응에는 가스에 의한 가스화반응과, 기상반응, 습식가스화 반응이나 전기화학반응으로 인한 액상반응, 탄소환원이나 탄화물의 생성반응이 일어나는 고상반응, 그리고 층간화합물의 생성반응 등이 있다. 이에 대한 보다 자세한 설명은 다음에 설명하고자 한다.

(1) 표면화학구조

탄소를 구성하게 되는 결정자들의 단면과 기저면의 결손부상의 탄소원자는 결정자 내의 탄소원자와는 다르며, 반응성이 상당히 풍부한 불포화의 결합손을 가지게 되며, 산소와 같은 이종원자와 반응한다. 표면 산소함유 관능기는 이러한 활성된 탄소원자와 산소간의 결합을 통해 생성되지만, 생성조건 등에 따라서 다양한 산소함유 관능기가 생성된다.

탄소의 표면화학구조에 대해서는 무정형의 탄소에 상당히 공통된 구조로 존재한다고 생각된다. 카본블랙이나 탄소섬유에 대해서는 그러한 표면화학구조 모델이 제안되고 있다.

그림 3-3에서 이제까지 보고된 탄소표면의 산소함유 관능기를 분류하여 나타내었다. 표면 산소함유 관능기는 크데 산성과 중성 및 염기성 관능기 구별하고 있다. 산성 관능기는 염기를 흡착하는 능력(염기를 흡착하여 중화시킴)을 가지고 있으며, 대표적인 예로 카르복실기 및 페놀성 수산기를 들 수 있다. 중성 관능기는 카르보닐기, 에테르구조 등이 있다. 염기성 관능기는 산을 중화하는 능력(산을 흡착하는 기능)이 있고, 크로멘형 구조 및 피론모양 구조 등이 제안되는 추세이다.

표면산성 관능기는 산의 강도를 기준으로 하여 몇 개의 그룹으르 나누어 구분되어 진다. 그림 3-4에는 이미 검출된 관능기를 포함하여 모든 모델을 나타내었으며, 그 중에서 4종류의 관능기는 락톤형으로 존재하고 있으며, 염기의 작용 여부에 따라 오픈형이 된다고 보여진다.

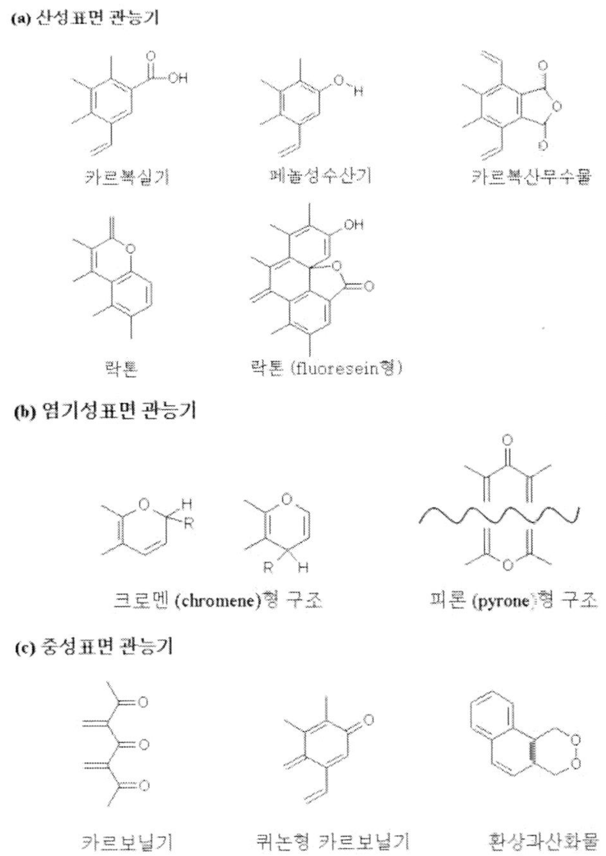

그림 3–3 탄소표면의 관능기

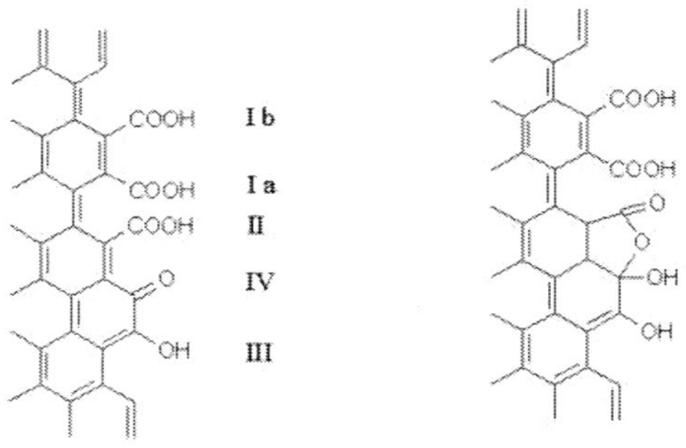

오픈형 락톤형

Ia: 약 200℃에서 제거된 카르복실기 (20-150 ℃로 산화한 시료에서만 존재한다)

Ib: 325℃ 이상에서 제거된 카르복실기

II: 락톤으로 존재하는 카르복실기

III: 페놀성수산기

IV: 카르복실기 II와 반응하여 락톤으로 된 카르보닐기

그림 3-4 산소표면 관능기의 구조모델

(2) 젖음성(Wettability)

탄소표면의 특성은, 거시적으로는 젖음성으로부터 알 수 있다. 젖음성은 표면장력, 표면에너지, 용해도인자(solubility parameter), van der Waals 힘이나 수소결합 같은 분자간 힘이 총합된 복잡한 현상이다. 흑연의 기저면 자체는 젖기 어렵지만, 단면은 상대적으로 젖기 쉽다. 따라서 탄소표면에 나타나는 젖기 쉬움의 정도는 표면에 노출된 기저면과 단면의 상대량에 대부분을 의존한다. 대표적인 탄소의 전진 접촉각(표면에 따라 액체의 전진에 관한 접촉각)의 예를 표 3-1에 나타내었다. 이처럼 일반적인 탄소는 상대적으로 젖기가 어려운 성질을 가지고 있기 때문에, 전해산화법을 사용하여 표면개질을 하고, 그 표면에 수산기와 카르복실기 등의 극성기를 추가하여 친수성으로 변환한다. 탄소섬유의 형태가 섬유상일 경우, 젖음성은 섬유다발에서의 액체함침속도(wicking rate)나 단섬유를 액체에 침적 또는 끌어올렸을 때 나타나는 하중의 변화로 평가되고 있다.

(3) 흡착(Adsorption)

앞에서 설명한 젖음성에 대해서 흡착은, 탄소표면을 마이크로하게 바라보는 한 수단이다. 탄소표면으로의 기체분자 또는 액체분자의 흡착은 그 상호작용이 물리적인 분자간 힘에 기초한 물리흡착과 화학반응을 수반하는 화학흡착으로 분류된다. 물리흡착에서는 어느 온도 및 압력(또는 농도)하에서 흡착평형에 이른 계를 고온도 및 저압(또는 저농도)하에 두면 흡착질 분자를 이탈 회수할 수 있다. 한편, 화학흡착은 비가역적이고, 뒤에 설명할 촉매반응에서도 중요하다.

표 3-1 탄소의 접촉각(전진 접촉각)

시료	처리	전진접촉각(°)
Graphite	As received	50-57
	Air HT at 870℃	60
	Vacuum HT at 870℃	65
	HT at 870℃ and then exposed to CH4	87
Carbon black	As received	72-90
Graphon		79
H_3PO_4 sol.		60

탄소의 흡착특성을 지배하는 인자로 앞에서 언급한 표면화학구조와 세공구조(직경, 용적, 형상)를 예로 들 수 있다. 산소함유 관능기는 극성을 가지고 있는 흡착질과의 정전기적인 상호작용을 통해 나타나기 때문에 이와 같은 흡착질에 대해서 액상흡착 및 기상흡착에서의 표면 관능기에 의한 영향이 발생되게 된다. 또 세공구조에 관해서는 그림 3-5에 나타난 것처럼 일반적인 활성탄은 큰 세공과 작은 세공까지 세공이 매우 광범위하게 분포하고 있으며, 흡착질의 분자직경 및 분자의 세공내 확산등을 고려할 필요가 있다. 세공이 발달한 탄소는 비표면적도의 흡착을 하는 데 상대적으로 중요한 지표가 되며 비표면적과 세공직경의 분포는 N2/77K 등온흡착곡선을 통해 구할 수 있다.

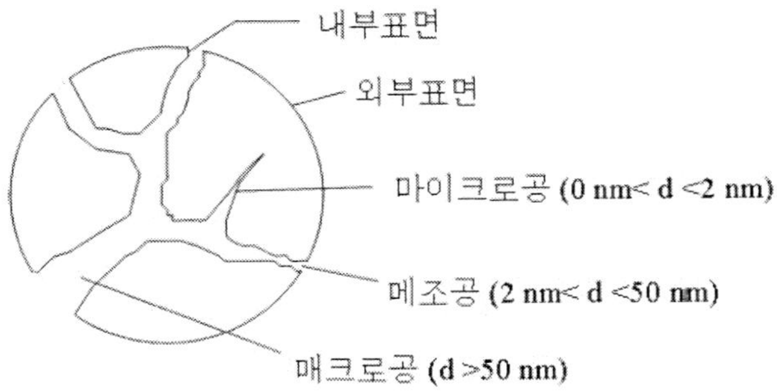

그림 3-5 고체흡착제 표면의 세공분류

(4) 마찰성(Tribology)

흑연재와 각종 물질들간의 마찰계수는 정 마찰계수와 동 마찰계수가 0.3 전후로 나타난다. 마찰계수가 특별히 작지는 않지만, 흑연질의 경우에는 윤활유가 불필요하며 가압 하에 문지르는 움직임에 의한 접촉에도 견딜 수 있다. 흑연화도가 높은 탄소는 탄소층면의 수직방향일 경우엔 간단하게 박리할 수 있는 것처럼 탄소층간의 결합강도가 상대적으로 매우 약하기 때문에 전단 응력이 걸리게 된다면 탄소층면은 쉽게 옆쪽 방향으로 미끌어져 내리게 된다. 이러한 성질은 흑연질이 보다 윤활성에 뛰어나며 그 자체가 기계의 축을 받치는 장치나 회전날개와 같은 부품형태를 형성하게 되며, 공업재료로도 범용성이 있는 이유로 생각된다. 이러한 흑연의 윤활성은 심지어 분위기에 따라서 변화할 수 있다. 물 또는 유기물분자와의 흡착이 흑연의 마찰마모를 저감시키게 되고, 저감되는 정도는 분자의 흡착량 혹은 그 종류에 따른다는 것이 실험을 통해 확인되고 있다. 이와같이 탄소의 윤활성 또한 탄소자체의 구조 및 표면에 흡착된 분자의 종류와 양의 영향을 받는다.

(5) 촉매특성

탄소재료 중 특히 활성탄은 상대적으로 매우 큰 비표면적과 내열성을 동시에 갖기 때문에 촉매 혹은 촉매의 담체로서 넓게 사용되고 있다. 그중에서 특히 활성탄내에 존재하는 라디칼과 표면관능기의 존재 혹은 활성탄 자체가 가지는 전자이동매체로서의 작용 등이 활성탄이 가지는 우수한 촉매로서의 특성을 나타내는 요인으로 보인다. 활성탄 자체가 보유한 촉매성능으로는 산화환원반응, 할로겐화와 탈할로겐화, 탈수소, 분해와 이성화, 중합 등이 있으며, 담체로서도 물론 많은 반응의 예가 알려져 있다. 그 외에도 흑연층간화합물과 흑연유산수소염도 촉매작용을 한다는 것이 보고되었다. 활성탄의 표면산화물은 극성을 가지고 있고, 또 이온교환반응도 가능하기 때문에 촉매활성물질의 담지상태 등에 상당한 영향을 미친다고 생각할 수 있다. 따라서 흑연 표면에 특정한 관능기를 유도하는 것이 가능하며, 고유의 촉매기능과 촉매 담체로서의 기능 또한 증강시킬 수 있다.

3.5 기타 탄소재료의 특성

(1) 내열성

탄소는 가장 낮은 증기압을 가지는 원소중의 하나이고, 1기압 아래에서는 약 4200℃에서 승화하며, 100기압 아래에서는 3700℃부근에서 융화하기 시작한다. 탄소재료는 2000℃ 이상의 고온에서는 기계적인 강도가 다른 원소들과 다르게 약해지지 않고 오히려 강화되게 된다. 산소가 없는 분위기에서 탄소는 열에 가장 강한 재료 중 하나이다.

(2) 내구성 및 내약품성

지상이나 지하를 불문하고 통상 조건에서는 극히 안정되었으며, 내구성도 있다. 또한 일반적인 약품에 대하여 상온상태에서는 침해되지 않는다. 예외적인 경우로 인산과 중크롬산의 혼합액같은 산성이 강한 약품에는 내약품성이 약하다.

(3) 전기열전도성

탄소의 전기 전도성이나 열전도성은 열처리온도에 의하여 변화되게 된다. 1000℃까지는 열처리 온도가 높아짐에 따라 전도성이 급속히 좋아지게 되며, 필요할 경우 2000℃이상의 열처리를 가함으로서 전도성을 더욱 좋게 만들 수도 있다.

(4) 열팽창계수

탄소의 열팽창율은 탄소의 생성과정에서 연관이 있고, 1000℃이하에서 열처리를 한 것은 열팽창계수가 크며 그 이상의 고온에서 열처리한 것은 열팽창계수가 작다. 탄소의 열팽창 계수는 플라스틱보다는 훨씬 작으며, 철과 동에 비해서는 절반 혹은 그 이하이다. 일반적으로 열팽창율이 작으면서 열전도율이 높을수록 급열 및 급냉을 가하여도 깨지거나 금이 가지 않는 성향을 보인다. 이와 같은 특징을 보이는 탄소는 열충격에 비교적 강한 재료 중 하나이다.

(5) 경량성

금속중에서 비중이 가장 작은 알루미늄이고 계수는 2.7이다. 이 값은 철이나 동의 1/3에 해당한다. 탄소는 이들에 비해 훨씬 가벼우며 다이아몬드를 제외한 가장 무거운 탄소의 비중은 2.26이다. 탄소의 비중도 열팽창계수와 마찬가지로 탄소의 생성과정과 관계가 있으며, 일반적으로 1.5 ~ 2.1 정도에 해당한다. 유리(2.2 ~3.6)나 도기(2.3 ~ 2.5)보다 가볍고, 합성수지의 비중이 높은 것과 비슷하다.

(6) 윤활성

우리가 사용하고 있는 연필이 부드럽게 쓰이는 것은 탄소가 가지는 윤활성을 보여주는 좋은 예시이다. 탄소의 윤활성 또한 탄소의 생성과정과 연관성이 있으며, 같은 탄소원소라 할지라도 코크스는 종이에 글씨를 쓸 수 없으며 오히려 종이가 찢어질 것이다. 연필에 쓰이는 탄소는 주로 천연산 흑연이며 코크스도 3000℃까지 열처리를 하면 천연흑연과 같이 부드러운 글씨를 쓸 수 있다. 1200C 전후에서 열처리한 탄소가 가장 견고하다.

(7) 고온 환원성 및 금속에 대한 용해성

탄소는 500 ~ 600℃이상 고온이 되면 산소와 활발하게 반응한다. 산소와 철이 철광석 속에 같이 있을 때 탄소는 산소와 반응을 하게되며 결과적으로 철을 만들게 된다. 탄소와 산소는 반응성이 크며 작은 것도 탄소의 생성과정에서 크게 관련이 있다. 열처리온도가 높으면 높을수록 산소와의 산화소모가 강하게 진행된다. 또한 탄소는 고온에서 용해되어 있는 철, 니켈, 코발트 등의 금속에 어느 정도 용해된다. 용해되지 않은 금속의 경우에 탄소는 금속과 반응하여 탄화물을 만드는 경우도 있다.

이 외에도 탄소는 중성자의 흡수가 적고 감속능이 커서 방사선 조사에도 비교적 변화를 받지 않는다. 또한 독성이나 부식성이 없는 것도 중요한 특성이다. 이상과 같이 열거한 다양한 성질 중, 탄소는 열에 강하고 내구성이 있다는 점은 세라믹이 갖고 있는 특성을 대체할 수 있으며, 높은 전기전도성과 열전도성은 금속이 갖고 있는 특성을 대체할 수 있다. 따라서 탄소는 세라믹과 금속이 가지는 특징을 동시에 갖는 가벼운 재료로 볼 수 있다. 다만 고온에서 산화되어 소모된다는 점이 구조 재료로서 가지는 최대의 약점이지만, 역으로 본다면 탄소가 연료로 사용됨가 동시에, 야금과정의 환원재로 사용되는 이유가 되기도 한다.

제 4 장 나노탄소소재의 특성

4.1 탄소섬유

4.1.1 서론

탄소재료란 탄소 육각면체간 공유결합, 인력 등 결정자로 이루어져 있는 다결정체를 말한다. 탄소재료에 있어서 구조의 의미는 적층의 방향과 완전성에 따라 결정성의 크기가 정해지는 것을 말한다. 일반적으로 탄소재료에 있어서 탄소원자는 sp, sp^2, sp^3의 결합형태를 이루고 있다. 그림 4-1에서 보는 바와 같이 탄소결정은 흑연과 같은 구조로 면과 면간에는 반데르 발스(Van der waals)인력과 같은 물리적으로 약한 인력이 작용하며, 한 면상에서는 강한 2차원적 화학적 공유결합을 형성한다. 또한 다이아몬드와 같은 sp3 구조에서는 3차원적 공유결합을 형성한다. 위에서 언급한 바와 같이 탄소재료의 구조와 특성은 적층 및 난층구조(turbostatic structure), 결정자의 방향성, 점방향 조직, 축배향 조직, 면방향 조직, 무배향 조직 등 다양한 요인에 따라 변화가 나타난다.

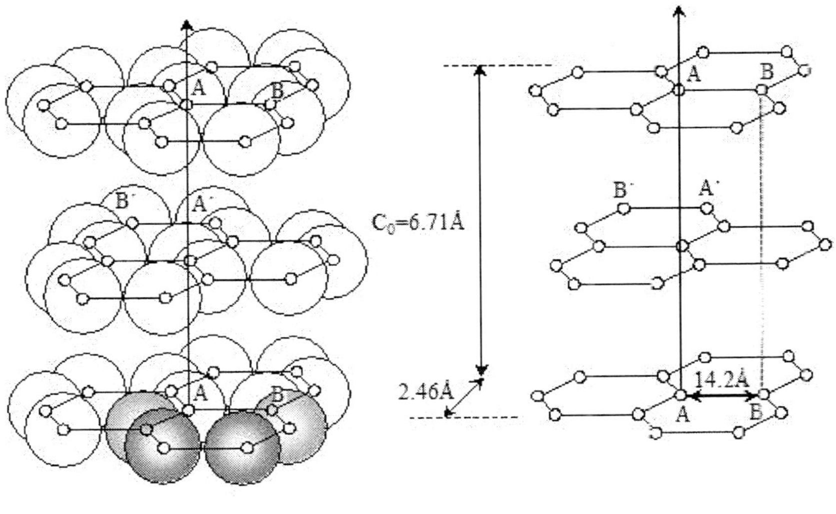

그림 4-1 육각면체 흑연 구조도

4.1.2 탄소섬유의 분류

(1) 초기의 탄소섬유

탄소섬유는 앞에서 언급한 다양한 구조와 특성에 따라 레이온계, PAN계, 피치계, 기타 탄소섬유로 분류할 수 있다. 먼저 초기의 탄소섬유는 1880년 토마스 에디슨(Thomas A. Edison)이 천연 셀룰로오스를 발견하며 탄소섬유의 출발 원료로 최초 발명하였으며, 미국특허 USP 223,898호로 등록되어 있다. 이 원료는 면 또는 아마를 염화아연(ZnCl2) 용액에 녹인 후 알코올 응고 용기 속에서 압출시켜 얻은 섬유를 다시 가열하여 제조하는 방법에 관한 것이다. 1892년에는 얇은 대나무 섬유를 가열, 탄화시켜 탄소섬유를 제작하였으며 이를 이용한 백열 전등용 필라멘트로 제조(USP470,925호)하는 방법이 제안되었다. 그 후에도 몇 차례 개량 연구를 진행하였으나 금속 텅스텐 필라멘트가 출현됨으로써 자취를 감추어 버렸다. 그 후 1909년 미국의 W. R. Whitrey는 2,300℃까지 탄소 섬유를 가열, 소성하여 흑연섬유(미국 특허 USP 916,905호)를 만들었다. 이 탄소섬유는 다양한 기계적 화학적 특성을 나타냈으나 기계적 강도가 약하고 공극률이 커서 실용화되지 못했다. 하지만 1950년대 미국과 소련의 우주 개발 경쟁이 본격화되면서 로켓을 발사하고 비행체를 다시 회수하고자 하는 목적으로 고온에 견딜 수 있는 재료가 필요하게 됨에 따라 다시 탄소섬유에 대한 개발이 시작되었다. 처음에는 주로 융제방열 재료(Ablation)로 사용되었다.

(2) 레이온계 탄소섬유

레이온계 탄소섬유는 1958년 미국의 National Carbon사가 내열성이 뛰어난 레이온 직물을 강화재로 사용하여 고온의 불활성 기체 속에서 열처리하여 만든 탄소 섬유 직물을 개발하였다. 이것이 실용화 되어진 최초의 탄소 섬유이다. 이 섬유는 우주 항공 산업과 관련된 로켓의 노즐과 우주선 표면의 단열재료로 사용되어지며 큰 성공을 거두었다. 재생 셀룰로오스를 원료로 사용하여 만들어진 탄소섬유의 제조특허는 1958년에 Union Carbide사가 미국에 출원한 것이 최초의 특허이다. 그 후 Union Carbide사는 고성능 탄소 섬유의 개발에 적극적으로 참여하였다. 그 결과 1963년에는 레이온 섬유를 원료로한 연속 필라멘트의 공업화 성공을 시작으로 1964년에는 2,800℃에서 열처리한 고탄성· 고강도탄소 섬유 개발, 1965년에는 Thornel이라는 제품을 생산, 판매하였다. 고탄성, 고강도 특성을 갖춘 레이온계 탄소 섬유는 복합 재료의 강화 섬유로서 주로 우주 항공 산업 분야에 많이 사용되었다. 하지만 피치계 탄소섬유와 PAN계 탄소섬유가 시장에 저렴한 가격으로 공급되어지기 시작하면서 레이온계 탄소 섬유는 성능과 원가 면에서 경쟁력을 잃어 1978년 이후로는 생산량이 급격하게 감소하기 시작하였다.

(3) PAN계 탄소섬유

PAN(Poluacrylonitrile)계 탄소섬유는 아크릴로니트릴(acrylonitrile)을 주성분으로 하는 섬유이다. 이는 1950년 Houtz에 의해 최초로 만들어졌다. 이 섬유는 아크릴 섬유를 공기상태에서 200℃ 전후의 온도로 열처리(Sintering)하여 산화 가교 결합시킨 것이다. PAN계 탄소섬유는 난연성 섬유로 불꽃에 접하여도 타지 않는 특성을 갖고 있었지만 실용화되는 못했다. 1959년 일본 오사카공업 시험소에서는 산화 공정 후 1,000℃ 이상에서 탄화시킨 고성능 탄소 섬유 제조법을 개발하였으며 이를 1962년에 특허출원을 진행했다.(일본 특허 등록 37-4405호). 이 특허는 일본의 Tokaicarbon 그리고 Matsushita 등의 여러 회사 의해 공업화되었다. 그 후, 영국에서는 RAE(Royal Aircraft Establishment)의 W. Watt가 산화공정 과정에서 연신과 긴장을 가해 주는 방법에 대하여 개발하였고, Rolls-Royce사의 J.Johnsond는 1964년에 원료 섬유인 PAN 전구체에 새로운 원료를 첨가하여 합성시킴으로써 탄소 섬유의 배향성을 높이는 방법을 개발하였다. 이에 대하여 고탄성, 고인장 강도의 탄소 섬유를 제조하는 방법에 대해 특허를 출원하였고, 이 기술은 영국의 Caurtauldss사, Morgan Crucible사, Rolls-Royce사 등에 의하여 공업화되기 시작하였다.

PAN계 섬유의 양산은 일본에서 처음으로 시작 되었다. 일본의 Toray사는 독자적으로 탄소 섬유의 대량 생산 방법에 대하여 연구하던중 1970년 Union Carbide사와 계약하여 기술교환을 하고, 일본의 공업기술원인 오사카 공업기술연구소의 허가를 받아 1971년부터 고강도 탄소 섬유의 양산 체제를 갖추었으며 이를 저렴한 가격으로 생산하였다. 또한, 같은 해에 동방 베스론도 독자 기술로 PAN계 탄소 섬유의 기업화에 성공하였다. 일본의 MITSUBISHI는 Caurtaulds사로부터 탄소 섬유를 수입하여 프리프레그(Prepreg)를 생산하는 사업을 시작으로 1982년 미국의 HITCO사와 기술 계약를 통해 탄소 섬유를 직접 제조하기 시작하였다. 한편, 미국에서는 선행되고 있던 레이온계 탄소 섬유를 활용한 다양한 개발이 상당히 진전되어 있었기 때문에 PAN계 탄소 섬유의 기업화와 양산화는 일본처럼 활발하게 이루어지지는 못했다. 탄소 섬유의 선구자인 Union Carbide사도 꽤 늦게 Toray사로부터 PAN계 탄소섬유에 대한 라이센스를 받아 공업화를 이루었다. 상대적으로 늦은 미국은 경량, 고강성 재료에 대한 산업의 요구와 함께 이러한 개발을 가능케 하는 자금과 기술을 갖추고 있었기 때문에 탄소 섬유의 응용 개발연구를 중점적으로 수행하였고, 일본은 스포츠, 레저 산업 분야를 중심으로 시장을 확대해 나가면서 세계 탄소 섬유의 제작 및 공급 역할을 담당하게 되었다. 1973년 1차 석유 위기 당시 일어난 골프 블랙 샤프트 붐을 시작으로 낚시대, 자전거 프레임, 테니스 라켓, 보트 등의 스포츠 레저 분야에서 상품화하였고, 1970년대 후반에 시작된 우주 항공 분야의 로켓 노즐, 로켓 표면 등 탄소 섬유 활용 증가로 본격화된 시기를 거쳐, 1980년대에는 생산기지인 일본을 중심으로 블랙 샤프트붐이 다시 발생해 수요가 확대되었으나 생산 중심은 대만으로 옮겨갔다. 이 후 1990년대에는 세계 정치가 융합 체제가 나타남에 따라 항공 우주, 군사 용도에 있어서 첨단 복합 재료의 수요 정체가 발생했고, 탄소 섬유 공업도 구조 전환이 필요하게 되었다.

그에 따라 구미 탄소 섬유 제조 업체가 관련 사업을 중단하고, 일본에서도 구조조정이 일어나 최종적으로는 Toray, 동방 레이온, MITSUBISHI 레이온의 3사만 살아남게 되었고, 해외의 제조 업체들도 위의 3사에 계열화되어진 곳이 많다. 90년 후반 이후에는 세계 수요의 80% 정도가 이들 3사에 의해 공급되어지고 있다.

(4) 피치계 탄소섬유

피치계 탄소 섬유는 1965년 일본 군마대학교(Gunma University)의 오다니 교수가 석유 잔류물인 피치를 방사하여 산화 처리한 후 탄화하여 저탄성률 탄소 섬유를 만들었다. 오다니 교수는 1966년 일본 특허 41-15,729호로 등록하였고, 이것을 Kureha 화학 공업사가 이를 공업화하였다. 최초에는 등방성 피치(Isotropic Pitch)를 주 원료로한 탄소 섬유가 공업화되었으나 1970년대에 들어서는 메소페이스 피치(Mesophase Pitch)를 원료로 한 고성능 탄소 섬유의 개발이 이루어졌다. 피치계 탄소섬유에 관한 공업화가 한참일 때는 약 30사 정도가 참여하여 공업화, 실용화 경쟁을 하였다.

개발 초기 당시에 피치계 탄소 섬유는 인장 강도가 2,000 MPa에 불과하여 사용 분야가 비교적 제한적이었으나, 점차 피치에 관한 기술의 진보에 따라 우수한 전구체 원료의 조정 방법이 개발되었고 현재 피치계 탄소 섬유의 인장강도는 약 3,500MPa, 인장 탄성률 500-900 GPa을 넘는 고성능 피치계 탄소 섬유도 생산되고 있다. 이러한 피치계 탄소 섬유의 개발 및 상용화도 PAN계 탄소섬유와 마찬가지로 일본에서 주도적으로 이끌어 왔다.

메소페이스 피치를 주 원료로 한 메소페이스 피치계 탄소 섬유는 등방성 피치를 주 원료로 한 등방성 피치계 탄소 섬유에 비해 고강도, 고탄성을 나타낸다. 이 섬유는 주로 단 섬유가 아닌 장 섬유로 이용되고 있다. 다수의 기업 중에서 현재까지 상품화에 성공한 기업은 1974년에 제품을 판매하기 시작한 Cytec사와 일본의 MITSUBISHI 화학, 일본 그라파이트 파이버 등이 있다. 생산 규모적 측면에서는 PAN계 탄소 섬유와 비교하면 적은편이지만 메소페이스 피치계 탄소섬유는 PAN계 탄소 섬유에는 없는 고탄성, 고열전도성 등 다양한 특징을 갖고 있기 때문에, 이러한 특징을 살릴 수 있는 산업 분야로의 시장 확대가 기대되고 있다.

현재 탄소섬유 시장에 유통되어지고 있는 있는 탄소 섬유는 대부분 전구체로서 유기 섬유나 피치계 탄소를 열처리, 탄화하여 만들어지고 있는데 최근 탄화수소 및 수소 혼합 기체의 기상 탄화를 이용한 탄소 섬유 제작법이 일본에서 개발되었다. 이 방법을 통해 제작한 섬유는 기계적 특성이 우수할 뿐 아니라 높은 전기 전도성을 가진 탄소 섬유라고 보고되어지고 있으며, 아직까지는 연구실 수준의 개발 단계이지만 현재 미 Applied Science사가 카본 나노 파이버라는 명칭으로 VGCF(Vapour grownCF)의 시장 개발에 주도적으로 나서고 있다.

이 외에도 특이한 특성을 나타내는 탄소 섬유로 PAN 섬유를 내염화 처리한 내염 탄소섬유가 있으며, 이 섬유는 난연성, 내열성, 내식성이 뛰어나 이러한 특성을 살려 방화복이나 고무 패킹 등에 널리 이용되고 있다. 또한, 흡착 성능을 가진 활성 탄소 섬유(Activated Carbon Fiber)는 레이온이나 PAN으로부터 만들어진 것이 연구에 사용되어지고 시장 제품으로 제작되어지고 있다. 활성 탄소 섬유는 흡착 성능을 갖춘 섬유이기 때문에 원하는 형상으로 제작 할 수 있어 탈취나 용제 회수 등의 목적을 갖춘 가스 처리 시스템 등어서 널리 사용되어지고 있다. 페놀 수지계 범용 탄소 섬유도 소량이지만 생산되어 지고 있으며, 각종 유기 섬유에 대해서도 틈틈히 연구가 진행되고 있다.

4.1.3 탄소섬유 정의

탄소섬유는 구성원자의 100%가 탄소원자로 구성된 무기섬유이다.「미세한 흑연 결정 구조를 가진 섬유상의 탄소물질」을 말한다. 즉, 프리커서(precursor)라고 불리는 전 단계의 섬유를 소성하는 과정을 통해 탄소만을 남기는 공업화 방식을 하며, 프리커서의 종류에 따라서 레이온계와 피치계, PAN계로 분류된다. 그 중에서 PAN계 섬유가 압도적으로 많이 사용된다. 이들의 제법이나 형상은 서로 다르지만 탄소나노튜브도 탄소 원자만으로 구성 된 섬유란 관점에서 탄소섬유의 범주에 속한다고 볼 수 있다.

탄소 섬유가 세계 최초로 문헌에 정의된 것은 1969년 미국의 R. Bacon과 W.A. Schlamon에 의해서이다. 이들은 "탄소 섬유는 최고 1,000～1,500℃의 온도에서 열처리한 섬유로서 전구체(Precusor)의 많은 잔류물을 갖고 있으나, 흑연 섬유(Graphite Fiber, GrF)는 2,500℃ 이상으로 가열한 것으로 99% 이상의 탄소 함량으로 되어 있다"고 정의하였다. 그 후, W. Ruland 등은 "흑연섬유의 구조는 천연 흑연이나 흑연 결정과 다르더, 흑연화(Graphitization)란말은 구조상의 뜻으로 사용되는 것이 아니라 다만 2,000℃ 이상의 온도에서가열 처리를 하였다는 뜻으로 사용되고 있다"라고 정의하였다. 세계 유수 기관의 탄소 섬유에 대한 정의를 살펴보면 다음과 같다.

국제 표준화 기구(International Organization for Standardization, ISO)가 1978년에 개정한 ISO-2078(Man-made fibers-Generic names)에서는 "유기섬유 전구체를 가열하여 얻은 탄소 함유율이 90% 이상인 섬유"라고 정의하였고, IUPAC의 탄소 용어 및 정의 제정 국제 위원회에서 1986년 7월에 제정한안에 의하면 "탄소 섬유는 유기 섬유 전구체의 소성에 의하여 만들어지거나특수한 경우에는 탄화수소의 기상 성장에 의하여 만들어지는 것으로, 92%

이상의 탄소로 이루어진 비흑연(Non Graphite) 상태의 섬유(Filament, Yarn, Roving)"라고 정의하였다.

일본의 섬유 용어 제정 위원회가 1974년 제정한 JIS L-0204에 의하면 "아크릴 섬유 등을 고온에서 열처리하여 탄소화시킨 섬유"라고 정의하였고, 그후, 1980년에 일본 JIS R-7601로 제정된 탄소 섬유 시험 방법에 따르면 "탄소섬유는 유기 섬유를 가열하여 만들어진 실질적인 탄소 원자만으로 이루어진 탄소 재료"라고 정의하였다. 위와 같이 탄소 섬유란 섬유상의 탄소 물질로 이루어진 섬유들을 통틀어 말하는 명칭이다.

탄소섬유란 구성원소에 탄소재료로서의 구조와 조직특성, 섬유형태의 특성을 합친 재료로서, 내열성과 화학안정성, 전기 열전도성, 저열팽창성에 의한 치수안정성, 저밀도성, 마찰 마모특성, X선 투과성, 전자파 차폐성, 생체친화성, 유연성 등과 같은 우수한 특징을 가지고 있으며, 활성화(activation)의 조건에 따라 월등한 흡착특성도 부여가 가능하다. 탄소섬유들을 제조법과 특성으로 분류한다면, 고성능의 탄소섬유는 인장강도 및 인장탄성률과 같은 재료의 역학적 특성을 우선시한 선진 복합재료임과 동시에 강화용 섬유이다. 특히 인장탄성률이 300 GPa이상의 섬유들을 흔히 Type I 의 고탄성률(HM, 탄소원소 함량 99% 이상) 탄소섬유라고 한다. 인장강도가 4.0 GPa 이상인 섬유를 Type II 고강도(HT, 탄소원소 함량 92% 이상) 탄소섬유로도 불린다. 이들의 차이는 열처리의 온도와 같은 제조방법에 따라 달라질 수 있다.

최근에는 탄소섬유의 경량화와 고강도, 고내열성의 특성을 살릴 수 있는 용도로의 개발 노력에 힘입어 각종 건재와 콘크리트 구조물의 내진 보강을 위한 토목·건축 분야와 CNG 탱크, 풍력 발전용 블레이드, 원심 분리 로터, 플라이 호일과 같은 대체 에너지분야· 클린 에너지 분야, 선박, 차량 등과 같은 고속 운송 기기분야, 심해저 유전 채굴과 같은 해양 개발와 기존 기기의 고성능화, 의료 복지 기기, 전기 전도 용도, 초내열 용도 등 각종 우주·항공분야에서부터 건설산업에 이르기까지 다양한 산업 분야에 대해 폭넓은 적용분야의 확대 및 성장 가능성이 높아지고 있는 상황이며 탄소섬유 고유의 독보적인 특징을 살려 철과 알루미늄 등을 대체할 수 있는 제3의 범용재료로서의 새로운 시대를 여는 기반의 재료로 성장하고 있다.

4.1.4 탄소섬유 형태

일반적인 탄소섬유의 직경은 5~7 μm이며, 탄소섬유를 실제로 사용기에 있어, 가공 방식이나 최종 제품의 형상 등의 이유로 여러 가지의 형태가 요구된다. 그림 4-2에 탄소섬유의 제품 형태를 나타내었다.

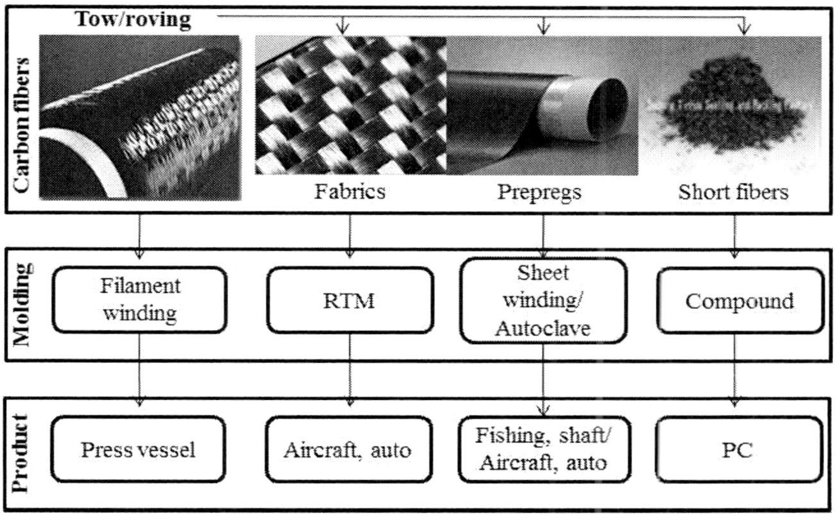

그림 4-2 탄소섬유의 제품 형태

(1) 연속섬유

1) 필라멘트사(Filament Yarn)

다수의 필라멘트들로 구성된 섬유 실을 일컫는 말이다. 필라멘트 섬유를 꼬거나 꼬지 않은 실, 꼬았다가 푼 실 등으로 분류할 수 있다. 특히, 많은 필라멘트로 구성된 섬유 다발을 꼬지 않은 것을 토우(Tow)라고 부른다.

2) 스몰 토우(레귤러 토우) 및 라지 토우

연속 필라멘트 다발을 꼬지 않은 것을 토우라고 부른다. 탄소섬유는 개발 초기과정 부터 필라멘트의 수가 1,000~12,000다발 인 것이 주로 상품화되었다. 초기과정 이후, 탄소섬유의 비용 감소 목적과 후 가공의 생산성 향상을 목적으로 필라멘트 수가 48,000~320,000다발로 대폭 증가된 필라멘트 다발의 생산이루어 졌으며 우리나라에서는 주로 구미에서 생산이 이루어지고 있다. 이와 같이 보다 다량의 필라멘트 수의 다발을 통틀어 라지 토우라 하며, 종래의 생산품인 필라멘트 다발을 스몰 토우 혹은 레귤라 토우라 부르고 있다.

(2) 스테이플 섬유(Staple Fibers)

1) 촙섬유(Chopped Fibers)

탄소섬유의 이용 형태 중에서, 앞서 언급한 필라멘트 사 또는 토우를 일정한 길이로 절단한 탄소섬유를 촙섬유라고 부르며 간단히 촙이라고도 부른다. 이 촙섬유의 길이는 사용용도에 따라 다양하지만 일반적으로 100 mm~1 mm 정도의 길이로 제단하는것이 표준이다. 하지만 촙섬유의 용도는 매우 다양하기 때문에 이를 벗어나 각각의 요구 사양에 맞추어 생산되는 경우가 많다.

2) 분쇄섬유(Milled Fibers)

촙섬유 또는 필라멘트 사를 분쇄하여 분말상의 제품으로 만든 것을 일컫는다. 이들은 촙섬유보다도 짧은 길이의 탄소섬유가 필요할 때 수십에서 수백 μm단위로 잘라낸 분말상인 분쇄섬유가 이용된다. 일반적인 탄소섬유의 절단 길이는 1mm 정도가 한계이기 때문에 분말상으로 분쇄하여 사용되고 있다. 분쇄섬유는 전도성과 정전기 방지, 내마모성, 치수의 안정성, 내하중성, 단열능력과 낮은 열팽창 등 여러 가지의 특성을 부여하기 위한 목적으로 수지와 고무, 카본 등의 첨가재로 사용된다.

(3) 직물류(Fabric)

1) 직물(Woven Fabric, Cloth)

탄소섬유 필라멘트 사 혹은 스테이플 사를 이용하여 제직한 것으로, 보통의 섬유 직물들과 마찬가지로 탄소섬유를 통해 직물을 제조할 수 있으며, 미리 제직한 전구체를 소성와 탄소화 과정을 통하여 제작할 수도 있다. 고성능의 그레이드에 의해 생성된 직물은 100% 탄소섬유이며 그 이외에, 다른 섬유와 혼성한 직물도 생산되고 있다. 그 중에서 가장 많이 혼성하여 생산이 우리어지고 있는 섬유는 유리섬유와의 혼성 직물이다.

2) 편조물(Braid)

편조물은 필라멘트 사와 스테이플 사를 관 모양의 형태로 제직 한 것을 말한다. 때로는 편조물 형태의 전구체 물질을 소성과정을 통해 만든 것도 있다. 편조물은 중공 파이프 형상인 것과 원주 혹는 각주 형태로 가운데까지 충전되어 있는 형태로 나눌 수 있다. 중공 파이프 모양의 편조물은 대부분 고성능 그레이드가 사용되며, 주로 보강재의 목적으로 한다.

3) 펠트(Felt)

촙섬유를 초지법 혹는 건식법을 통해 가공한 부직의 무방향성 펠트와 사전에 펠트화한 유기질 전구체들을 소성·탄소화한 펠트, 두가지 종류가 있다. 두 종류 모두 섬유 본연이 서로 뒤얽히면서 펠트의 모양을 유지하고 있는 탄소섬유 100%의 제품과 서로 다른 외관을 갖고 있다. 이러한 펠트는 부피의 비중이 매우 작다는 점과 동시에 경량성을 가짐과 동시에 탄력성이 좋기 다는점 때문에 그대로 단열재와 고온용 쿠션재로 사용되거나 전도성, 정전기 방지, 내열성, 내클리프성, 내마모성과 같은 특성을 부여하기 위한 복합재료의 기재로서 이용된다.

4) 매트, 페이퍼(Mat, Paper)

펠트보다 더 얇은 재료로서 매트와 종이가 있다. 매트는 촙섬유들을 건식법을 거쳐 얇게 2차원으로 제단 한 후 유기질 바인더를 사용하여 섬유를 가볍게 접착시킨 것이다. 이들은 페이퍼와 유사한 외관을 갖는 특성이 있다. 페이퍼는 촙섬유와 유기질 바인더를 통해 동시에 사용하여 습식으로 제작된다.

4.1.5 탄소섬유 제조

탄소섬유는 그림 4-3(a)와 같이 polyacrylonitrile(PAN,(1))를 가열하여 제조한다. 제조 과정을 살펴보면 먼저 PAN을 175℃ 정도까지 가열하게 되면(2)와 같이 고리구조를 형성하며 까맣게 변하게 되는데, 이 구조를 사다리 형태의 고분자(ladder polymer) 라고 브른다.(2)를 더 가열하게 되면, 산화반응에 의하여 방향족의 고리 구조를 가진 고분자, 폴리퀴니자린(polyquinizarine)(3)으로 변환하게 되며 이 고분자를 더욱 가열하여 1000~3000℃까지 가열하게 되면 흑연구조를 가진 탄소섬유(carbon fibers)가 만들어지게 된다. 그림 4-3(b)를 참고하면 탄소섬유를 제조하는 방법을 도식화 하여 나타내었다.

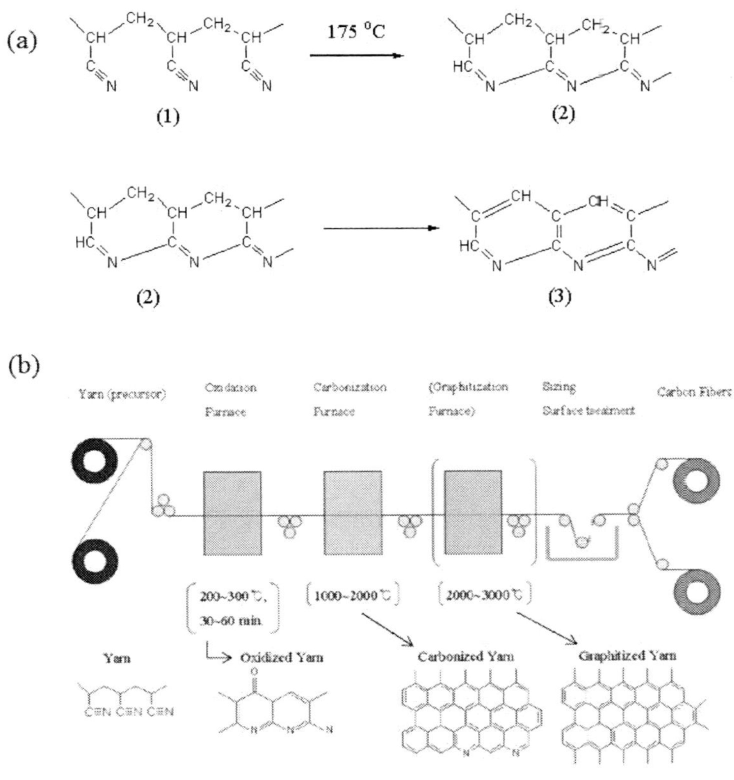

그림 4-3 탄소섬유 화학반응(a) 및 제조공정 거략도(b)

(1) PAN계 탄소섬유

강도와 탄성률이 높은 고성능의 탄소섬유와 강도, 탄성률이 상대적으로 낮은 범용 탄소섬유와의 차이는 기본적으로 섬유의 구조 차이에 기인한다. 고성능의 탄소섬유들의 원료로 PAN계 섬유나 피치계의 섬유가 사용되는 가장 큰 이유는 바로 고성능의 탄소섬유 제조가 상대적으로 용이하기 때문이다. PAN계의 전구체는 섬유를 한 방향의 축 방향으로 배향이 이루어진 상태에서 소성과 탄소화를 진행하는 경우에 전 과정에서의 배향이 보존되어 결과적으로 섬유 구조를 갖는 탄소섬유가 보다 용이하게 얻어진다는 특징을 갖는다. PAN계의 탄소섬유는 그림 4-4에 나타난 프로세스와 같이 PAN계 섬유를 내염화 처리를 하여 안정화시킨 이후에 불활성 분위기에서 탄화 소성 혹은 흑연화처리를 하는 방법을 거쳐 만들어진다. 그림 4-5에 위에서 언급한 방식으로 제조한 PAN계의 탄소섬유 단면상태를 나타내었다.

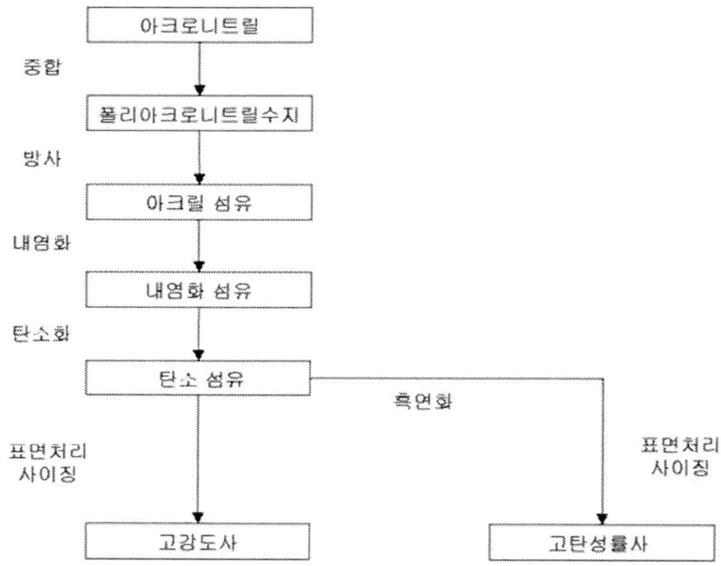

그림 4-4 PAN계 탄소섬유의 제조 공정

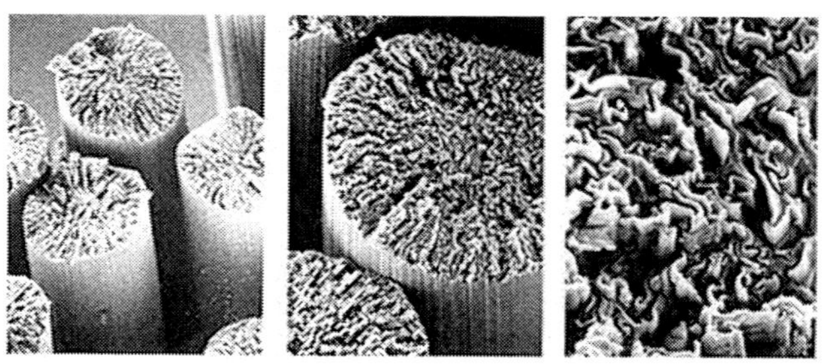

그림 4-5 PAN계 탄소섬유의 단면 형태

PAN계 탄소섬유의 제조 과정에 있어 가장 중요한 공정은 내염화 공정이다. 이 공정에서 PAN분자는 탄소화 반응을 제어하기 비교적 쉬운 피리미딘 고리를 주성분으로 하는 래더형 고분자로 이루어진다. 내염화 섬유는 이 공정만 거친 섬유를 말한다. 의복용으로 주로 이용되는 보통의 PAN 섬유 그 자체는 바람직한 래더형의 분자 구조를 형성하기 어렵기 때문에 공중합 등의 수단을 통해 전구체의 원료를 개질하여 사용한다. 이 과정을 통해 섬유의 성능이나 생산성도 동시에 향상된다. PAN 섬유는 주로 습식 혹은 건식 방사법으로 통해 제조된다. 제법에 따라 용제와 응고액은 서로 달라지지만 이들에 따른 특성의 차이는 거의 없는 편이다. 이후 이어지는 탄소화 공정과 흑연화 공정에서 그 강도와 탄성률같은 성질을 요구에 따라 상당한 범위로 변화가 가능하기 때문에 용도에 맞추어 각종 타입의 제품을 획득하기 위한 다양한 연구가 이루어졌으며, 이들은 탄소섬유 제조업체 고유의 노하우로 작용한다.

(2) 피치계 탄소섬유

피치계 탄소섬유의 제조 프로세스는 PAN계 탄소섬유 제조 프로세스와 유사하다고 볼 수 있지만 PAN계와는 서로 다른 면도 있다(그림 4-6 참고). 현재 시중에서 판매되고 있는 피치계 탄소섬유들은 석유계가 주류이지만, 석유계 외에 석탄 타르나 액화 석탄을 통해 제조되는 경우도 있다. 축합 다환 방향족 탄화수소들의 혼합물인 피치는 기본적으로 무정형임과 동시에 광학적으로 등방성을 보인다. 일정 성상의 등방성 피치를 불활성 가스컨디션 하에 적당한 온도(350~500℃)로 가열하게 되면 다양한 경로를 거치면서 최종적으로 광학적으로 이방성을 보이며 네마틱상의 피치 액정을 포함한 메소페이스 피치(이방성 피치 A)로 전환되게 된다.

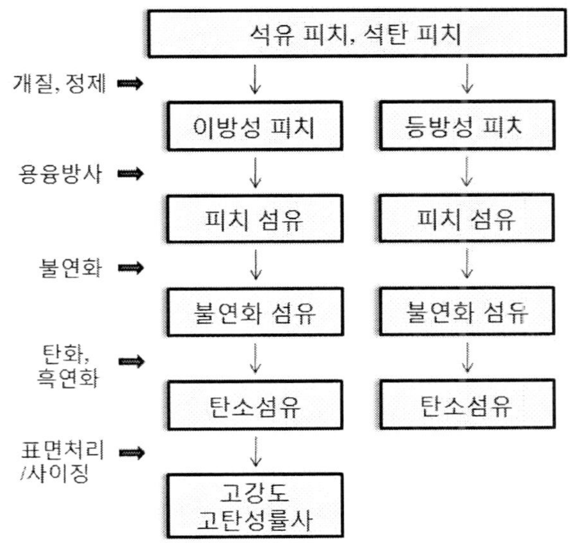

그림 4-6 피치계 탄소섬유의 제조 공정

이방성 피치 A는 등방성 피치에 비하여 고분자량이며 연화가 이루어지는 온도가 높기 때문에, 일반적으로 방사 온도를 비교적 높게 유지할 필요가 있다. 피치 섬유는 늘어남이 전혀 없어서 매우 취약하기 때문에, 취급성이 떨어진다는 단점이 있다. 또한, 불융화 공정에서 연신과정이 전혀 이루어지지 않기 때문에 방사과정에 있어 실의 지름을 제어하는 것이 제조과정에 있어서 중요한 하나의 포인트가 된다. PAN계에서는 공정을 변화시킬 경우 범용 탄소섬유와 고성능의 탄소섬유의 제조가 가능하지만피치계의 경우에는 전구체에 따라 섬유 제조가 정해지며, 등방성의 피치를 사용할 경우 범용 탄소섬유가, 이방성 피치(A 및 B)를 사용하면 고성능 탄소섬유가 얻어지게 된다. 또한 피치계의 고성능 탄소섬유를 제조할 경우에는 외부에서 힘을 가해야 할 필요가 전혀 없다.

피치계에서는 종류가 다른 고차 구조가 존재하며, 이들이 섬유의 물성에 크게 반영되기 때문에 PAN계와는 다른 의미에서 원료의 성상이 보다 중요하다. 피치계 탄소 섬유의 탄성률은 방향족 축합 고리의 정도와 결정화 정도에 따라서 결정되게 된다. 메조페이스 피치계 탄소섬유들은 원료의 단계에서 결정성이 높고 흑연화가 보다 되기 쉬운 구조를 지니고 있기 때문에 비교적 저온에서도 단시간에 탄성률이 향상되게 된다. 따라서, 이를 통해 PAN계 탄소섬유에 비하여 비교적 저가로 고탄성률 탄소섬유를 제조할 수 있게 된다.

(3) 레이온계 탄소섬유

미국 유니온 카바이드사는 1959년도에 직물 형태의 탄소섬유의 상품화에 성공했지만, 그 제조법은 직물모양 혹는 펠트모양의 레이온을 약 900℃까지 서서히 회분하는 방식으로 태운 후에 최고 2500℃ 이상까지 가열을 진행하여 흑연화하는 방법을 통해 제작하였다. 이후 연구가 계속되어 레이온을 인산 유도체나 질산염 등에 미리 침지하여 팽윤시키는 화학처리과정을 진행 한 후에 탄화를 시키면서 탄화에 필요한 시간을 보다 단축시키는 연속 프로세스가 가능하게 되었다(그림 4-7 참고). 초기의 연속 섬유는 강도와 탄성률이 모두 낮았지만 2500℃ 이상의 고온에서 연신을 시킴으로써 보다 고탄성률(500 GPa)의 탄소섬유를 얻게 되었다. 하지만 이러한 프로세스가 고가이기 때문에, 이후 PAN이나 피치를 원료로 하는 고탄성률 탄소섬유가 개발됨에 따라 생산이 중단되었다.

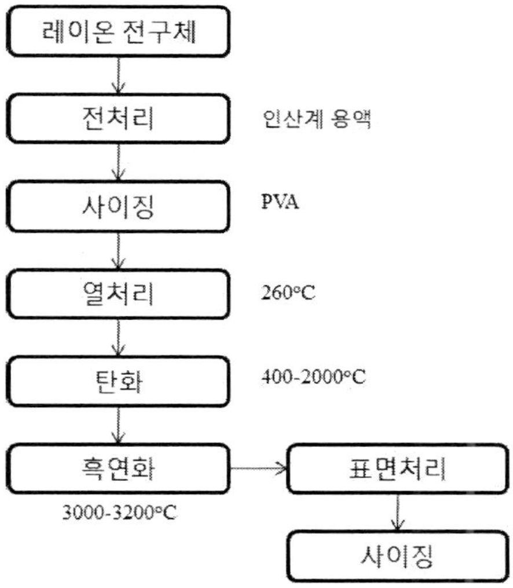

그림 4-7 레이온계 탄소섬유의 제조 공정

(4) 전기방사식 탄소섬유 제조

전기방사란 고전압이 인가된 노즐을 통해 액화된 물질을 상대로 낮은 전위의 기판이나 target에 방사시키는 공정이며, 전기장을 이용하여 um~nm 스케일의 직경을 갖는 연속상의 섬유를 구현하는 방법을 말한다. 이를 구현하기 위해선 고전압 장치(High voltage power supply), 방적돌기(spinneret), 집진판(collecter)이 필요하다.

1) 전기방사에 의한 나노섬유 형성 과정

① 고분자 용액에 고전압 인가

고분자 용액에 고전압 장치를 통하여 높은 전압을 가하게 되면 집진판과의 전위차에 의하여 강력한 전기장이 발생하게 된다.

② 표면장력에 의한 방울 형성

고분자 용액의 표면에서 표면장력과 같을 때 droplet이 형성되게 된다.

③ 전압증가에 의한 유체표면으로의 전하 유도(Taylor cone)

고분자 용액에 표면장력보다 큰 전기장이 생성된다. 모세관 끝에 매달려 있는 용액의 반구형 표면은 Taylor cone으로 알려진 원추형 모양으로 늘어나게 되고, 어떤 임계 전기장세기에서 이 반발정전기력이 표면장력을 극복하게 되면서 하전된 고분자 용액의 jet가 Taylor cone 끝에서 방출되게 된다.

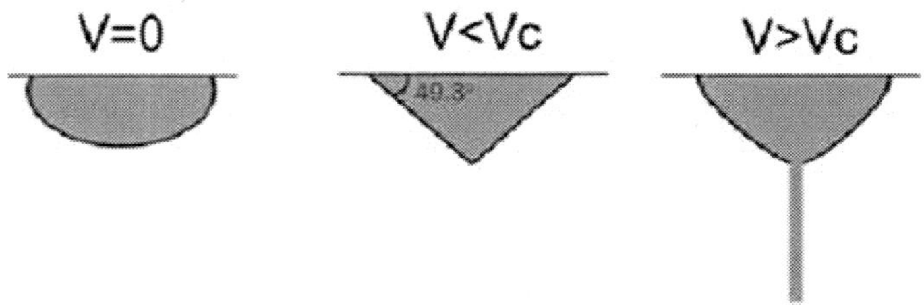

그림 4-8 표면장력에 따른 Taylor cone의 변화

④ 표면장력 이상의 전압일 경우 단일 분출물을 분사한다(Jet)

표면장력 이상의 전압이 주어질 경우 droplet은 불안정하게 된다. jet은 점도가 낮은 용액의 경우 표면장력에 의해 미세 방울로 붕괴되게 된다. 점도가 높을 경우 붕괴되지 않고 집전판을 향하여 용매가 증발하게 되고 집전판에는 하전된 고분자 연속상의 섬유가 쌓이게 된다.

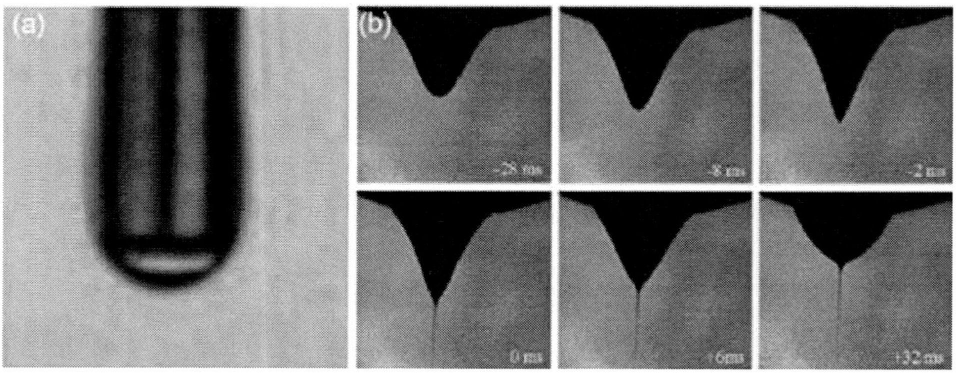

그림 4-9 임계 전기장 세기에서 방출되는 고분자용액의 jet

⑤ 전기장 내의 유체의 불안정성 증대

이온화된 고분자 용액은 colletor 방향으로 방출되면서 전위차에 의해 갈라진다.

⑥ 고분자 용액의 bending, splitting 발생

Taylor Cone의 형성 후 Jet는 붕괴되지 않고 집전판을 향하여 분사 되면서 bending, spliiting이 되며 용매는 휘발되게 된다.

⑦ 나노섬유 형성

collecter 상에 나노섬유가 적층되어 웹이 만들어 진다. jet는 집전판을 향하는 과정에서 탄도가 굽어지거나 방향이 바뀌기도 한다. jet는 분사중에 가늘어지게 되고 표면에 전하가 밀집되면서 전하반발력에 의해 초기 하나의 jet는 더욱 여러 필라멘트로 분열되게 된다.

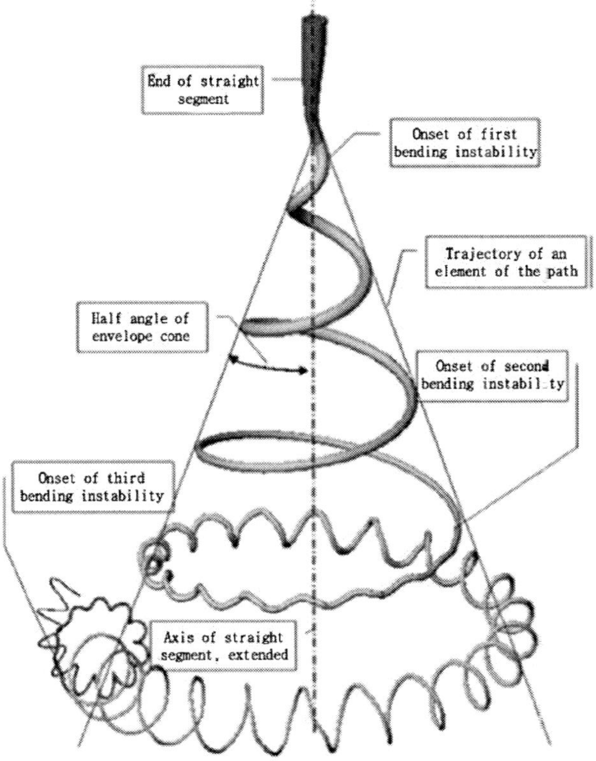

그림 4-10 전기방사 섬유의 형성 과정

2) 주요 인자에 따른 영향

전기방사를 통해 탄소섬유를 얻을 경우 건식, 습식, 용융방사등에 비해 간단히 설치 할 수 있고, 장비 가격이 비교적 저렴하며, 부피에 대한 표면적이 매우 큰 나노섬유를 얻을 수 있고 매우 작은 기공을 가진다는 장점이 있다. 하지만 제트스트림의 형성 위치가 수시로 변화하며 제트 스트림 후에 불완전 영역에 도달하는 위치가 일정치 않고 needle에서 용액 자체로 낙하되는 형상이 발생한다.

이러한 전기방사방식에서의 주요 인자는 결국 용액의 농도와 점도, 분자량과 전도도, 표면장력이라고 할 수 있으며, 인가전압, TCD(집진관과의 거리), 토출량, 온도와 습도까지도 영향을 미치게 된다.

① 농도, 점도, 분자량의 영향

낮은 농도에서는 용액의 점도가 표면장력보다 상대적으로 낮기 때문에 일정 농도 이상에서 섬유경이 증가하는 것은 방사용액의 점도가 표면장력보다 상대적으로 너무 높기 때문이라고 볼 수 있다.

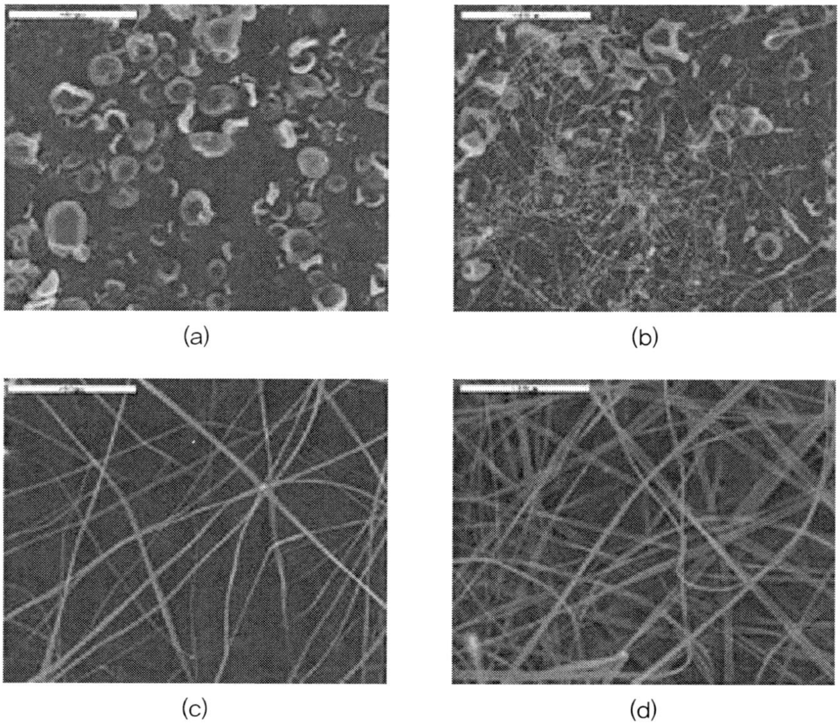

그림 4-11 농도에 따른 전기방사 결과 ; (a) 7.5wt%, (b) 10wt%, (c) 12.5wt%, (d) 15wt%

그림4-11의 (a)와 같이 점도가 낮은 경우 섬유형태가 아닌 Bead가 형성되는 것을 볼 수 있으며 (b)는 Bead와 섬유가 혼재된 모습, (d)는 섬유경이 증가된 모습을 보여준다. 따라서 적정 농도와 적정 점도의 용액을 준비하는 것이 중요하다.

② **표면장력의 영향**

전기 방사 시 표면 장력은 섬유상에 Bead가 형성하는데 큰 영향을 주게 된다. Needle 끝에서 나온 고분자 용액은

$$Surfacetension \leftrightarrow Electric\,\mathrm{force} \leftrightarrow Viscoelasticity \tag{4.1}$$

의 관계를 갖게 된다. 즉, Bead를 형성하려는 힘과 파이버를 형성하려는 힘은 서로 상충되며 Viscoelasticity가 높을 경우 파이버는 Bead가 적은 부드러운 형태로 나오게 된다. Elecric force가 강해질수록 Surface tension에 의한 영향을 억제하며 Bead형태가 아닌 파이버 형태로 방사되게 된다.

③ 전도도의 영향

전도도의 경우 Dielectric constant가 클수록 많은 charge를 받게 되며 전기적 반발력이 증가되게 된다. 전도도가 강할 경우 섬유상으로 가늘게 형성되는 힘이 증가되어 beads의 크기는 작아지고 파이버의 직경은 감소하게 된다.

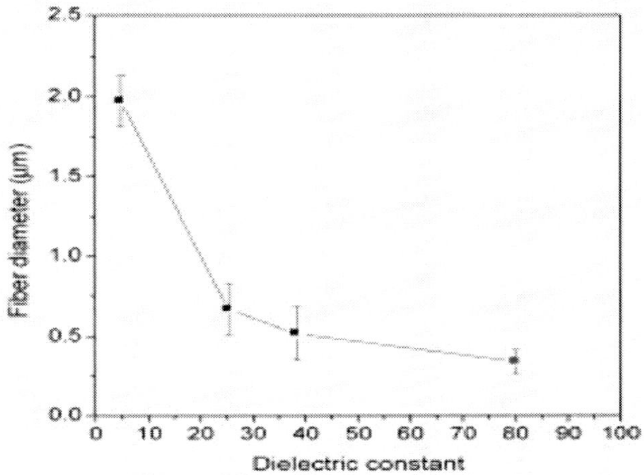

그림 4-12 dielectric constant와 파이버직경과의 상관관계

④ 용매의 영향

전기방사시 용매의 Boling temperature는 최소 방사거리에 영향을 준다. Boiling temperature가 낮은 경우 용매의 증발이 활발하게 일어나기 때문에 방사거리가 길지 않더라도 섬유상이 Collector로 향하는 중 솔벤트는 완전히 기화하게 된다.

반면 Boling temperature가 높을 경우 방사거리가 짧은 경우에 용매의 증발이 완전히 일어나지 않아 Colletor에 집적된 섬유상은 다시 용매에 용해되어 파이버의 모양이 변형되거나 섬유상을 유지하지 않은 채 완전한 용액형태로 Collector에 떨어지게 된다.

⑤ 전압의 영향

형성된 섬유가 끊어지는 형상은 높은 전압으로 인해 Needle과 Collector 사이의 정전밀도가 증가하여 방사용액의 점성이 표면장력 이하로 감소되기 때문이다.

섬유의 직경이 증가되면 전압이 높아지면서 전하 가속현상에 의해 방사속도가 빨라지게되어 방사용액의 고분자간의 분리가 미처 일어나지 못하게 된다.

⑥ 토출 속도의 영향

토출속도가 감소함에 따라 정전밀도가 증가하고 이로 인하여 방사용액의 점도가 표면장력보다 상대적으로 낮기 때문에 섬유의 직경이 감소되게 된다. 토출속도가 증가함에 따라 정전밀도가 감소하여 섬유형성 단위가 커져 평균직경의 크기가 증가된다.

(5) 화학방사

1) 화학방사의 정의

화학방사란 피복 재료의 섬유로 사용하기에 부적합한 원료들을 사용하여 화학적, 기계적인 조작을 거친 후에 긴 섬유로 만들어내는 공정을 말하며 이를 통해서 얻어진 섬유를 인조섬유 혹은 화학섬유라고 한다. 이를테면 면린터나 목재펄프는 섬유의 형태는 구비하였지만 그 길이가 피복재료로 사용하기에는 너무 짧아 섬유로 이용할 수가 없다. 따라서 이들은 화학적, 기계적인 조작을 거친 후에 장섬유로 만들어야 방적사로 사용할 수 있다. 이러한 일련의 과정을 화학방사라고 부른다.

2) 화학방사의 원리

먼저 원료가 되는 천연재료 혹은 합성중합체를 적당한 용매와 화학약품 용액을 통해 용해하거나, 중합체의 융점까지 가열을 진행 하여 용융과정을 거쳐 중합체를 액체상태로 만들어야 한다. 이과정을 통해 만들어진 액체상의 중합체를 방사원액 이라고 부른다.

3) 화학방사의 종류

화학방사를 진행하기 위한 방법으로는 크게 습식방사법과 건식방사법이 있으며, 용융방사법과 건습식 방사법 및 슬리츠와 스플리트 방사법도 사용이 된다.

① 습식방사법

습식 방사법이란 섬유의 원료가 되는 중합체에 화학약제를 사용하여 용해를 시킨 후에 방사원액을 수용액에 방사한 후에 방사원액을 응고시켜 섬유를 얻는 방법을 말한다. 이 방식은 가장 화학방사 방법 중 가장 오래되고 복잡한 방사법으로 방사 이후에 방사에 사용된 약제를 회수해야만 하며 섬유에 남아 있는 약제는 충분히 세척해야만 한다는 번거러움이 뒤따른다. 습식 방사법은 주로 레이온, 폴리비닐알코올, 아크릴 섬유를 얻기 위한 방법으로 사용된다.

② 건식방사법

건식방사법은 주로 아세테이트나 스판덱스, 그리고 일부 아크릴 섬유를 얻기 위해 사용하는 방식이다. 건식방사법은 중합체를 휘발성 유기용제에 용해한 후에 방사원액을 따뜻한 공기에 방사를 하고 용제가 휘발되면 응고되어 섬유가 얻어지는 방식을 말한다. 건식방사법에도 역시 유기용제는 회수해야만 하며 추후에 다시 사용하게 된다.

③ 용융방사법

용융방사법은 고체수지인 중합체를 고압솥안에서 융점이상으로 가열을 하여 용융한 방사원액을 찬 공기 속으로 사출한 후에 냉각시켜 섬유를 얻는 방식을 말한다.

용제의 회수나 세척과정이 필요 없는 가장 간편하고 신속한 방사법이다. 주로 나일론, 폴리에스테르, 사란과 같은 섬유를 얻는데 사용된다.

④ 건습식 방사법

건습식 방사법은 일명 에어 갭 방사법이라고 한다. 방사구와 응고액 사이에 공기층을 만든 후에 공기 중으로 사출한 후 응고액에서 방사원액의 용개를 씻어내는 방식으로 제작이 된다. 이러한 식으로 방사를 하는 이유는 재래의 습식방사법 보다 더 우수한 성능의 섬유를 확보 할 수 있기 때문이다. 건습식 방식은 습식방식의 결점을 거선한 개량된 방법이라고 볼 수 있다. 건습식 방사법은 오늘날 아크릴 섬유를 제작할 때 이 방식을 택하고 있으며 근년에 개발이 완료된 라이오셀 또한 건습식 방식에 의해 얻어진 대표적인 섬유다.

⑤ 슬리트와 스플리트 방사법

슬리트, 스플리트 방사법이란 원료중합체로 필름을 만들어 낸 후에 이 필름을 적당한 폭의 테이프상으로 쪼갠 후 고온으로 가열하여 10배 내외의 그도로 연신을 하여 분자의 배향을 향상시킨 후에, 기계적으로 섬유상으로 미세하게 분할하여 섬유를 만들어내는 방법을 말한다. 이렇게 하여 얻어진 섬유를 스플리트사라고 부르며, 분할하지 않은 것을 슬리트사 라고 부른다. 이 슬리트사는 주로 끈이나 부대, 천막등을 만드는 용도로 사용하고 있으며 주로 폴리프로필렌을 통해 스플리트사나 슬리트사를 얻는다. 슬리트사를 일명 필름사 또는 플레트사라고 부르기도 한다.

4) 인조섬유의 성능 차별화

앞서서 화학방사에 대한 다양한 제작법을 알아 보았다. 인조섬유를 만들기 위해 중합체를 방사하는 과정에서 몇가지의 공정을 수정하거나 혹은 새로운 공정을 추가하게 될 경우 독특한 성능의 섬유가 만들어 질 수 있다.

① 이형단면섬유

이형단면섬유는 방사구의 모양을 여러가지 형태, 이형으로 달리함으로서 말뜻 그대로 이색적인 모양으로 특수하게 생긴 새로운 형태의 섬유 단면을 얻어 내는 것을 말한다.

② 무광택섬유

무광택 섬유는 말뜻 그대로 광택이 나지 않으며 번들 거리지 않은 섬유를 말한다. 인조섬유는 대체로 천연섬유에 비교할 경우 표면이 매끄럽기 때문에 번들거리는 광택을 갖게 된다. 이러한 광택은 의복 재료로 사용할 경우 장점이 될 수도 있으나 오히려 광택으로 인하여 결점으로 작용하는 경우가 많다. 이러한 광택을 없애기 위해서 방사원액에 이산화티탄을 배합하면 무광택의 섬유가 만들어지게 된다. 물론 첨가하는 이산화티탄의 양에 따라서 무광택 섬유 혹은 반광택 섬유를 얻을 수 있다.

③ 원액염색사

원액 염색사는 방사원액에 색소를 배합하여 유색의 섬유를 만드는 것을 말한다. 인조섬유나 인조섬유직물 중에서는 염색이 잘 안되는 경우도 있으며 염색이 되더라도 쉽게 변색되는 섬유가 있다. 이러한 섬유는 방사원액에 미리 색소를 첨가하여 애당초부터 염색사가 제조되도록 하는 것이다.

④ 복합섬유

복합섬유는 두가지 이상의 성능을 가진 섬유, 즉 이성분섬유를 말한다. 인조섬유를 만들기 위해서는 방사공정시 성질이 서로 다른 두 종류의 방사원액을 한 방사구로 동시에 사출하는 방식으로 제조되며, 이 과정을 통해 생성된 두 가지 성분의 구조를 함께 가지는 섬유를 말한다. 보합섬유를 제작하는 방법은 주로 권축을 만드는 경우와 두 가지 이상의 다른 특성가지는 독특한 복합섬유를 생성하고자 할 경우에 활용되고 있다.

⑤ 극세섬유

극세 섬유란 섬유의 가늘기를 조작하여 극도로 가늘게 만든 섬유를 말한다. 인조섬유를 일반적인 방사법을 통해 얻을 수 있는 섬유의 직경은 보통 12 μm의 1~3데니어 정도이다. 따라서 더욱 섬세한 직경의 섬유를 만들기 위해서는 특수한 방사법을 활용해야하며 그 대표적인 방법이 분할법과 매트릭스-피브릴법이다.

먼저 분할법의 예를 들면, 폴리에스테르를 중앙에 두고 그 주변에 나일론으로 이루어진 복합섬유를 두어 나일론을 팽윤제로 처리하여 폴리에스테르와 나일론간의 팽윤 차이를 통해 두 종류의 섬유를 분할한 후에 분리시키면 0.06~0.1데니어의 극세섬유가 얻어지게 된다. 이러한 극세섬유는 초고밀도질물과 인조스웨이드의 제조과정에 활용된다.

한편 매트릭스-패브릴법은 서로 융합되지 않는 특성의 중합페 원료를 피브릴과 매트릭스로 이루어진 복합섬유를 만든 후에 매트릭스 성분을 용제로 용해하는 과정을 거쳐 제거하게 되면 피브릴만 남아서 극세섬유를 얻어내는 방식이다. 이 방법으로도 역시 0.001데니어 이하의 초극세 섬유를 생성할 수 있다.

⑥ 미크로 크레이터 섬유

미크로 크레이터 섬유는 섬유의 표면에 미세한 요철을 두어 표면애 일어나는 정반사줄여 내부반사광이 증가됨으로 보다 부드럽고 깊이감 있는 색상을 얻게되는 섬유를 말한다.

일반적인 합성섬유는 천연섬유에서 나타나는 자연스러움과 달리 섬유의 표면이 매우 매끄럽거나 혹은 깊이 있는 염색이 안된다는 단점이 있다. 이는 인조섬유의 표면에서 대체적으로 광선이 정반사하기 때문에 나타나는 현상이다. 따라서 이러한 현상을 방지하기 위해 표면에 미세한 흠을 만들어 정반사를 줄여준다. 이렇게 미세한 흠을 만든 섬유를 미크로 크레이터 섬유라고 하며 폴리에스테르를 알칼리 감량가공을 거칠경우 유사한 효과를 얻을 수 있다.

4.1.6 탄소섬유의 특성

(1) 탄소섬유 구조

그림 4-13에 나타낸 흑연구조의 계략도에는 탄소원자가 육각형의 꼭지점에 위치하게 되면서 탄소의 기본층(base plane)을 형성하게 되며 이것이 c-축 방향으로 ABA 형태로 적층이 되면서 육방정계 형태의 결정계를 형성하게 된다. 그러나, 탄소섬유는 흑연과는 달리 탄소층이 ABA의 형태로 규칙적으로 적층이 이루어지지 않으며, c-축 방향으로 바다보면 일정한 규칙성을 찾기 힘든 난층구조(turbostratic structure) 그림 4-13을 갖기 때문에 탄소층 사이의 거리는 흑연보다 클 수도 있으나, 이와 같은 구조 이방성은 흑연에서 나타나는 역학적 성질이 그대로 반영이 되어 탄성률은 c-축 방향보다 a-축 방향이 약 20배 가량 높다. 따라서, 탄소섬유의 경우에 섬유축 방향으로 평행하게 배열이 된다면 길이의 방향으로 보다 뛰어난 역학적 성질이 관찰되며, 고탄성률의 탄소섬유 생산공정에서 기본층을 섬유축의 방향으로 배향시키는 과정을 반드시 포함해야 한다.

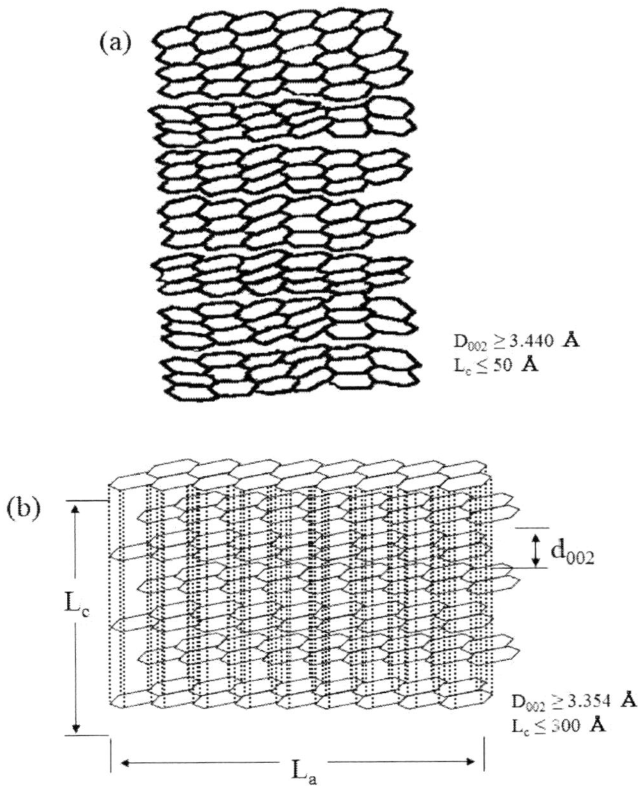

그림 4-13 Carbon turbostratic 구조(a) 와 3-D graphite lattice(b)

(2) 탄소섬유의 화학 조성

탄소섬유의 주성분은 탄소이며, 앞장에서 언급한 바와 같이 화학 조성은 PAN계, 피치계, 레이온계로 구분되는 프리커서의 종류와, 열처리시의 온도에 따라서 크게 다르다. PAN계 탄소섬유의 경우엔 주로 프리커서의 공중합상태와 방사 시 용매의 조건에 따라서 변하게 된다. 즉, 화학적인 조성은 전구체 물질의 종류와 소성 조건에 의하여 변화되며, PAN계일 경우에 탄소섬유는 탄소의 함유량이 93~98%, 흑연섬유는 99% 이상이다. 탄소섬유에서 탄소 외의 제 2성분은 질소이다. 질소의 4~7%가 피리미딘 고리형태로 존재한다. 질소의 함유율은 소성도가 높을수록 낮고, 흑연 섬유는 0.5% 이하로 분포한다. 피치계는 전구체 물질에 해당하는 피치섬유 자체의 탄소 함유량이 90% 이상이며, 탄소섬유와 흑연섬유 모두 99% 이상이 탄소로 구성된다. 레이온계는 보다 고강도, 고탄성률을 얻기 위해서 2000℃ 이상에서 연신하게 되는데 열처리과정에서 흑연화하가 이루어지기 때문에 탄소 함유율은 99% 이상이다.

(3) 탄소섬유의 수분

고성능 탄소섬유의 수분은 0.05% 이하이다. 수분함량이 적기 때문에 수분을 흡습할 수 없다고 볼 수 있다. 탄소섬유는 수분의 영향을 받지 않기 때문에 안정적이며, 다른 유리섬유나 아라미드 섬유에 비해 뛰어난 내수성을 보인다.

(4) 탄소섬유의 내약품성

탄소섬유의 내약품성은 일반 탄소재료와 비교비교하여 거의 동일하며, 대부분의 약품에 견딜 수 있는 매우 안정적인 재료이다. 다만 주의해야 할 화학 반응성이 몇가지 있으며 화학 반응성은 다음과 같다.

① 산화성

탄소섬유는 350℃의 공기 중에서 서서히 산화되어 질량 감소와 강도의 저하가 나타난다. 산화는 섬유 제작과정에서 소성온도가 높을수록 나타나기 어렵고, 탄소섬유에 비하여 흑연섬유가 내산화성이 양호한 편이다. 또한, Na, K, Ca, Mg 등의 금속은 탄소섬유에 촉매로 작용하게 되어 산화를 촉진시기게 된다. 산화방지에는 인계 화합물이 보다 효과적이다.

② 고온하에서 금속, 금속 산화물과의 반응

Na, Li, K, Fe2O3과는 400~500℃에서, Fe, Al과는 600~800℃에서, Si, SiO2, TiO2, MgO와는 1100~1300℃에서 반응한다. 그러나, Cu, Zn, Mg, Hg, Au와는 반응하지 않는다.

③ 층간 화합물의 형성

흑연섬유는 K, HNO3, H2SO4, Br2과 같은 층간 화합물을 형성하는 특성을 가지며 이들은 강도와 탄성률을 저하시킨다. 이상 3종의 반응외에 탄소섬유는 매우 안정적인 모습을 보인다.

(5) 기계적 특성

탄소섬유의 가장 대표적인 특성은 가볍고 강함과 동시에 높은 탄성률 가진다는 것에 있다. 최근 수년간 연구가 진행되어 기계적인 물성이 상당부분 향상이 되었는데 오늘날에는 인장강도가 대략 5600 MPa, 인장탄성률은 500 GPa를 가진 탄소섬유가 주로 판매되고 있다. 탄소섬유가 기계적으로 뛰어난 특성을 가지게 된 원인는 탄소섬유가 가지는 기본적 구조인 리본상의로 이루어진 미세구조에 기인한다고 볼 수 있으며, 피치계 탄소섬유의 경우에는 도메인이 섬유의 축 방향으로 배열이 되기 때문에 열적으로 높은 특성과 전기적인 특성을 보이게 된다. 기본적인 강도는 구조에 매우 민감할 수 밖에 없는데, 조그마한 미세구조의 변화와 섬유의 결합형태 그리고 그 양에 의한 영향을 크게 받게 된다.

(6) 열적 특성

탄소섬유가지는 열적인 특성 중에서 가장 뛰어난 특성으로는 선팽창계수를 예로 들 수 있다. 선팽창계수는 대략 −0.7∼−1.2×10−6 K−1로서 음의 값을 보임과 동시에 온도상승이 가해지면 수축을하며, 섬유직경방향으로는 5.5×10−6 K−1정도로 보고되고 있다. 매트릭스 수지 중 하나인 에폭시의 선팽창계수는 45∼65×10−6 K−1로 탄소섬유와 비교할 때 매우 높은 수치를 보이게 되는데, 이것은 복합재료가 가지는 열응력에 둔제가 되기 된다. 탄소섬유의 비열은 약 0.7 kJ/kg이므로 고강도, 고탄성률간의 차이는 거의 없으며, 오히려 금속과 비슷한 수치를 보이면서 수지보다는 미세하게 작은 수치를 가진다는 특성이 있다.

탄소섬유의 열전도율을 직접 측정하는 경우는 매우 드물며, 대부분 복합재료의 열전도율을 측정한 후에 그 값을 통해서 추정하게 된다. 고탄성률의 경우엔, 85 $W/m^2 \cdot K$으로 금속과 비견되는 수치를 보인다. 그리고 극저온일 경우 낮은 열전도율 가지기 때문에 액체헬륨과 LNG 등의 용기내부의 단열 구조재로서 큰 기대와 관심을 모으고 있다. 탄소섬유의 열적인 특성을 다른 종류의 재료들과 비교하여 정리한 것을 그림 4-14에 나타내었다.

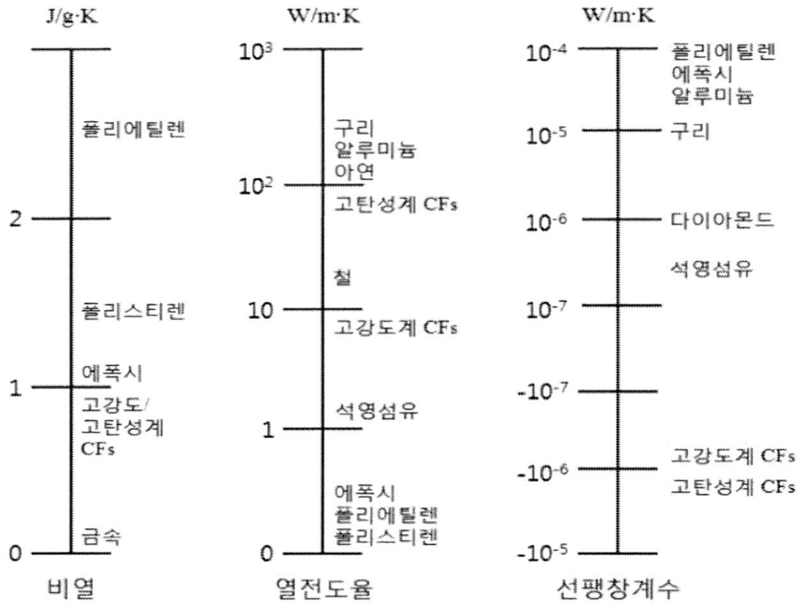

그림 4-14 탄소섬유의 열적 특성

(7) 전기적 특성

탄소섬유는 일반적인 상황에서 소성온도가 1000℃ 이상일 경우에 전기전도성이 양호해지게 되며 결정성에 의존을 하게 되므로 흑연화 섬유가 탄소섬유에 비해 높은 전기전도율이 보여지는데, 전자의 경우가 1.5～3.0×10−3 Ωcm, 후자의 경우가 0.5～0.8×10−3 Ωcm의 전기저항 값을 나타낸다. 표 2-2에서 탄소섬유가 가지는 특성별로 분류하여 정리하였다.

표 4-2 탄소섬유 특성

분류	탄소섬유 특성
형태적 성질	가늘고 길며 잘 구부러진다. 다양한 형태 가공성 우수하다. 매트릭스와 조합한 섬유 보강재 제작 가능하다. 섬유축 방향과 직각 방향은 이방성을 가진다.
화학・물리적 성질	대부분 탄소원소로 구성되었다. 불연성이다. 화학적으로 안정, 산・염기 용매에 강하다. 산화에 의해 열화된다. 고온의 공기, 산화성 산에 대해 약하다. 고온 하에서 금속 탄화물 형성한다. 다공성이며, 표면 활성화에 의해 흡탈착 성능을 나타낸다.

분류	탄소섬유 특성
기계적 성질	밀도가 금속보다 작다. 인장 강도, 인장 탄성률이 크다. 내마모성, 윤활성이 우수하다.
열적 성질	선 팽창률 계수가 작고, 치수 안정성 우수하다. 고온 하에서도 기계적 특성이 저하되지 않는다. 극저온 영역에서의 열전도성이 작다.
전기·전자적 성질	전도성이 우수하다. 전파를 반사하며, 전파 시일성이 우수하다 X선 투과성 양호하다.

4.2 탄소나노튜브

4.2.1 서론

20세기말 나노미터의 극미세 영역으로부터 새로운 물리현상과 향상된 물질특성을 가지는 연구결과가 보고되면서 나노기술이란 새로운 분야를 여는 계기가 되었고, 이는 21세기를 선도해갈 정보통신, 소재, 의약, 제조공정, 환경 및 에너지 분야 등에서 미래의 기술로서 인정되게 되었다. 이러한 나노기술분야 중 새로운 물질의 구현과 산업적 응용성에 있어서 가장 많은 각광을 받는 분야가 탄소나노튜브 분야이다.

최근까지 탄소 동소체로 알려져 있는 물질로는 흑연 및 다이아몬드뿐이었다(그림 4-15 참고).

그러던 중에 1980년경 영국 Sussex대학 Kroto와 미국 Rice대학 Smalley는 흑연에 레이저로 증기화 하는 실험에서, 제3의 탄소 동소체로 알려진 플러렌(fullerene)의 존재를 처음 발견하였다. 이후 1990년 독일 Krätshmer와 Arizona대학 Huffman은 레이저 증기화 방법 대신 아크방전법(arc discharge)을 이용하여 플러렌 대량생산에 성공하였다. 이는 탄소물질 연구에 있어서 새로운 활기를 불어넣어 주는 계기가 되었다. 이러한 연구 중에서 가장 중요한 결과로 보여지는 것이 탄소나노튜브의 발견이었다. 1991년 일본전기의 전자현미경 분석가이던 Iijima박사는 아크방전법에 의해서 생성된 음극 위에 증착물을 고배율-투과 전자현미경(HR-TEM)으로 형태 분석하는 과정에서 인류 최초로 탄소나노튜브를 발견하였다.

탄소나노튜브는 구조 비등방성이 크며(직경: 수십~수백 nm, 길이: 수십~수백 μm), 단일, 다중벽, 다발 등의 다양한 구조로 구성되어 있다. 또 형태에 따라서 도체, 반도체 성질을 가지며 직경에 따라서 에너지갭이 달라지며, 준 일차원적인 구조를 가지며 특이한 양자효과를 보여준다. 탄소나노튜브의 특이한 물성 및 구조가 보여주는 다기능성은 정보통신기기의 필수 요소인 평면 표시소자, 메모리소자, 2차 전지 및 고용량 캐패시터, 수소저장 기능 물체, 화학 센서, 고강도 복합재료, 전자파차폐 물질 등 응용성이 매우 뛰어나면서 기존의 소자가 가지고 있는 한계를 넘어서는 가능성을 가지고 있다.

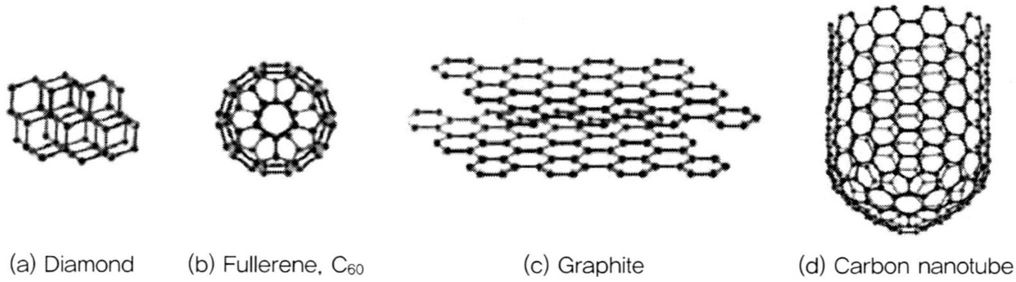

그림 4-15 탄소 동소체 구조

4.2.2 탄소나노튜브의 구조

(1) 탄소의 결합

탄소원자는 원자번호가 6번이며 바닥상태에서 $1s^2$, $2s^2$, $2p^2$구조 전자배열을 갖고 있지만 다른 원자와 공유결합을 이루기 위해서는 전자배열 재배치가 이루어진다.

이와같은 재배치는 2s궤도 함수 전자 한 개가 2p궤도 함수로써 전이한 후에 s궤도함수, p궤도함수가 혼합되어서 나타나는 혼성궤도함수를 가지게끔 이루어진다. 1개의 s궤도 전자와 1개의 p궤도 전자가 혼합되어 2개의 혼성궤도함수를 형성하면서 나타나는 구조를 sp구조라 하고, 한개의 s궤도 전자와 2개의 p궤도 전자가 혼합되어서 3개의 혼성궤도함수를 보여주면 sp2구조, 한개의 s궤도 전자와 3개의 p 궤도의 전자가 혼합되어서 4개의 혼성궤도함수를 이루어 보여지는 형태를 sp^3 구조라 한다(그림 4-16).

탄소원자가 결정체를 형성하기 위해서 가질 수 있는 혼성궤도함수의 경우는 sp^3와 sp^2구조이다. sp^3구조는 4개의 혼성궤도함수를 가지기 때문에 4개의 다른 원자와 δ 결합의 강한 결합을 하면서 다이아몬드 형태를 형성한다. 이와 다르게 sp^2구조는 3개의 혼성궤도함수로서, 평면상 3개의 다른 탄소원자와 δ 결합을 하면서 육각형 판상구조의 흑연면 형태를 보여주게 된다. 이때 나머지 p궤도함수 전자는 다른 원자의 p궤도함수 전자와 π 결합의 약한 결합의 모습을 보여준다. 이 약한 결합의 전자에 의해 흑연면은 상대적으로 큰 전기전도도를 값을 가질 수 있을 뿐만 아니라, δ 결합과 결부되어서 다이아몬드보다 더 강한 형태의 결합 에너지를 갖게 된다.

일상에서 흑연이 쉽게 부서지게 되는 이유는, 여러 층의 흑연면이 매우 약하게 결합된 Van der Waals 결합으로 적층되어져 있어서 면-면 사이가 쉽게 끊어지는 형태일 뿐이다. 흑연면 자체의 결합이 없어지거나 끊어지는 것은 아니다.

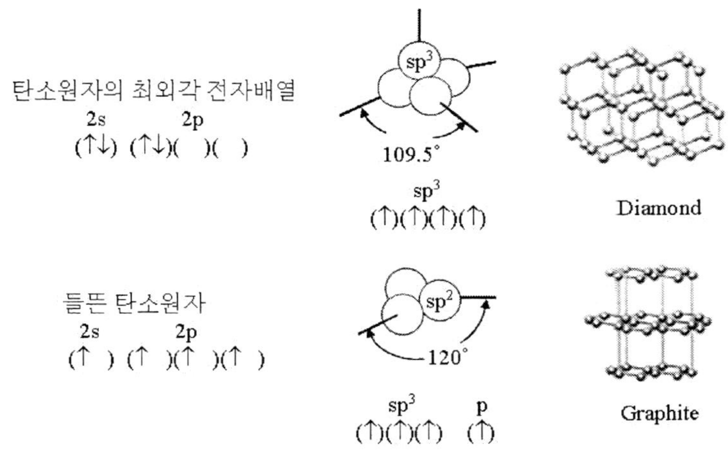

그림 4-16 탄소구조에서 보여주는 결합구조

(2) 탄소나노튜브의 구조

sp^2결합으로 이루어져 있는 하나의 흑연면을 둥글게 말아 놓은 형태로 보여주는 구조가 탄소나노튜브이다. 이때 '흑연면 자체를 어느 각도로 말 것인가', '튜브의 직경을 얼마나 되게 말 것인가'에 따라서 탄소나노튜브의 특성을 결정하는 구조와 직경이 구해진다.

각각의 튜브 구조를 분류하는 가장 일반적인 방법은 벌집형태의 흑연 격자상에 두 점을 각각 연결하는 벡터 Ch로 표시하는 방법이다.

그림 4-16에서 알 수 있듯이 임의의 원점(O)을 벡터의 시작점으로 삼고, 둥글게 말았을 경우에 이 원점과 만나게 되는 접점을 벡터의 종점(A)으로 정하여 벡터 Ch가 이루어지게 된다. 종점(A)의 위치를 n과 m으로 표시하고, 단위벡터를 a1과 a2로 정하였을 때, Ch는 아래과 같다.

$$Ch = na1 + ma2 \tag{4.13}$$

여기서 n과 m만으로 하나의 탄소나노튜브를 지칭하여(n,m) 형태로 나타낸다. 이렇게(n,m)으로 표시함으로써 다음의 식으로 탄소나노튜브의 직경을 쉽게 구할 수 있다.

$$dt = 0.246(n2 + nm + m2)1/2/\pi \tag{4.14}$$

탄소나노튜브의 특수한 형태로 그림4-17과 같이 n과 m이 같을 경우에 튜브의 끝 모양이 팔걸이의자와 같이 생겼다고 하여 armchair 튜브라고 부르며, m이 0일 경우에 끝 모양이 지그재그 형태이기 때문에 zigzag 튜브로 분류한다.

실제로 대부분의 탄소나노튜브들은 임의의 튜브 축을 따라 나선형으로 나열된 chiral의 구조를 갖는다. 이렇게 하나의 흑연면을 말아서 생겨난 탄소나노튜브를 단일벽나노튜브(SWNT;

singlewall nanotube)라고 부르며 여러층을 말은 것을 다중벽나노튜브(MWNT; multiwall nanotube)라고 부른다. 다중벽나노튜브의 구조는 기존에 다양한 연구가 이루어진 기상합성 탄소섬유와 많은 연관이 있다.

4.2.3 탄소나노튜브의 특성과 응용

탄소나노튜브의 구조적인 특성은 일단 형태상으로 매우 큰 지름과 길이의 비(aspect ratio: ~1000)를 갖고 있으며, 튜브의 직경과 구조에 따라서 도체 및 반도체의 특성을 보이고 있으며, 도체의 탄소나노튜브의 경우에 매우 우수한 전기전도도를 갖고 있음이 보고 되었으며, 또한 매우 강한 기계적인 강도와 테라 단위의 영률(Young's modulus), 그리고 우수한 열전도의 특성을 가지고 있다.

탄소나노튜브의 예상할 수 있는 응용분야로는 대표적으로 FED(field emission display)와 백색광원 등에서의 각종 장치 전자방출원(electron emitter), 리튬이온의 2차전지 전극, 연료전지와 수송저장용 매체, 나노 와이어(nano-wire), AFM/STM등의 탐침목적(probe), 단전자소자(FET : Field Effect Transistor), 고기능성 복합체(composites) 등을 들 수 있으며, 전자방출원으로의 탄소나노튜브는 이미 상용화 단계로 연구가 이루어졌다.

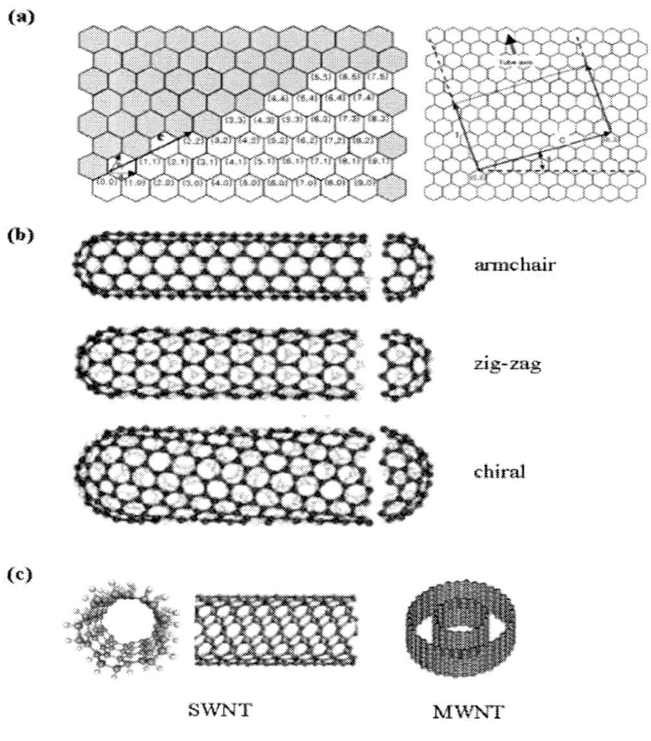

그림 4-17 탄소나노튜브의 구조 ; (a) 탄소나노튜브 단위셀(n,m)의 구조, (b) 탄소나노튜브의 구조, (c) 홑겹나노튜브와 다겹나노튜브

4.2.4 탄소나노튜브의 합성 방법

탄소나노튜브의 합성방법은 크게 두 가지의 방법으로 분류할 수 있다. 첫째로는 흑연과 같은 고상의 탄소를 기화시킨 이후에, 냉각하는 과정에서 탄소나노튜브가 생성될 수 있도록 조건을 만들어 주는 방법이다. 고상의 탄소를 기화시키기 위해서 아크방전과 레이저가 주로 이용된다. 두 번째 방법은 탄화수소가스와 같은 탄소를 포함하는 기체를 촉매금속과 반응을 시켜서 탄소나노튜브를 합성해내는 방법으로, 다양한 화학기상증착 방법이 사용된다.

(1) 아크방전법(Arc discharge)에 의한 합성

탄소나노튜브를 합성하는 전형적인 아크방전 장치를 그림 4-18에 나타내었다. 그림 4-18에서는 전극이 수평으로 배치되어 있는데, 수직으로 배치된 장치도 존재한다. 두 개의 탄소전극 사이에 교류나 직류를 가하여 방전을 일으키게 되는데 현재는 탄소나노튜브의 수율이 보다 높은 직류가 대부분 사용된다. 탄소전극으는 순도가 높은 흑연봉을 사용하게 되는데 음극방향 탄소봉의 직경이 보다 더 크다. 이때 양의 탄소전극에는 순수한 흑연봉 대신에 금속을 포함하고 있는 전극을 사용하는 반면에, 그림 4-18의 B와 C에 해당하는 위치에서 단일벽의 탄소나노튜브가 생성된다.

분위기 가스로는 He과 H2가스가 주로 사용되는데 가스의 종류에 따라서 생성되는 탄소나노튜브의 수율과 모양이 서로 달라진다. 적당한 압력(He의 경우엔 200~600 torr)을 유지한 상태에서 방전이 발생되면 양극은 방전으로 소모되게 되며, 음극의 표면에는 그림 4-19(a)와 같은 증착물이 형성되게 된다. 전형적인 증착물의 모양과 증착물의 단면은 그림 4-19에 나타내었다 그림 4-19(a)에서 나타난 증착물은 두 부분으로 나눌 수 있는데 다발형태의 다중벽 탄소나노튜브와 다각형태의 흑연나노입자로 구성된 내부의 코어부븐과 흑연박편으로 구성된 껍질 부분으로 나뉘어진다. 내부의 생성물 중에는 다중벽나노튜브와 함께 흑연나노입자들은 항상 같이 생성되게 되며, 그 TEM사진(He가스 분위기)이 그림 4-19(b)에 해당한다. 이러한 과정으로 생성된 다중벽 나노튜브는 보통 벽의 수가 2~40개 정도이며 직경은 4~50 nm이고 길이는 1 μm이상의 값을 갖는다.

(2) 레이저 증착법(Laser ablation)에 의한 합성

흑연이 증기화가 이루어지 위해선 3000℃이상의 고온이 필요한 반면에, 플러렌이나 탄소나노튜브가 생성되기 위한 최적의 온도는 1100℃~1300℃이기 때문에 사용된 장치이다. 레이저를 이용해서 로 안에 위치한 흑연봉을 증기화 시킨 후에 증착은 1200℃의 온도를 유지시켜서 로 안에 증착이 이루어지게 하였다. 순수한 흑연봉을 사용할 경우에 다중벽 탄소나노튜브가 생성이 되지만, 흑연봉 안에는 Co, Ni, Y 등과 같은 촉매금속을 첨가 시킬 경우, 균일한 형태의 단일벽 탄소나노튜브를 합성 할 수 있다. 사용되는 촉매는 금속의 종류에 따라서 탄소나노튜브의 구조와 직경이 변화되는데, Ni/Co일 때는 대부분이(10,10)의 탄소나노튜브가 합성되었으며, Rh/Pd의 금속을 첨가했을 때는(5,5)와(8,8)형태의 탄소나노튜브가 합성된다고 보고된다. 그림 4-20은 로 내부의 벽과 수냉되는 구리봉사이에서 증착된 증착물들의 TEM사진이다. 이러한 과정으로 생성된 단일벽 형태의 탄소나노튜브는 다발(rope)형태로 끝을 찾아 볼 수 없을 정도로 길게 엮어 있는 형상이다.

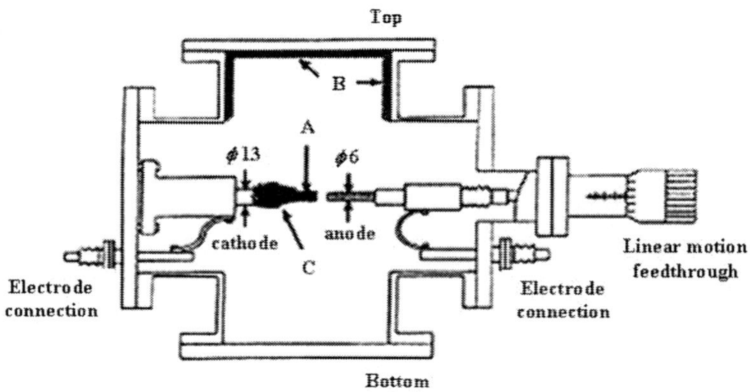

그림 4-18 아크방전합성장치의 모식도

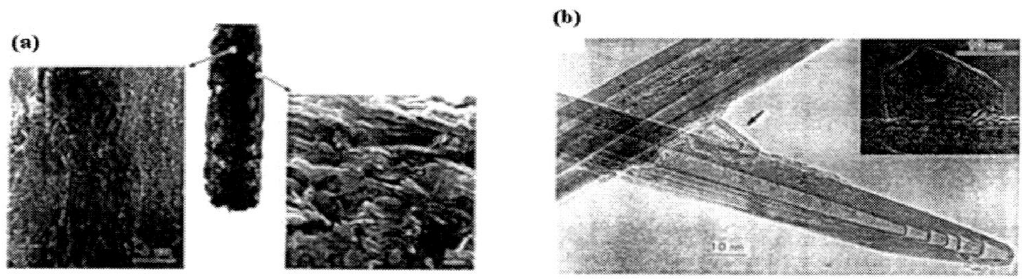

그림 4-19 아크방전법으로 합성된 탄소나노튭의 SEM 및 TEM ;
(a) 아크방전법으로 합성된 탄소나노튜브의 SEM 사진, (b) 다겹나노튜브의 TEM 사진

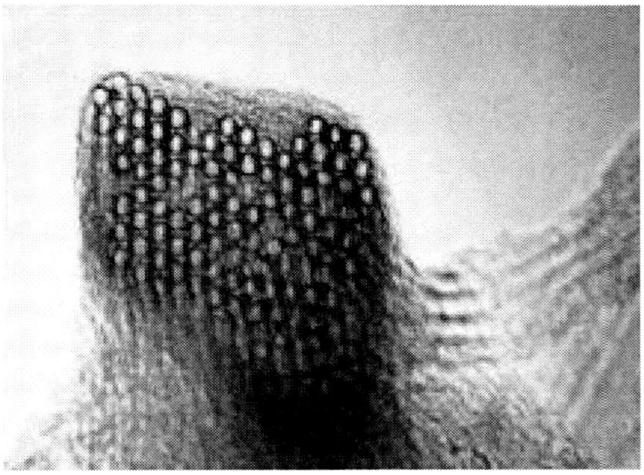

그림 4-20 합성된 홑겹나노튜브의 TEM 사진

(3) 기상증착성장법(CVD)에 의한 합성

기상증착성장법을 통한 합성은 탄소를 함유하고 있는 가스와 촉매금속 입자와의 반응을 통해 탄소나노튜브의 증착물을 형성하는 것을 말한다. 이를 위해선 촉매금속의 사용이 필수적이며, 이중에서 Ni, Co, Fe 등이 주로 쓰이고 있다. 각각의 촉매금속 입자는 하나의 seed로 작용하여 탄소나노튜브가 형성되기 때문에, 촉매금속을 최대한 나누어서 수 나노에서 수십 나노 크기의 입자로 형상화 해내는 것이 탄소나노튜브의 합성에 있어서 가장 핵심기술이다. 기존에 사용했던 합성방법으로는 박막형태로 촉매금속의 증착을 유도하여 열처리로 응집시키거나, 플라즈마 에칭과정을 통하거나 에칭액을 통해서 입자형태로 만들어 내는 방법이 있다. 또한 sol-gel process를 사용하여 금속입자를 용액에 용해시킨 후에 기판에 도포하는 방법 등이 활용되기도 하며, Al 기판에 에칭액을 사용하여 조절이 가능한 nancpore를 먼저 만든 후에 이 안에 촉매금속을 장착하여 탄소나노튜브를 성장시키는 방법이 있다.

탄소나노튜브의 성장은 PECVD(Plasma Enhanced CVD), Thermal CVD, LPCVD(Low Pressure CVD), HFCVD(Hot Filament CVD) 등 기존의 모든 CVD 장치에서 이루어졌다. 이렇게 생성된 탄소나노튜브의 대부분은 다중벽나노튜브이며, 단일벽나노튜브의 형성은 매우 드물다.

(4) 탄소나노튜브의 성장 메커니즘

일반적으로 촉매없이 아크방전법을 사용하여 양극에서 탄소나노튜브를 성장하는 경우, 증착되는 탄소는 서로 다른 속도분로를 가진 두개의 탄소입자그룹들이 경쟁하게 된다. 첫 번째 그룹은 양극표면에서 증발하는 탄소그룹으로 대략 3000℃ 이상의 온도에 대응되는 맥스웰 속도분포를 가진다. 두 번째 그룹은 양극과 양으로 대전된 공간전하 사이의 갭에서 생성되는 탄소 이온들로 동일 에너지와 방향을 가진다. 대략적으로 가속전압이 20V인 경우, 두 번째 탄소 그룹은 첫 번째 탄소그룹에 비해 10배 이상의 속도를 가지게 된다. 첫 번째 탄소그룹은 축방향에 대한 대칭성이 없기 때문에 공간적으로 등방성 분포를 가지게 되며, 이것은 주로 3차원적인 탄소클러스터를 형성하게 된다. 이에 비하여 두 번째 탄소그룹은 전압을 가해지는 흐름축 방향으로 대칭성을 가지게 되므로 늘어진 구조, 즉 탄소나노튜브를 형성하게 된다. 이러한 두 탄소그룹에 의해 형성되는 탄소나노튜브의 성장과정은 Seed 형성을 시작으로 다중벽 나노튜브 성장과정, 성장의 종결, 탄소들의 재배열에 의한 튜브 끝 캠핑 과정을 하나의 사이클로 반복되면서 탄소나노튜브가 형성된다.

먼저 시드형성과정을 살펴보면, 이온전류가 안정한 값으로 증가하는 시간동안 기상층 내의 탄소의 속도분포는 맥스웰 속도분포를 따르고, 3차원적인 구조를 형성하게 된다. 그러나 점차 이온전류가 증가함에 다라 열린 구조가 우세하게 된다. 이러한 과정을 튜브 성장과정에 대한 시드구조의 형성으로 이해된다. 대략적으로 이온전류가 안정한 값에 도달하기 전에 1 cm^2당 107개의 시드구조가 형성되게 된다. 두 번째로 다중벽 나노튜브의 성장과정을 살펴보면, 방전전류가 안정하게 되면 기상층 내 탄소이온들의 전류는 양극표면에 수직한 방향으로 흐르게 된다. 또한 기상층 내에서 탄소와 탄소와의 충돌거리를 나타내는 평균자유경로는 대략 15μm로 기상층의 두께 보다 크기 때문에 기상층 내에서 충돌에 의한 이온의 방향성 이동의 확률화는 무시될 수 있다. 그러므로 탄소 이온들은 주로 양극표면에 있는 탄소와의 충돌에 의하여 감속된다.

따라서 양극표면에서의 충돌 전에는 이온전류 내에서의 이온들의 방향은 변하지 않고 일정하게 유지된다. 이러한 이온전류와 같이 도달하는 탄소들은 늘어진 구조의 형성과정에 관련되어 있다. 즉, 이러한 탄소들은 그들의 운동방향에서 튜브형성에 주원인이다. 그러고 맥스웰 속도분포를 가지는 탄소들은 늘어진 구조가 되는 탄소들에게 붙어서 양극방향에 평행한 방향으로 형성되므로 튜브를 두꺼워지게 하면서 다중벽 탄소나노튜브를 형성하게 된다. 세 번째로 나노튜브 성장의 종결 및 방전전류가 없을 때 맥스웰 속도 분포를 가진 탄소들의 재배열에 의한 튜브 끝의 캠핑과정은 살펴보면 다음과 같다. 일반적으로 나노튜브들은 종종 미세다발(microbundle)에 결합되고, 미세다발내에 모든 튜브들은 대략 같은 길이를 가진다. 미세 다발내에서 모든 나노튜브는 대략적으로 같은 위치 같은 시간에 성장 과정이 시작되고 종결되는 것으로 나타난다. 그러나 중요한 점은 어떤 다발의 성장은 종결되더라도 이 다발에서 수 나노미터 떨진 곳의 이웃 다발은 계속 성장을 할 수 있다.

나노튜브 성장은 대략적으로 0.07초 마다 종결되고, 다시 시작된다. 이에 대한 이유는 아직 밝혀지지 않았지만 전류 불안정성에서 기인된 것으로 판단되어 진다. 한 영역에서 다른 영역으로 양극의 스폿 이동은 이동하기 전의 영역에서 이온전류의 종료와 더불어 맥스웰 속도 분포를가진 탄소들의 반응영역이 우세하게 되어 튜브의 끝을 캡핑시키고, 튜브의 성장을 멈추게 한다. 이와 동시에 새로운 Seed 구조 또는 나노입자가 형성되면서 이온전류가 재시작되고 다음 사이클동안 나노튜브가 다시 성장하기 시작한다.

4.2.6 탄소나노튜브의 이용

탄소나노튜브의 역사는 비교적 짧은편이지만 1997년도에 세계과학계에서 10대 중요연구과제에 선정된 만큼 연구가 세계적으로 매우 활발하게 진행되고 있는 분야이다. 그 이유는 탄소나노튜브가 다양한 물성을 제공함과 동시에 메모리소자와 전자소자 등 매우 무한한 응용 가능성을 가지고 있기 때문이다. 현재 탄소나노튜브는 전세계적인 발전추세를 블때 향후에 고부가가치를 창출해낼 수 있는 첨단전자정보산업에 활용할 수 있는 원천과학기술분야이다. 따라서 탄소나노튜브는 전세계적으로 이용하는 새로운 기술혁명을 이끌어 낼 엄청난 파급효과가 기대되는 연구분야이다. 이러한 새로운 탄소 반도체가 가지는 장점은 크게 네 가지 정도로 요약할 수 있다.

첫째, 앞서 언급했듯이 이 반도체는 이미 도핑이 된 효과를 가지고 있기 때문에 응용을 위해 도핑할 따로 할 필요가 없다는 점이다. 반도체 소자 제작공정 과정에서 하나의 중요한 공정이 줄어들었기 때문에 보다 유리해진다.

둘째, 선폭이 나노미터에 달할 정도로 매우 작기 때문에 만약 수 나노미터 정도에 해당하는 크기의 기억소자와 회로를 만들게 된다면 현재 사용되는 최첨단 집적회로 선폭의 1/100 정도가 된다. 넓이로 따질 경우 1/10000에 해당하므로 현재보다 만배 정도 집적도가 높은 칩을 만들어 낼 수 있다는 단순 계산이 나온다. 기억소자로 이야기한다면 그 집적도가 대략 테라단위의(1012 즉 1조) DRAM에 이르게 된다.

셋째, 탄소 원자간의 결합은 오늘날 반도체의 주종을 이루고 있는 실리콘보다도 월등하게 강하다. 따라서 실내온도의 공기 중에서 화학적으로 극히 안정되었으며 강하고, 전자회로 외에 초강력섬유와 열, 마찰에도 잘 견디는 표면재료로 사용할 수 있다(기존의 흑연섬유도 강철만큼 강하지만 새로 등장한 나노튜브 섬유는 기존보다 최소 10배 내지 100배이상 강하다). 그리고 열전도도가 실리콘보다도 훨씬 높기 때문에 열을 잘 방출할 수 있으므로 반도체 소자가 작동하면서 고온으로 발열이 되는 문제를 쉽게 해결할 수 있다.

넷째, 탄소는 화학적인 성질이 이미 상당부분 연구가 되어 있기 때문에 폴리머(합성수지와 고분자 화합물 등)를 만드는 기술 등은 이미 발전된 고도의 노하우를 활용하여 새로운 방면에서 응용이 가능하다. 심지어 실리콘을 사용했을 때는 어려웠던 생물체와의 직접 정보교환(일종의 interface)도 보다 용이해질 것으로 기대된다.

그러나 만만치 않은 문제점 또한 직면해 있다. 우선 생산과정이 고도의 기술을 요구하기 때문에 대량생산은 아직 요원하며 또한 원하는 기억소자와 트랜지스터를 만들기 위해서 회로를 어떻게 설치할 것인가도 해결해야 할 문제에 해당한다. 기존에 사용한 실리콘에서는 기본적으로 실리콘상에 화학적인 방식으로 회로를 그려내는 기술이 필요로 하였지만 여기서는 이미 존재하는 가는 선을 제작자가 원하는 형태로 배열을 시키는 기술이 필요하다.

따라서 기존의 반도체를 보다 개량하는 것보다 기존의 틀에서 벗어난 전혀 색다른 응용 가능성을 탐구하는 것도 바람직하다고 본다. 예를 들어 튜브를 정밀하게 배열하지 않고 정돈이 되지 않고 어느 정도 뒤엉킨 상태 그대로 배열하여 소위 병렬분산기억(parallel distributed memory) 소자로 쓰는 것이 한 예라고 볼 수 있다. 이것은 인간의 두뇌에서 다른 사람의 얼굴을 전체적으로 기억하고 알아보는 것과 비슷한 개념의 기억방법이다.

현재로서는 탄소나노튜브와 그 다발(로프), 혹은 튜브뭉치들이 구체적으로 어떻게 이용될 것인지는 미지수이다. 미국의 New York Times지에서는 실리콘 이후 각광받는 새로운 소재로서 탄소나노튜브가 가지는 가능성을 크게 다루고 여러명의 저명한 학자들과의 인터뷰기사를 게재하였다. 탄소반도체가 인류생활에 어떻게 이바지할 것인가는 앞으로 과학자와 공학자들의 끊임없는 연구와 기술개발에 달려있다고 볼 수 있다.

4.3 그래핀

최근 실리콘 기반 전자소자 기술이 한계에 부딪히면서 연구자들이 한계를 뛰어넘기 위해서 다양한 패러다임을 시도하고 있다. 그 중 실리콘을 대체할 수 있는 물질에 대해서 가장 연구가 활발히 진행되고 있으며 대체 가능한 물질을 이용하여 나온 결과들이 발표되고 있다.

2004년 이론적으로 존재했던 그래핀, 그 물질을 흑연으로부터 분리되는 방법이 발표되면서 보다 많은 연구자들에게 실리콘 대체물질로서 주목을 받고 있으며, 대면적 성장과 물성제어 기술에 대해서 기초적 연구로부터 그래핀 물성을 이용한 소자로의 응용 기술에 대한 연구가 활발히 진행되고 있다. 특히 2010년 영국 맨체스터 대학의 Andrea Geim와 Konstantin Novoselov 교수가 최초로 단원자층 그래핀을 분리, 그래핀 물성에 대해 연구한 공로로 노벨 물리학상을 받으면서 그래핀은 연구분야에서 가장 이슈화가 되는 물질이 되었다. 그래핀이라는 물질은 패션잡지 및 드라마를 통해서도 접할 수 있을 정도로 일반인들에게 친숙해지고 있어 이와 관련분야의 빠른 성장속도를 가늠할 수 있다.

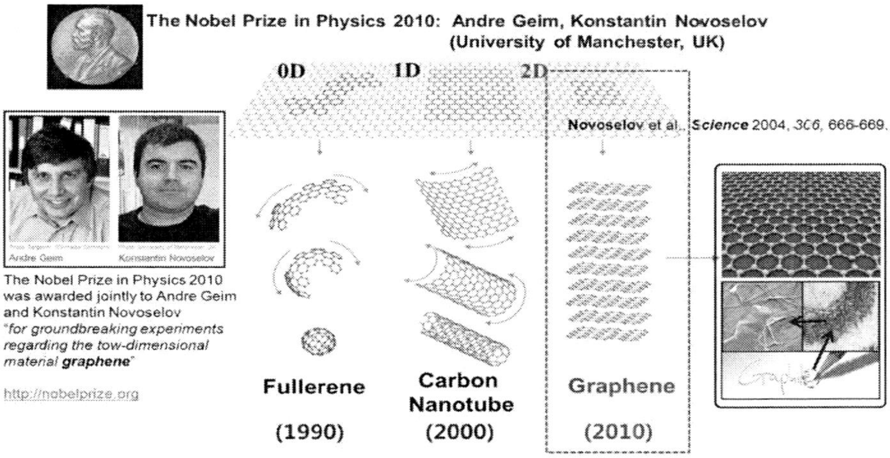

그림 4-21 그래핀 및 탄소 동소체 개념

많은 연구자들은 일반적이고 보편적인 물질들보다 전기적, 기계적, 열적 특성 등 많은 특성들이 월등하다고 알려진 그래핀의 성질을 규명 및 분석하는 분야에 초점이 맞추어져 있다. 규명된 물성을 이용해서 다양한 응용 소자로의 활용방안에 대한 연구도 진행되고 있다. 그에 따른 동향으로 그래핀의 우수한 물성과 다양한 성장방법, 그리고 소자로써의 응용기술 현황을 알아보고 앞으로의 연구주제에 대해서 알아보고자 한다.

4.3.1 그래핀 형태

연필심에 사용되며 사람들에게 친숙한 흑연은 주기율표상에서 원자번호 6번 탄소로 만들어진 동소체 중 하나이며 흑연은 탄소들이 벌집모양 형태의 육각형 그물처럼 평면상에 배열된 원자구조로 이루어져 있다. 이러한 원자구조 형태를 가지는 흑연의 한 층을 그래핀이라 부른다(그림 4-22 참고).

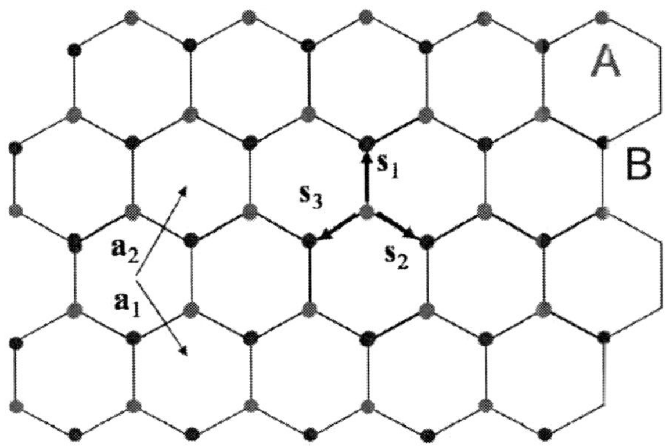

그림 4-22 그래핀에서 육각형 형태로 탄소가 배열된 모습. 육각형 형태의 단위벡터

(a1, a2)와 이웃하여 있는 탄소를 연결하는 벡터(s1, s2, s3). 육각형 살창은 두 개의 삼각형 부분 살창이 서로 뒤집힌 상태로 엇갈려진 형태로 배치된 살창으로 볼 수 있으며 각각의 부분 살창을 A(빨강색)와 B(파란색)로 표시하였다. 전자가 빨간색 부분살창 A에 있을 때 유사스핀 고유값이 1/2인 상태이며 파란색 부분살창 B에 있을 때는 −1/2인 상태이다.

주로 공유결합을 통해 결합된 탄소 동소체는 4개의 최외각 전자들의 파동함수 선형결합의 방식에 따라 결정구조를 포함해서 물리적 성질이 결정된다. 공유결합을 이루고 있는 고체들은 전자를 발견할 수 있는 확률분포가 원자와 원자 그 사이에서 최대가 된다. 많은 탄소 동소체 중에 하나인 다이아몬드가 바로 그 대표적인 예이다. 하지만, 그래핀에서 세 개의 외각 전자들의 선형결합이 탄소−탄소간 강한 공유결합에 참여하여 앞에서 언급했던 육각형 그물 모양의 평면 형태를 만들고, 여분의 외각 전자의 파동함수는 평면에 수직인 형태로써 존재하게 된다. 평면에 평행하게 강한 공유결합을 만드는 전자상태를 σ−오비탈이라고 지칭하며, 평면에 수직하게 존재하는 전자의 상태를 π−오비탈이라 지칭한다(그림 4−23 참조). 탄소 물질인 그래핀의 물리적 성질을 결정하는 페르미준위 근처의 전자 파동함수들은 π −오비탈의 선형결합으로 이루어져 있다.

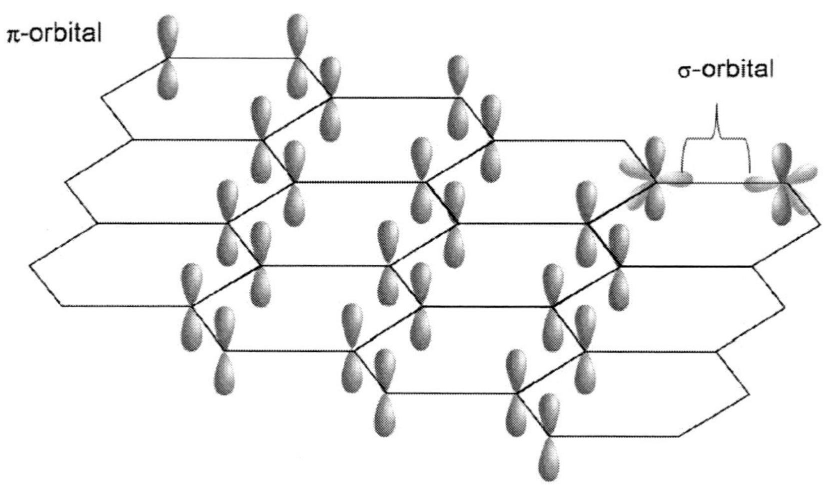

그림 4−23 그래핀에서 σ−오비탈 및 π−오비탈의 개략도

탄소 동소체인 그래핀에서 자유를 가지는 전자들은 앞에 내용에서 언급한 육각형 그물모양의 층에 속박되어 완벽한 이차원 계를 이루고 있다. 하지만, 반도체 이종접합 구조에서 만들어지는 이차원 전자계완 매우 다르다. 보통 이차원 전자계에서는 전자에너지(E)가 결정운동량(k)의 이차항으로 표기되는 분산관계(E∝k2)를 형성한다. 그러나 앞에 내용에서 언급한 π −오비탈의 선형결합 형태로 이루어진 그래핀에서 전자의 결정운동량 및 에너지는 서로 비

례하는 분산관계($(E \propto k)$)를 형성한다. 다른 이차원 전자계와는 근소한 차이처럼 보여지는 선형적 결정운동량-에너지 분산관계식 및 육각형모양의 살창구조가 새로운 이차원전자계를 그래핀에서 만들어내는 매우 중요한 구성요소들이다.

4.3.2 그래핀의 물리학

앞서 언급된 선형적인 결정운동량-에너지분산 관계식을 적절히 기용하기 위해서는 슈뢰딩거 방정식보다 디랙 방정식을 사용하여야 한다. 디렉 방정식은 특수상대론적 운동을 하고 스핀이 1/2인 입자를 기술하는 즉, 그래핀에서 전자 운동은 특수상대성 이론과 양자역학을 동시에 기술하는 방정식의 지배를 받게 된다. 또한 아래의 식에서 볼 수 있듯이 페르미에너지 준위 아래위로 에너지 밴드가 선형적인 분산관계로 완벽하게 연결되어 있어 전자의 유효질량이 0이라는 사실을 도출 할 수 있다. 결국 그래핀에서 낮은 에너지를 가지는 전자의 운동은 질량이 없는 입자가(2+1)차원의 양자전기동 역학의 법칙에 따라 운동하는 것과 동일하며 그 헤밀토니안은 다음과 같다.

$$H = \hbar v_F \begin{pmatrix} 0 & k_x - ik_y \\ k_x + ik_y & 0 \end{pmatrix} = \hbar v_F \vec{\sigma} \cdot \vec{k} \tag{4.15}$$

여기서 $\vec{\sigma} = (\sigma_x, \sigma_y)$는 파울리 행렬이며 결정운동량은 $\vec{k} = (k_x, k_y)$

여기서 vF는 페르미속도이다. 파울리 행렬 σz의 고유상태는 실제로 전자의 스핀에 고유상태가 아니라 그래핀 육각형 살창의 부분살창에 전자가 존재하는 상태를 의미한다. 이를 전자의 스핀과 구별하기 위해 유사스핀(pseudospin)이라고 부른다.(그림 4-24) 이는 후에 언급될 손지기(chirality)와 더불어 그래핀의 물리적 성질에서 매우 중요하다. 이처럼 그래핀에서 전자의 물리학은 전하를 띠고 있다는 점을 제외하고는 뉴트리노의 물리학과 대우 흡사하다.

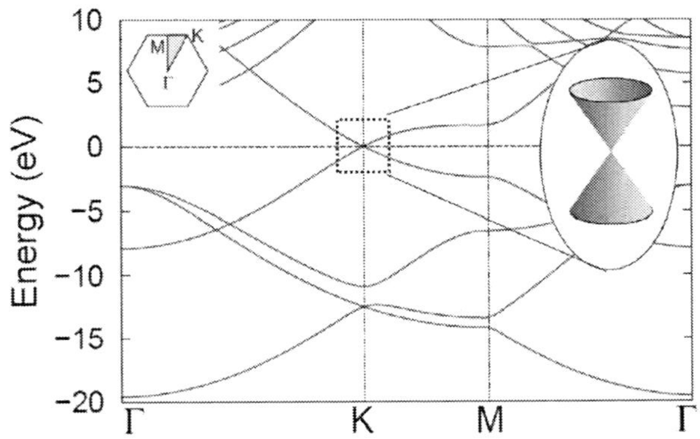

그림 4-24 그래핀의 에너지 띠 그림

왼쪽 상단 그래핀의 브릴루앙 영역의 에너지가 0인 곳이 그래핀의 페르미 준위이며 K점에서 전도띠와 원자가띠가 한점에서 만난다. 이는 낮은 에너지 영역의 에너지 띠를 K점에서 확대해 본 결과 두 개의 고깔이 K점에서 서로 만나는 모양이다.

위에서 언급된 그래핀의 독특한 물리적 성질은 익히 알려져 있었으나 이론적 탐구를 위한 가상물질에 대한 연구로 여겨져 왔다. 그 이유는 2차원에서 결정구조 형성이 어렵다는 이론적 예측과 더불어 흑연의 분리가 거듭 실패함에 따라 불가능하다고 생각 되어져 왔다. 그러나 매우 간단한 방법으로 그래핀을 분리할 수 있게 되며 이 전에 관측할 수 없었던 양자전기동역학의 이론적 예측을 응집물리 실험에서 구현하고 확인할 수 있을 것으로 기대된다.(그래핀에서 발생하는 양자전기동역학계 현상은 이미 실험적으로 확인한 대표적인 예로 들 수 있으며 비정상적인 정수 양자의 홀효과를 들 수 있다.)

그래핀에서 빛의 속도 역할을 하는 페르미속도는 빛의 속도의 약 1/300배이다. 그래핀에서 '미세구조상수'는 실제 자연에서 주어지는 1/137이 아니라 약 2.2가 되며 이는 오래전부터 양자전기동역 학계의 여러 예측을 실험에서 쉽게 확인할 수 있다. 그래핀에서 기대되는 고에너지 물리학의 많은 예측 중 하나로 클레인 모순(Klein paradox)을 들 수 있다. 또한 원자핵의 전하가 약 170이상이 될 경우 예측되는 원자붕괴(atomic collapse) 현상 역시 그래핀에서 쉽게 구현할 수 있을 것으로 예상된다.

이처럼 그래핀의 흥미로운 물리적 성질로 상온-상압의 조건에서 실리콘 기판 위 그래핀의 운반자 이동도가 약15,000cm2V−1s−1에 달하며 기판 위가 아닌 매달려 있는 그래핀의 운반자 이동도는 200,000cm^{2}V−1s−1에 도달한다. 한 가지 흥미로운 사실은 그래핀이 실리콘 기판 위에 있을 때 운반자의 이동도는 예상보다 많이 향상되지 않았다. 이는 실리콘 기판에 있는 전하 및 그래핀 자체의 불균형한 전하 분포의 전자와 불순물 충돌이 원인이라 생각되어져 왔다. 하지만 다른종류의 기판이나 여러 종류의 유전체로 환경을 바꾸어 주어도 운반자 이동도가 크게 바뀌지 않는 것으로 확인되고 있어 아직까지 그 원인을 정확한 원인을 파악할 수 없다. 이는 추후 그래핀의 응용을 위해서도 앞으로 반드시 해결하고 넘어가야 할 중요한 문제이다.

4.3.3 그래핀 물성과 전자구조

그래핀의 높은 전자이동도, 열전도도, 강한 기계적 특성, 유연성, 신축성 등 그래핀의 우수한 성질은 그 내부에 존재하는 전자들의 특이한 성질로 설명할 수 있다. 그래핀을 구성하고 있는 탄소의 최외각 전자 중 3개는 sp2 혼성 오비탈(sp2 hybrid orbitals)을 형성하고 σ 결합인 강한 공유결합을 이루며 남은 하나의 전자는 주변의 다른 탄소와 π 결합을 형성하고 그림4-25과 같이 육각형 모양의 이차원 구조를 이룬다. 그림 4-26과 같이 그래핀은 일반적인 물질과는 상이한 구조로 밴드갭(bandgap)이 없어 전도성을 보이고 있으며 페르미 준위에서 전자의 상태 밀도(DOS)가 "0"인 반금속(semi-metal) 물질이다.

또한 도핑 여하에 따라 쉽게 전하 운반자의 종류를 변화시킬 수 있는 양극성 전도특성(ambipolar conduction)을 보이며 특히 그래핀의 전자구조는 브릴루앙 영역(Brillioun zone)의 각 꼭지점에서 conduction 밴드와 valance 밴드가 만나 페르미 에너지 근처에서 전자의 모멘텀과 에너지는 서로 비례하는 산관계(E∝k)를 가지는 선형적인 에너지-모멘텀 분산관계(linear energy-momentum dispersion)를 보이는데이러한 성질이 그래핀의 전기적, 광학적 특성을 결정하는 중요한 요소들이다.

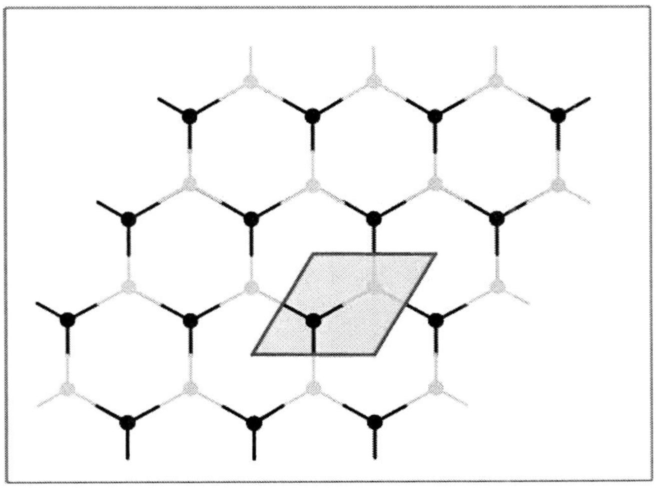

그림 4-25 육각형 격자구조를 가진 그래핀

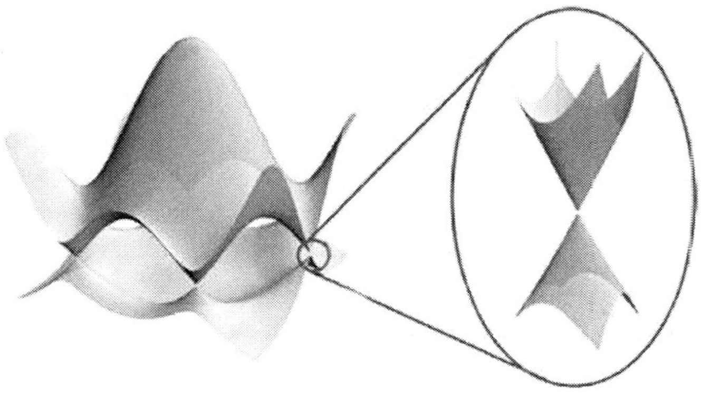

그림 4-26 그래핀의 밴드구조

4.3.4 그래핀 합성법

많은 실험과 연구 결과를 보았을 때 그래핀이 매력적으로 다가갈 수 있었던 이유는 우수한 물성뿐만 아니라 확보가 쉽다는 특성 때문이다. 2004년 연구자들에게 기계적 박리법(mechanical exfoliation)을 통해 처음 알려짐과 동시에 고품질 대면적 그래핀의 성장이 과제로 남았으며 그 결과 기계적 박리법 외에도 화학적 합성법, CVD 성장법, 에피택시(epitaxy) 합성법 등을 이용한 연구로 그래핀에 대한 우수한 결과들이 지속적으로 발표되고 있다.

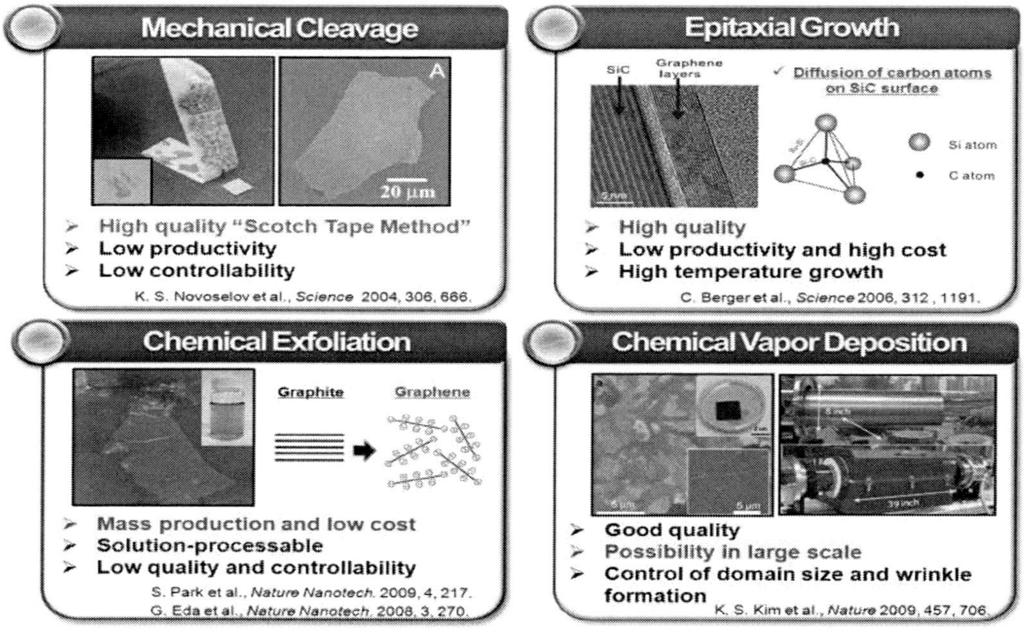

그림 4-27 그래핀 합성방법(자료: Nature, 2009)

(1) 기계적 박리법

그래핀 연구의 시초가 된 스카치테입법은 기계적 박리법이라고도 불리며 매우 간단한 과정을 통해 흑연에서 그래핀을 얻어내는 방법이다. 그래핀을 분리하는 방법으로 흑연 플레이크(graphite flake), SiO_2, 스카치테이프를 준비한다. 준비한 플레이크를 스카치테입에 놓은 후 수 차례 접었다 폈다의 반복과정을 거친다. 이 과정이 끝난 후 테입을 SiO_2 웨이퍼에 올려놓은 후 플레이크 자국을 문질러 준 뒤 테입을 제거하면 그림 4-28에서 보는바와 같이 단층의 그래핀부터 다층의 그래핀이 분리되었음을 광학 현미경을 통해 알 수 있다.

위의 방법이 가능한 이유로는 그래핀의 원자구조에서 알 수 있다. 앞서 언급한 바와 같이 그래핀은 평면상으로는 3개의 탄소(C) 원자들이 강한 공유결합을 형성하고 있는 반면 층간

방향 즉 수직 방향으로는 상대적으로 약한 반데르발스 인력으로 연결이 되어 있어 층간 마찰계수가 낮다. 이것이 기계적으로도 그래핀 분리가 가능한 이유이다. 하지만 기계적 박리법 이용해 제조된 그래핀은 크기와 형태를 제어할 수 없기 때문에 소자로의 응용과 활용에 다소 어려움이 있다.

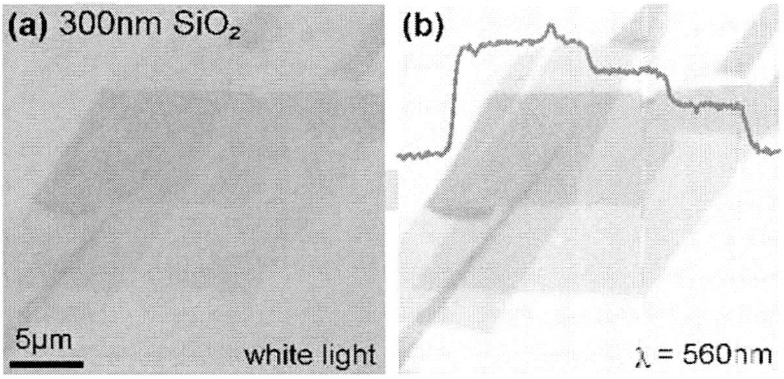

그림 4-28 스카치테입법을 통해 300nm SiO2 기판 위에 전사된 그래핀

(2) 화학적 합성법

화학적 합성법은 그래핀의 대량생산과 대면적 성장이라는 두 가지 조건에 가장 근접해 있는 방법이다. 이 방법은 흑연의 산화-환원을 통한 화학적 합성법으로 흑연을 산화시키는 방법은 19세기 Brodie, Schfhaeutl 연구진을 시작으로, Staudenmaier, Hummers와 Offeman 등 많은 연구진에 의해 다양한 연구가 되어 왔으며, 그 중에서 Hummers가 제안한 방법을 연구자들이 가장 많이 사용하고 있다(그림 4-29). 강산과 산화제를 이용하여 산화시킨 그래파이트 옥사이드(graphite oxide)는 강한 친수성을 나타내어 물분자가 면과 면 사이에 삽입되는 것이 용이하다. 이로 인해 이 과정에서 그래핀 옥사이드 내 면간 간격이 6~12Å으로 늘어나게 되고 장시간의 교반이나 초음파 분쇄기를 이용하면 쉽게 박리되어 진다.

이렇게 얻어진 그래핀 옥사이드(graphene oxide) 시트는 표면에 수산기와 에폭시기가 존재하고 시트 가장자리에는 카르복실기와 결합한 형태로 존재하기 대문에 그래핀 고유의 성질은 대부분 상실되어 있다. 하지만 그래핀 옥사이드를 다시 환원시켜 작용기를 제거해 주게 되면 다시 그래핀과 유사한 특성을 나타내기 때문에 환원 반응을 통해 작용기를 완전히 제거할 수 있는 연구가 꾸준히 진행 중이다.

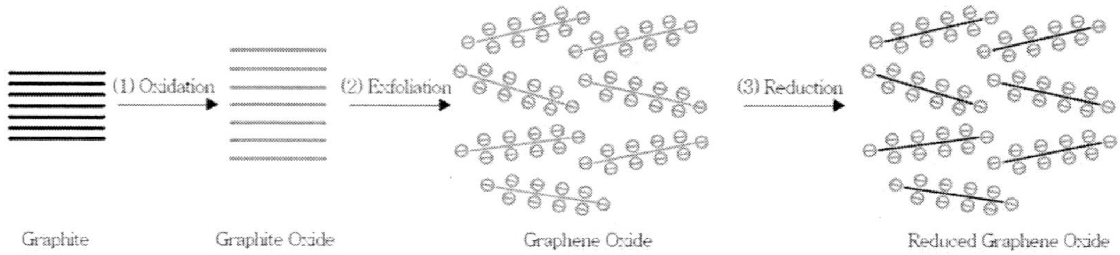

그림 4-29 강산과 산화제를 이용한 그래파이트의 화학적 박리과정

대표적인 환원법으로는 액상 또는 기상의 하이드라진을 산화 그래핀에 노출하는 방법으로서 (그림 4-30) 이 과정에서 대부분 작용기가 제거된다. 그러나 이 방법과 같은 경우 지금까지의 연구결과에 따르면 환원과정시 유독 가스가 발생하여 질소 원자가 그래핀의 표면에 흡착된다는 단점이 존재한다. 다른 방법은 800℃ 이상의 고온 온도에서 환원시키는 방법이 있다. 최근에 알려진 연구결과에 따르면 요오드산과 아세트산을 혼합한 혼합물을 사용하여 불순물은 줄이고 저온에서 유독가스가 발생하지 않고 기상과 액상에서 환원이 가능한 환원법이 알려졌다.

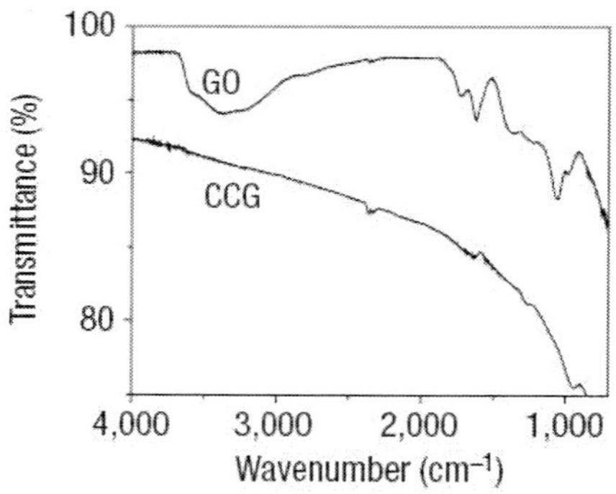

그림 4-30 산화 그래핀(GO)과 환원된 그래핀(CCG)의 FT-IR 스펙트럼

화학적 그래핀 합성법은 그래핀의 물성이 다른 합성 방법에 비해 떨어진다는 단점이 있으나, 기능화에 용이하고 대량생산 및 대면적화가 가능하다. 기판의 종류나 구조에 있어 제약이 없다는 큰 장점을 가지고 있어 이를 활용한 연구가 활발히 진행되고 있다.

(3) CVD 성장법

CVD 성장법은 2009년 그래핀의 대면적성장이라는 연구의 새로운 장을 열었다. 그래핀의 대면적 성장이 가능해지면서 소자응용 연구가 활발히 이루어지게 되었고, 다양한 분야의 연구 참여도 활발히 이루어지기 시작했다.

그림 4-31를 보면 CVD 성장법을 통하여 성장시킨 그래핀과 다양한 기판에서의 전사 과정을 보여준다. 성장법과 기판으로의 전사과정은 다음과 같다. 우선 아이오딘(i), 구리(Cu), 백금(Pt) 등과 같이 탄소를 잘 흡착하는 전이금속을 촉매층으로 준비한다. 다음 1,000℃ 이상의 고온 분위기를 조성하며 이때 분위기 내 상태는 CH_4, H_2, Ar 혼합가스를 주입한다. 고온 분위기에서 만난 혼합가스와 탄소가 촉매층과 반응한 후 급랭과정에서 촉매로부터 탄소가 떨어져 나오게 되고 이 과정에서 표면에 그래핀이 성장하게 된다. 이후 식각용액을 사용하여 촉매층 또는 지지층을 제거해주게 되면 그래핀을 분리되어 이를 기판에 전사할 수 있다. 현재는 PE-CVD, ICV-CVD, LP-CVD 등 무궁무진한 CVD 성장법이 연구되어 고품질의 대면적 그래핀을 저온에서 성장하기 위한 연구가 진행 중이다.

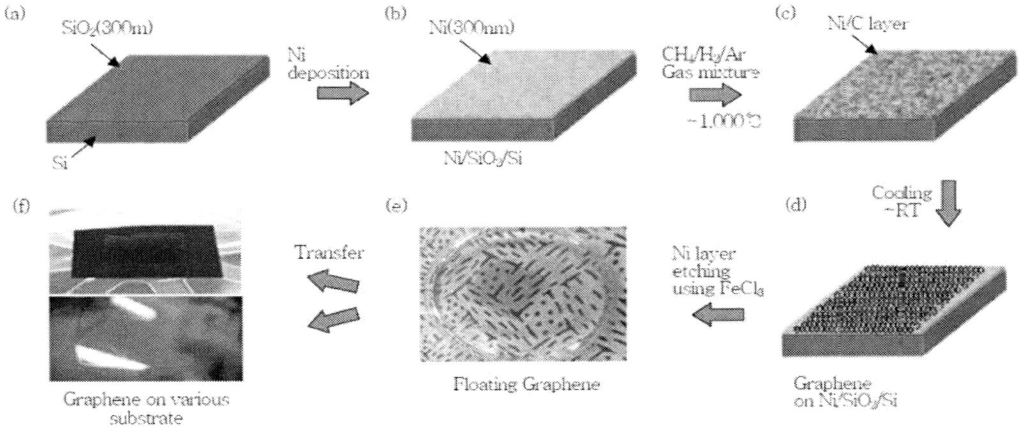

그림 4-31 CVD 성장법을 이용한 그래핀의 성장, 두 가지 방법을 이용한 촉매층의 식각, 그리고 원하는 기판으로의 전사

(4) 에피택시 합성법

합성법의 일부중 하나인 에피택시 합성법은 실리카 카바이드(SiC) 처럼 탄소가 결정에 흡착되거나 포함되어 있는 재료를 약 1,500℃의 분위기에서 열처리(Sintering)과정을 진행하며 고온분위기에서 탄소가 표면을 따라 성장하면서 그래핀층을 형성한다. 그림 4-32은 에피택시 합성법을 이용하여 성장시킨 그래핀의 사진이다. 또한 LEED Pattern을 통해 결정성이 우수한 단층 그래핀이 성장되었음을 확인할 수 있다.

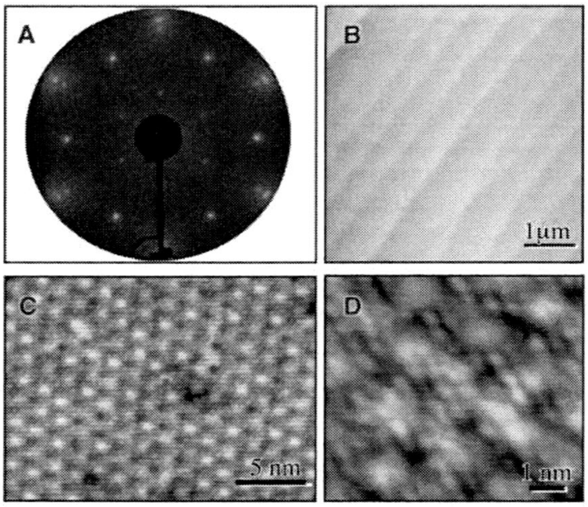

그림 4-32 LEED, AFM, STM을 통해 관찰한 에피택시 그래핀

에피택시 성장법은 절연성 기판 위에 그래핀을 직접 성장시킬수 있다는 장점이 있으나, 위와 같은 방법으로 성장한 그래핀은 잘 알려진 스카치테입법이나 CVD 성장법으로 합성한 그래핀보다 낮은 특성을 나타내며 재료가 비싸고 제작이 어렵다는 단점을 갖추고 있어 이를 보완하기 위한 연구가 지속적으로 수행되고 있다. 위와 같이 소개한 그래핀 성장방법은 소자의 응용에 있어 매우 중요한 부분이다. 따라서 소자로의 응용을 위해서는 다양한 성장메커니즘과 효율적인 그래핀 성장에 관한 연구가 활발히 진행이 되어야 할 것으로 보여진다.

4.8.5 그래핀 응용

그래핀은 자체적으로 열적, 전기적 그리고 기계적인 특성이 우수하여 탄소나노튜브만큼 다양한 분야에서의 응용이 기대하고 있다. 특히, 그래핀이 고유하게 가지고 있는 이차원의 구조는 앞서서 언급한 바와 같이 독특한 물리적인 성질과 더불어 전기-전자적인 응용 측면에서 볼 때 여타의 다른 탄소 동소체들과는 매우 유별난 장점을 가지고 있다. 즉, 그래핀의 이차원 구조로 인하여 인쇄와 식각으로 대표되는 top-down 방식의 일반적 반도체 제조공정을 도입하여 전자회로를 구성하는 것이 가능하다는 장점이 있다. 이러한 반도체와 같은 대규모 응용을 위해서는 보다 대면적의 그래핀을 반도체 기판위에 쌓아내는 것이 다른 무엇보다도 중요하다. 이를 위하여 육방정 탄화규소(hexagonal silicon carbide)를 약 1300도 가량으로 정도로 가열을하여 표면에 그래핀을 성장시키는 방법이 개발되어 왔다.

이렇게 성장시킨 그래핀을 켜쌓기 그래핀(epitaxial graphene)으로 부른다. 최근에 여러가지 실험을 진행한 결과 켜쌓기 그래핀은 보통의 여타 그래핀과 매우 다른 성질이 보인다는 사실이 밝혀지게 되었다. 예를 들자면, 각분해 광전자 분광법을 이용해 켜쌓기 그래핀의 에너지띠를 관찰한 결과, 관찰 실험들에서 에너지의 틈이 발견되어 큰 관심이 불러 일으켜졌고 많은 이론들과 실험 연구들이 이러한 현상을 규명하기 위해 노력하고 있다.

대면적의 그래핀을 만들기 위한 여타의 다양한 노력들, 예를 들어서 촉매 금속을 활용한 성장법과 함께 최근에는 화학적인 합성법을 통한 연구법들이 많은 주목을 받고 있다. 아직까지는 원하는 수준의 순도를 가진 대면적의 그래핀이 생산되지는 못했지만, 지금까지의 연구개발, 발전 속도를 고려한다면, 고순도의 대면적 그래핀도 반도체 위에서 제작이 가능할 것이라는 낙관적인 전망도 기대할 수 있다.

그래핀을 이용한 나노미터 사이즈의 회로를 제작할 경우 그래핀의 성질이 급격하게 변화할 것으로 예측이된다. 탄소나노튜브를 축 방향으로 펼친 것과 같이 일차원 나노선을 그래핀으로도 제작이 가능하게 된다면, 그 응용성 또한 탄소나노튜브와 같이 매우 클 것으로 기대된다. 위와 같이 그래핀으로 만든 나노선을 통상 그래핀 나노리본이라고 일컫는다(그림 4-33 참고).

그래핀 나노리본을 전자회로상에 응용을 하려면, 나노리본이 가지는 물리적인 성질을 이해하는 것이 매우 중요하다. 그래핀만의 독특한 전자구조 덕분에 탄소나노튜브는 같은 지름을 가지더라도 그래핀을 말아서 나노튜브로 제작하는 방법에 따라서 금속질 혹은 반도체가 될 가능성이 존재한다. 물리적으로는 무척 흥미로운 사실이지만, 이러한 불균질한 전기적인 성질은 막상 탄소나노튜브의 응용과정에 매우 큰 걸림돌이 되어 왔다. 하지만, 그래핀 나노리본이 만들어 지게 된다면 그 제작 방법에 상관없이 모두다 반도체가 될 것이라는 예측이 제기되었고, 또한 최근 실험에서 부분적으로 나노리본의 예측이 확인되었다. 이러한 기초적 이론-실험 연구들은 이후에 그래핀 나노리본을 전자회로에 응용하는 과정에서 중요한 정보 기반으로 작용할 것으로 기대된다.

또한, 전자를 이용한 응용법외에도, 그래핀을 특수한 방향으로 절단하는 과정을 통해 그래핀 나노리본을 만들게 된다면 스핀을 이용한 정보처리에도 응용할 수 있을 것이라는 이론적 예측도 존재한다. 하지만 현재의 기술이 그래핀 나노리본의 모서리를 원자 단위까지 제대로 제어할 수 없기 때문에 아직까지 실험적인 확인이 불가능한 상태이다. 이와 같이, 그래핀의 모서리의 형태에 따라 발생이 되는 흥미로운 물리적 변화에 관하여 많은 이론적 연구가 있다. 그중에서 특히 자기적 성질에 관하여 많은 흥미로운 예측이 있으며 이를 확인하기 위해서, 그리고 예측이 가능함과 동시에 균일한 전기적인 성질을 가진 그래핀 나노리본을 제작하기 위해 그래핀의 모서리를 절단하기 위한 원자의 구조를 조작할 수 있어야 하며 원자구조의 조작 여부는 향후 많은 실험적 연구가 필요할 것이다.

그림 4-33 그래핀 나노리본으로 만들어진 전자회로의 상상도

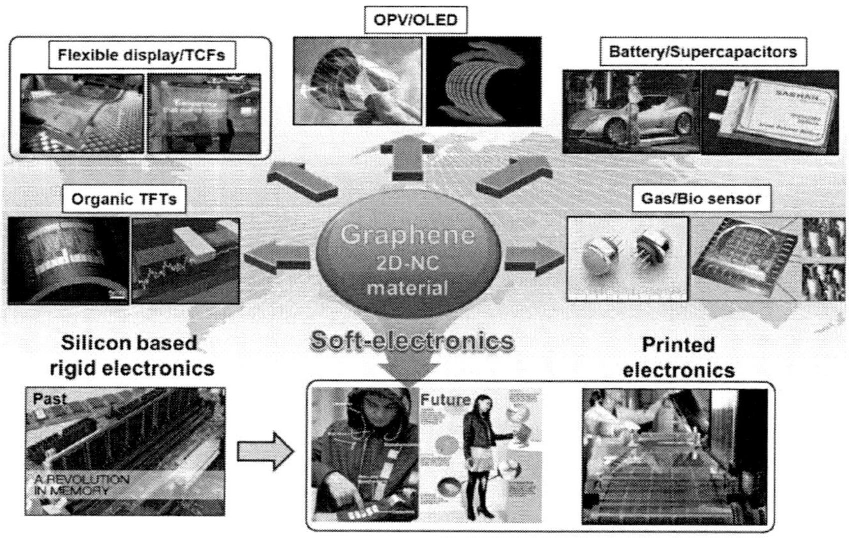

그림 4-34 그래핀 응용기술 및 차세대 소프트 일렉트로닉스 기술

(1) 그래핀 소자

이론적인 내용으로 알려진 그래핀이 가지는 여러가지 특성들이 실제화 됨에 따라서 많은 과학들이 이를 활용하기 위한 소자연구가 활발히 진행 중이며 이미 성과가 도출되어 상용화에 근접한 결과 값들도 계속하여 쏟아져 나오는 실정이다. 그래핀의 특징과 이에 따른 소자로서의 응용방안에 대해 알아보고자 한다.

그래핀이 갖는 높은 전자이동 특성은 많은 연구자들로 하여금 소자로의 응용방안을 찾기 위한 자극제로도 상당부분 작용하였다. 더군다나 그림 4-35과 같이 2005년도에 발표된 그래핀에서 나타난 전개효과 특성은 그래핀소재 트랜지스터 연구가 가속화되는 효과를 불러 일으켰다.

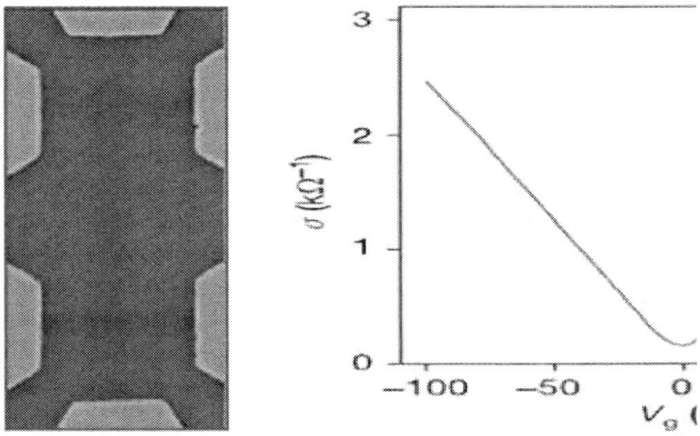

그림 4-35 그래핀에서의 전계효과 특성

하지만 그래핀이 갖는 zero-bandgap이라는 특성으로 인하여 트랜지스터 제작 시에는 적은 on-off ratio를 가진다는 문제점과 소자의 크기가 줄어들면 줄어드는 만큼 잡음이 커지는 현상으로 인하여 실제 제작과정에서는 문제가 되었다. 이와 같은 심각한 문제들을 해결하기 위해여 많은 연구자들이 나노리본과 이중층 그래핀과 그래핀의 nanomesh 구조 등과 같은 연구를 진행하여 많은 성과를 이루어냈고, 최근에는 고성능 플렉시블 트랜지스터에 관한 연구가 진행되어 성과가 발표되었다.

그림 4-36은 최근에 IBM 그룹에서 DLC 웨이퍼 상에 CVD로 성장시킨 그래핀을 이용하여 생산한 RF 트랜지스터이다. 이 연구를 통해 발표된 그래핀 RF 트랜지스터는 현재까지 그래핀 트랜지스터 분야에서 40nm라는 가장 짧은 게이트 길이, 그리고 155GHz의 cut-off 주파수와 극저온에서도 동작이 가능하다는 놀라운 성과를 보여주었다. 이와 같은 결과는 그래핀이 가지는 전계효과의 특성이 알려진 지 약 6년 이 지난 후에 나타난 결과로서 그래핀에 비하여 연구기간이 상대적으로 보다 긴 또 다른 탄소동소체에 해당하는 탄소나노튜브나 기존의 전통적인 반도체를 활용한 트랜지스터와 견주어 보아도 월등히 우수하다는 점을 알 수 있으며, 앞으로의 발전 가능성 또한 전망할 수 있다.

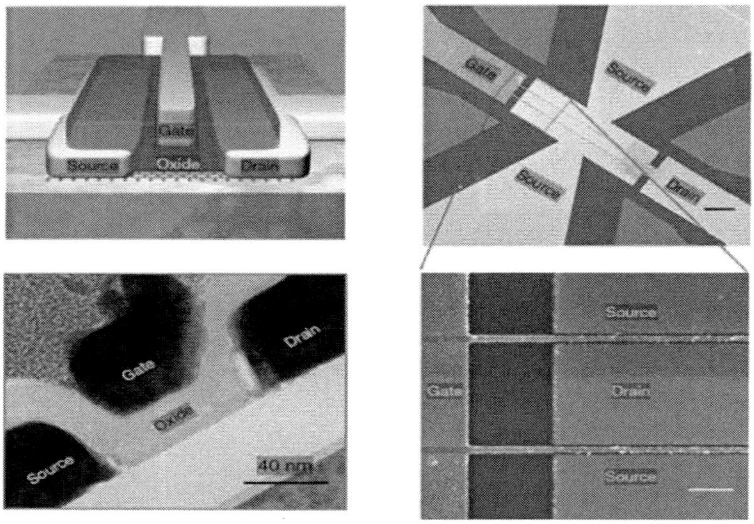

그림 4-36 DLC 기판 위의 초고속 그래핀 트랜지스터의 모식도와 SEM과 TEM 이미지

(2) 그래핀 기반 플렉시블 메모리 소자

실리콘 기반의 메모리가 가지는 한계를 극복하기 위해서 차세대 비휘발성 메모리와 연성 메모리 소자에 관한 연구가 활발하게 진행되고 있다. 하지만 차세대 비휘발성 메모리는 데이터를 읽고 쓰는 처리 속도가 실리콘에 비하여 비교적 늦고, 연성 기판에 소자를 구현한 경우에 전극과의 접합에 대한 문제가 생기며 물질 자체에서 나타나는 물성 변화로 인한 저항성과 그리고 휘어졌을 때 금속의 전극이 파괴되어 버리는 문제를 지니고 있다. 이러한 차세대 메모리들이 가지고 있는 문제점들을 해결하기 위한 방안으로 그래핀 기반의 메모리 소자에 대한 연구가 활볼히 진행되고 있으며, 최근 두 가지의 문제점을 개선한 그래핀 기반의 플렉시블 비휘발성 메모리에 관한 연구결과가 발표되었다.

메모리소자의 구현은 가장 보편적인 구조라고 볼 수 있는 금속-절연체-금속 적층구조, Al/GO/Al로 PES 플렉시블 기판상에 제작하였다. 소자의 활성층인 산화 그래핀 필름은 Hummers가 제시한 화학적인 방법을 통하여 보다 안정적인 수용성 산화 그래핀 용액을 제작하여 spin-coating 방법을 거쳐 형성하였으며, 전극과 전극 사이에 수~수십nm 두께로 균일한 박막이 형성되었다.

그림 4-37을 통해 알 있듯이, 전류-전압의 특성을 측정한 결과, 이극성의 저항 메모리에서의 특성을 보였으며, Ion/Ioff ratio는 약 103회, on/off 지속 실험은 약 105초, on/off 반복 실험은 100회 이상으로 매우 안정적인 실험 결과가 나타났다. 또한, 금속 전극을 사용함에도 불구하고 103회 이상 반복하여 굽힘에도 메모리의 특성을 잃지 않았으며, 굽혀짐의

정도가 약 7mm가 될 때까지도 메모리의 특성을 유지하였다. 이 결과를 통해서 알 수 있듯이 전기적인 특성과 안정성이 우수한 편으로 평가되며 앞으로도 구조적, 물성적인 개선이 이루어진다면 그래핀기반의 메모리 소자의 출현도 기대할 수 있다.

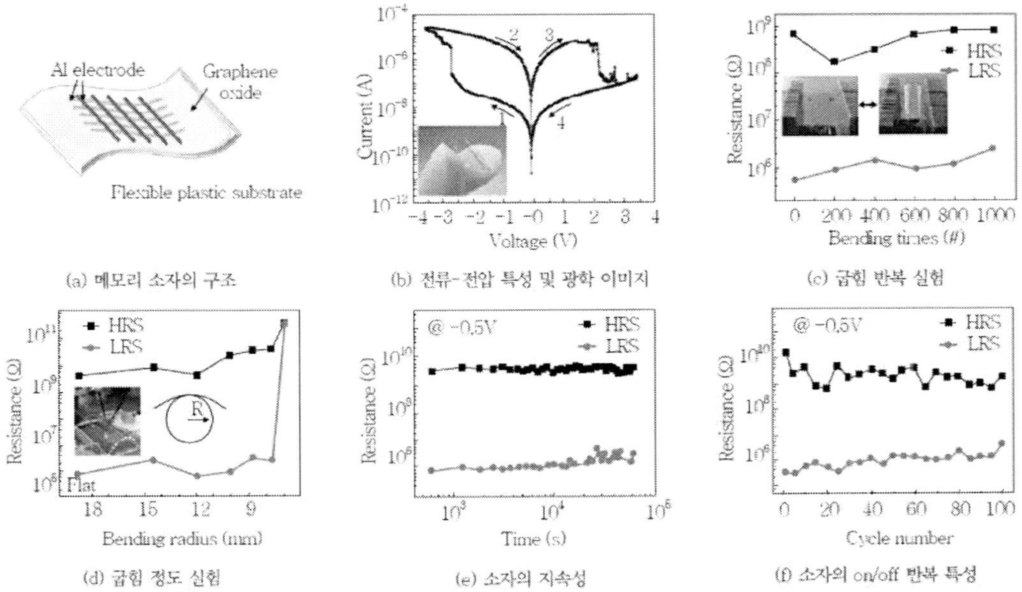

(a) 메모리 소자의 구조 (b) 전류-전압 특성 및 광학 이미지 (c) 굽힘 반복 실험

(d) 굽힘 정도 실험 (e) 소자의 지속성 (f) 소자의 on/off 반복 특성

그림 4-37 플렉시블 메모리 소자구조 및 전기적 특성

(3) 그래핀 생체모방 소자

전기적인 특성을 물리적인 에너지로의 전환이 가능케 하는 마이크로 액추에이터는 생체모방 응용소자 분야에서 보았을 때 매우 매력적이다. 생체모방 응용소자로의 사용을 위해서는 빠른 응답특성과 변위, 그리고 조절이 가능하도록 실제 근육의 동작을 재현해내는 것이 가장 중요하다. 이와 같은 동작의 특성을 구현해 내기 위해서는 무기물질과 압전세라믹, 폴리머를 활용한 마이크로 액추에이터를 제작해 내었으나 구동이 가능한 온도와 전압의 제한과 느린 응답속도, 짧은 지속성 등 까다로운 제작 방법이 문제가 되었다.

그림 4-38은 최근에 발표된 그래핀을 활용하여 만든 바이몰프 마이크로 액추에이터(bimorph microactuator)이다. 그래핀이 가지는 전기적, 기계적, 열적 특성 등을 이용하여 제작한 마이크로 액추에이터는 저전력 상태에서도 큰 변위와 빠른 응답속도를 자랑하며 온도의 증가에 따라서 변위 또한 상승하는 우수한 특성을 보유하고 있다. 또한 제작방법도 간단하기 때문에 실제 생체모방분야 응용소자로서의 실현 가능성을 보여주는 성과라 할 수 있다.

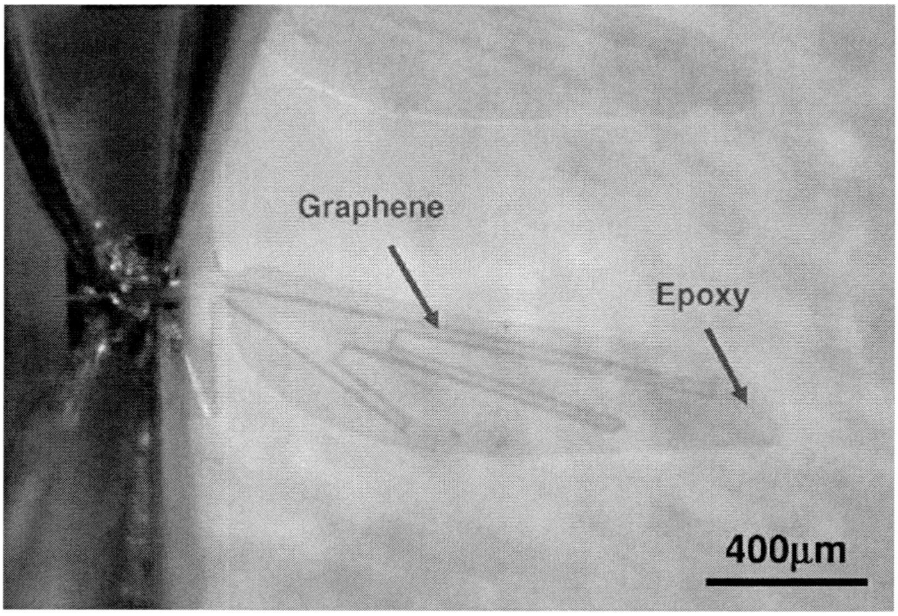

그림 4-38 그래핀을 이용해 만든 잠자리 날개 모양의 바이몰프 마이크로 액추에이터

(4) 광 검출기

그래핀은 한 개의 층이 약 2.3% 정도의 빛 흡수율을 가지고 있으며, 가시광선 대역인 입사 빛이 약 0.1% 이하를 반사하면서 UV 대역부터 테라헤르츠 대역까지 흡수하는 특성을 가진다. 이와 같이 그래핀의 특성을 통한 광 검출기는 기존에 개발된 광 검출기와 비교할 경우, 상대적으로 넓은 파장대역에서도 동작이 가능하며 응답속도가 기존제품에 비해 매우 빨라서 초고속광 검출기의 구현이 가능케 한다.

그림 4-39은 최근에 IBM에서 개발한 광 검출기에 대한 연구 결과로서, 0.514, 0.633, 1.55 및 2.4μm의 파장에서 광 응답에 대하여 보고하고 있으며, 1.55μm 파장에서는 최대 외부 광 응답이 6.1mA W-1의 결과가 도출되었음을 보여주고 있다. 이러한 결과 값은 기존의 광 검출기에 비해 낮지만 이 연구는 단층 그래핀을 이용하여 보다 짧은 광 캐리어의 수명과 작은 유효 광 검출 영역으로 인하여 광 흡수가 지극히 제한된 것으로 보고 있으며, 앞으로의 발전 가능성에 대한 연구가 이어지고 있다.

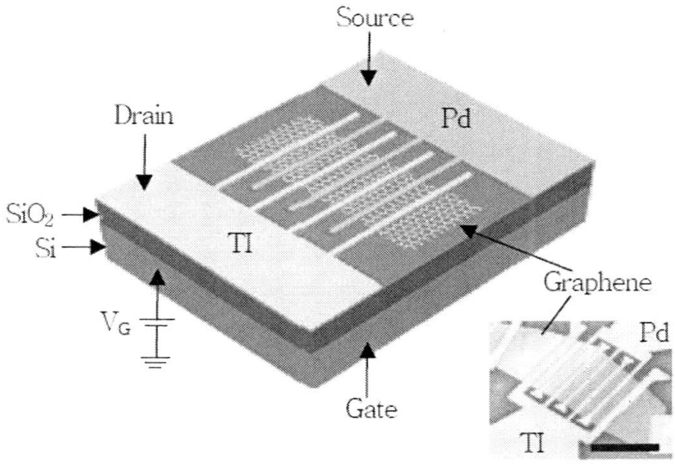

그림 4-39 금속-그래핀-금속 구조의 광 검출기

(5) 광 메타물질

메타물질은 금속이나 유전체 혹은 반도체와 같은 물질을 사용하여 만들어지며, 대단히 작은규모로 반복적인 패턴으로 배치되어 집단적인 특성이 변화된다. 그러므로 보통의 물질들로서는 달성할 수 없는 방식으로 빛을 다루게 되며, 그 대표적인 특성으로 음의 굴절률을 들 수 이다. 음 굴절률 메타물질을 이용하게 될 경우 기존의 광학렌즈가 회절한계로 인하여 반파장보다 적은 분해능을 갖지 못한다는 한계를 극복할 수 있다.

최근 CVD로 성장시킨 그래핀을 메타물질의 표면에 전사한 후에 그 특성을 측정한 결과가 발표를 그림 4-40에 나타내었다. 그림 4-40은 메타물질 구조 위에서 한 층의 그래핀이 전사되어 있는 구조로 이루어져 있다. 이 실험을 통해서 메타물질의 광 투과 특성이 250% 이상 향상이 되어 극미량의 분자 농도도 측정이 가능하며 광 센서에 적용하여 사용될 수 있을 것으로 본다.

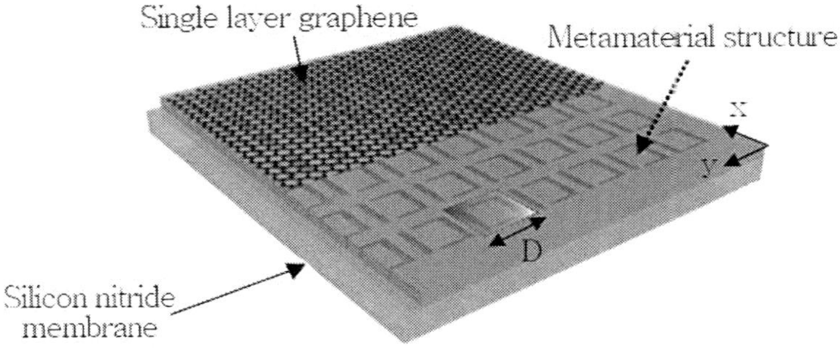

그림 4-40 상보적인 Split-ring 메타물질 구조에 그래핀을 전사한 모식도

(6) 투명전극

최근 급격하게 늘어난 평판 디스플레이에 대한 수요로 세계의 투명전극 시장은 향후 10년 안에 무려 20조원대로 성장할 수 있을 것으로 예상이 된다. 디스플레이 산업이 발전된 우리나라의 특성상 매 해마다 국내의 수요도 수천억 원에 이를 것으로 보이지만 원천기술이 부족하여 대부분을 수입에 의존하고 있다. 대표적인 투명전극 중 하나인 ITO(Indium Tin Oxide)는 디스플레이와 터치스크린, 태양전지 등에 의하여 광범위하게 응용 연구가 되고 있지만 최근엔 인듐의 고갈로 인하여 단가가 급격히 상승하면서 이를 대체할 물질의 개발이 시급하게 요구되어 왔다. 또한 깨지기 쉬운 특성을 가진 ITO으로 인하여 접거나 휘거나 늘릴 수 없기 때문에 차세대 전자제품을 위한 응용에 제약을 받아왔다.

이에 반하여 그래핀은 보다 뛰어난 신축성과 유연성, 투명도를 가짐과 동시에 상대적으로 간단한 방법을 통해 합성과 패터닝이 가능하다는 장점이 있다. 오늘날 각광받고 있는 OLED와 유기태양전지 경우에는 기존 무기물 기반의 전극을 쓰게 될 경우 접촉부위의 일함수에서 나타나는 차이로 인하여 전극 특성이 저하되게 되는데, 그래핀의 경우 유기물질들과의 일함수 차이가 적은 편이기 때문에 이러한 문제들을 쉽게 해결이 가능하다는 장점이 있다. 이러한 그래핀 투명전극은 향후에 대량 생산기술이 확립되어 생산이 이루어질 경우 수입대체 효과뿐만 아니라 차세대 플렉시블 전자산업 기술의 전반에 혁신적인 영향력을 미칠 것으로 예상된다.

위와 같이 다양한 분야에 그래핀 소재가 응용소자로서 활용하는 결과물들이 끊임없이 도출되고 있으며 에너지와 환경, 바이오, 헬스케어와 같은 다양한 분야에서도 연구가 이루어지고 있기 때문에 앞으로의 그래핀 응용소자로의 발전에 대한 귀추가 주목고 있다.

제 5 장 나노탄소산업의 현황과 전망

5.1 탄소섬유

5.1.1 탄소섬유의 개발 역사

오늘날 탄소섬유는 탄소섬유가 가지는 경량성과 초고온에도 견디는 고강도성을 통해 우주, 항공분야에 주로 사용되는 신소재로 각광을 받고 있다. 탄소섬유는 Rayon계, Pitch계, Pan계와 같이 석유나 석탄을 원료로 사용하기 때문에 연구의 역사가 비교적 짧은 편으로 볼 수 있다.

최초의 탄소섬유는 1879년 Thomas Edison이 백열전구용으로 만든 탄소섬유 Filament로 본다. 목면과 대나무의 탄소화를 통해 만든 필라멘트도 탄소섬유로 볼 수 있다. 이후 1959년 미국의 Union Carbide社는 우주개발시대가 시작됨에 따라 대기권을 돌파하기 위한 내열성이 요구되는 소재가 필요하게 되었으며 Rayon계 탄소섬유를 개발하여 생산하게 되었다. 같은해 일본의 Shindo박사는 PAN계 탄소섬유를 발견하여 특허를 출원하였다. 1969년 일본 Carbon, 영국 Courtles社 PAN계 고성능 탄소섬유의 소량생산 개시하였으며, 다음해인 1970년 Kureha, Pitch계 고성능 탄소섬유의 본격적 생산개시하였다. 이후 미국과 일본의 주도로 PAN계와 Pitch계의 탄소섬유 개발과 생산이 이루어 졌으며 1986년 일본 Toray社 초고강도 탄소섬유 T-1000개발하였다.

국내에서는 1988년 태광산업이 프리커스와 탄화섬유를 개발하여 2001년까지 생산을 시작하였으며 2007년 전주기계탄소기술원에서 효성과 공동연구를 시작으로 본격적으로 탄소섬유 생산이 시작 되었다. 그 외에 웅진케미칼과 도레이 첨단소재도 국내에서 탄소섬유를 생산중에 있다.

5.1.2 탄소섬유의 시장 전망

시장조사업체인 Zion Research Analysis에 따르면 세계 탄소섬유 시장의 금액 규모는 2015년 1.9 Bil.$(2조1300억원)에서 연평균 성장률 10%로 성장하여 2025년 6.36 Bil.$(7조원)에 이를 것으로 전망하고 있다. 수요시장별 조사의 경우 2016년 기준으로 세계 탄소섬유의 응용분야별 수요시장은 자동차가 18.8%로 가장 많이 차지있다. 그 뒤로 풍력(에너지) 17.7%, 우주항공 14.3%, 스포츠/레저 11.1%를 차지하고 있으며 최근 조사인 2020년 조사자료에도 자동차(21.7%), 풍력(17.7), 우주항공(14.6%)가 최대 수요처이며, 압력용기(9.9%)의 수요가 4위로 상승할 것으로 전망된다.

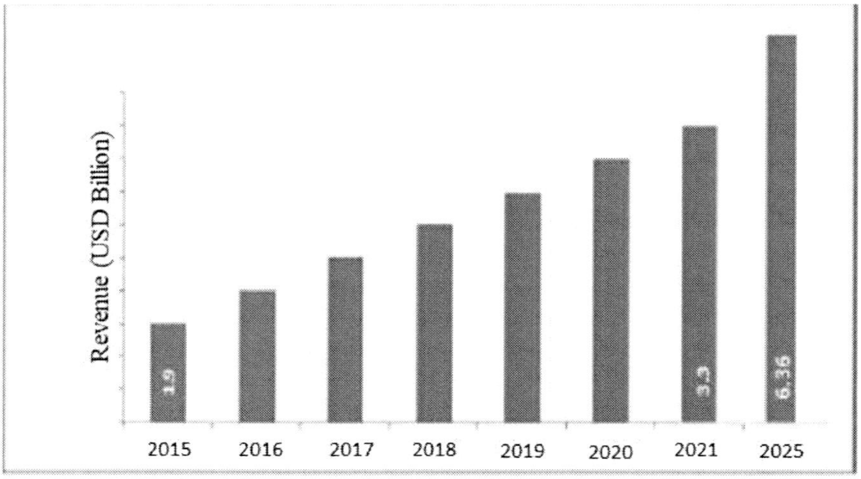

그림 5-1 탄소섬유 시장전망(Zion Research Analysis, 2016)

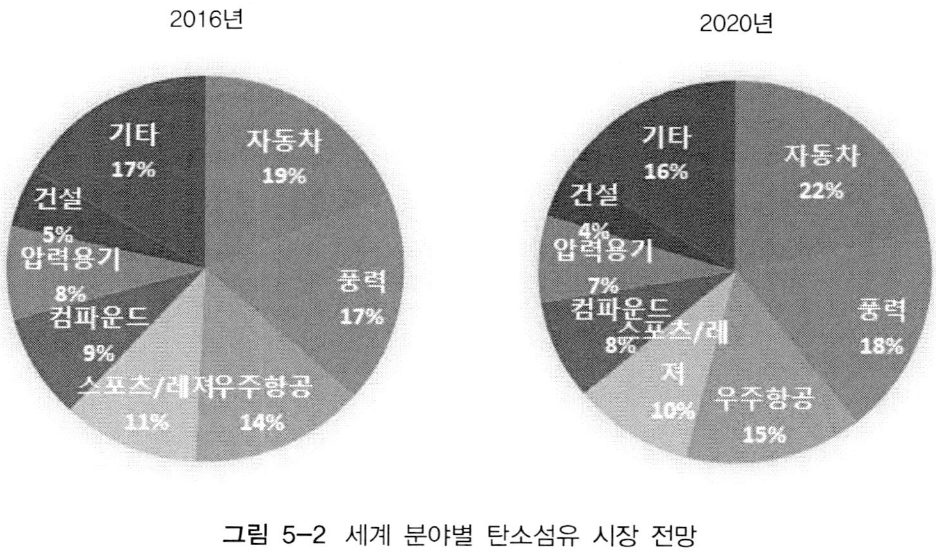

그림 5-2 세계 분야별 탄소섬유 시장 전망

세계 분야별 탄소섬유의 시장전망을 살펴보면 자동차가 22%로 높은 비중을 차지하는 것을 알 수 있다. 이처럼 자동차가 높은 비중을 차지하는 이유는 국가별 자동차의 배출가스 규제에 따른 영향으로 볼 수 있다. 국가별 규제 현황을 살펴보면, 2015년 대비 2025년까지 미국은 현재보다 61% 이상 개선하여 리터당 23.2km를 요구하고 있으며, 중국은 보다 강화된 25km의 연비를 요구하고 있다. 중형차(1,375kg 기준)를 대상으로 탄소섬유를 적용할 경우, 차체와 전장부품의 20% 수준까지 대체가능하며, 중량은 기존대비 30% 절감이 예상되면서 자동차에 대한 탄소섬유 적용이 더욱 가속화될 전망이다.

시장 연구기관 Bloomberg New Energy Finance(BNEF, 2018)에 따르면, 전기차세계 순수 및 플러그인 하이브리드 자동차는 2017년 110만대가 판매되었으며, 2025년에는 1,100만대로 증가한 후, 2030년에는 3,000만대, 2040년에는 신차 판매의 55% 수준인 6,000만대로 연평균 18%의 고속성장이 예상하고 있다.

이러한 시대적 흐름에 발맞추어 주요 완성차 업체들인 BMW, Benz, Volkswagen, General Motors, Ford, Toyota, Tesla 등 대표적인 자동차 회사들은 아직 양산 형으로 적용하고 있지는 않지만, 다양한 모델의 일부 부품들에 시범적으로 채용하고 있으며, 탄소섬유 업체와의 전략적 개발을 추진하면서 탄소섬유 복합소재의 자동차 적용 가능성을 확인하고 있다. 현재 자동차용 탄소섬유의 경우 SGL, Toray, Teijin, Cytec 등의 독일, 일본, 미국 기업들이 시장을 선도하고 있다.

탄소섬유 복합소재(CFRP)는 2016년 중량기준으로 가장 큰 수요처는 우주항공분야이며 30%(37,900톤)을 차지하고 있다. 그 외에 자동차분야에서는 22%(27,880톤), 풍력발전용 13%(16,330톤), 스포츠&레저 12%(14,9700톤), 건설 5%(6,000톤)을 차지하고 있다.

2016년 금액기준으로 시장규모는 19.3 Bil.$(21조6000억원)이며, 분야별로 우주항공 60%(11.66 Bil.$)이 가장 큰 비중을 차지하고 있으며, 자동차 13%(2.42Bil.$), 풍력 8%(1.59Bil.$),스포츠&레저 7%(1.36 Bil.$), 건설 2%(0.44Bil.$)를 차지한다. 탄소섬유 복합소재는 우주항공 분야에서 부가가치가 가장 높으며, 그 뒤를 이어 자동차 분야도 높게 형성되어 있는 상황이다.

2015년 11.6 Bil.$(13조원) 시장 규모에서 14.1%의 성장으로 2016년에는 13.23 Bil.$(14조8000억원)까지 성장하였다.(Carbon Composites). 시장조사업체인 MarketandMarket(2017)에 따르면 2017~2022년까지 10.50%의 연평균 성장으로 2022년에는 37.1 Bil.$(41조6000억원)에 이를 것으로 전망된다.

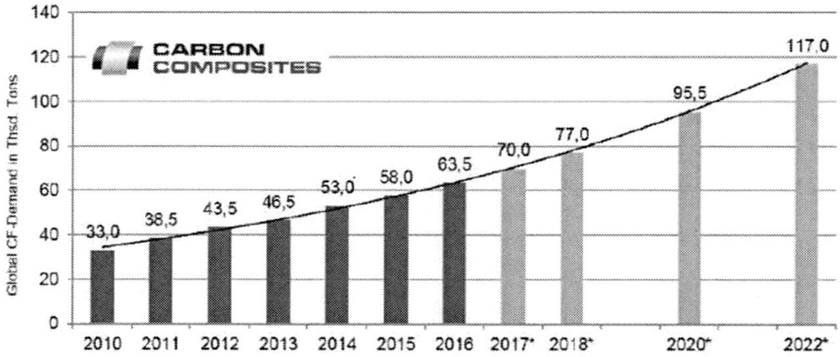

(출처 : Carbon Composites Market Report 2017, e.V. report, Carbon Composites 2017)

그림 5-3 세계 탄소섬유 강화플라스틱(CFRP) 시장 전망

탄소섬유는 원료물질에 따라서도 분류할 수 있다. 제작하는 원료에 따라 Rayon계, Pitch계, PAN계로 분류할 수 있으며, 그중에서 89%는 PAN계 탄소섬유가 대부분을 차지하고 있으며 24년에는 91%까지 시장점유율을 차지할 것으로 보고 있다. Ptich계 탄소섬유는 8%까지 시장점유율이 감소할 것으로 보인다. PAN계의 탄소섬유가 주가되어 시장을 점유하고 있으며 앞으로도 확고하게 점유율을 유지할 것으로 보인다.

2017년 기준 국내에서 탄소섬유는 5,665톤이 생산되었으며 2,742톤이 수입되고 4,952톤이 수출되었으며 국내의 수요량은 3,460톤에 이르고 있다. 국내의 수요량 중 대부분인 55%가 스포츠/레저용으로 사용하였으며 나머지 45%는 압력용기와 로봇팔 건축보강재 등의 산업 및 건축용으로 사용되고 있다.

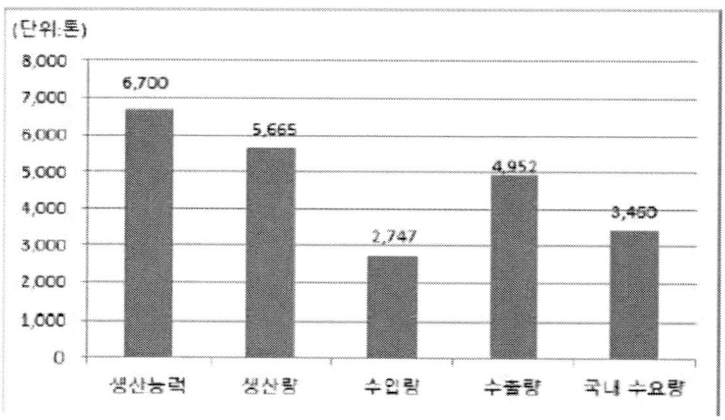

*국내 수요량 = 생산량 + 수입량 - 수출량

(출처 : 관세청 수출입통계, 산업계 자료)

그림 5-4 국내 탄소섬유산업 현황

5.2 탄소나노튜브

5.2.1 탄소나노튜브의 사업 현황

탄소나노튜브는 구조의 비등방성이 크며(직경: 수십~수백 nm, 길이: 수십~수백 μm), 단일벽, 다중벽, 다발 등의 다양한 구조가 있다. 또한 감긴 형태에 따라 도체, 반도체의 성질을 띠며 직경에 따라 에너지갭이 달라지고, 준일차원적 구조를 가지고 있어 특이한 양자효과를 나타낸다. 탄소나노튜브의 특이한 구조 및 물성이 보여준 다기능성은 정보통신기기의 필수인 평면표시소자, 고집적 메모리소자, 2차 전지 및 초고용량 캐패시터, 수소저장 물질, 화학 센서, 고강도/초경량 복합재료, 정전기 제거 복합재료, 전자파차폐 물질 등에 응용성이 뛰어나며 기존의 소자가 갖는 한계를 넘어설 가능성을 갖고 있다. 그리고 나노기술분야 중 새로운 물질의 구현과 산업적 응용성에 있어 가장 크게 각광을 받고 있는 분야가 탄소나노튜브 분야이다.

현재 전 세계적으로 탄소나노튜브의 생산능력은 연간 최소 2,000 톤 이상인 것으로 파악되며, 대표적인 MWCNT 제조업체는 Bayer(독일), Nanocyl(벨기에), Arkema(프랑스), Showa Denko(일본) 등이며, 현재 가장 활발하게 진행중인 상용화분야는 고 기능성 복합소재 제조이다. 우리나라에서는 한화나노텍과 제일모직, LG화학과 효성에서 타노나노튜브를 생산하고 있으며 주로 벌크형 복합소재와 박막형 복합소재를 생산종에 있다.

응용분야	세계시장 규모(*억)	국내매출 (억)	주요업체	
			해외	국내
벌크형복합소재	30,000	350	GSI Creos/Hodogaya/GE Plastic	LG화학/제일모직/효성/나노미래/신일화학등
박막형 복합소재	2,700	70	Unidyme/Eikos	한화케미컬/상보/탑나노시스
방열소재	7,000	45		엑사이엔시
CNT소재	2,400	35	Nanocyl	한화나노텍
계	39,700	465		

그림 5-5 탄소나노튜브의 응용분야별 사업화 현황

5.2.2 탄소나노튜브의 시장 동향

탄소나노튜브의 시장분석과정에서 눈여겨 봐야할 점은 생산규모와 품질에 따라서 가격의 변동폭이 크다는 점이다. 그림 3-16를 탄소나노튜브는 quality와 purity, alignment에 따라서 가격의 폭이 크다는 것을 알 수 있다. 높은 퀄리티의 탄소나노튜브는 트렌지스터와 같은 고부가가치 산업에 사용되며 저가의 탄소나노튜브는 배터리와 복합재용으로 사용되고 있다. 탄소나노튜브의 시장가격은 \$100~120/kg을 유지하고 있으며, 그림의 각 응용분야에 따른 요구 가격의 한계인 \$50/kg 수준을기점으로 ESD/EMI용 복합소재, 2차 전지, 나노복합섬유 분야 등에서 시장이 활성화될 것으로 전망된다.

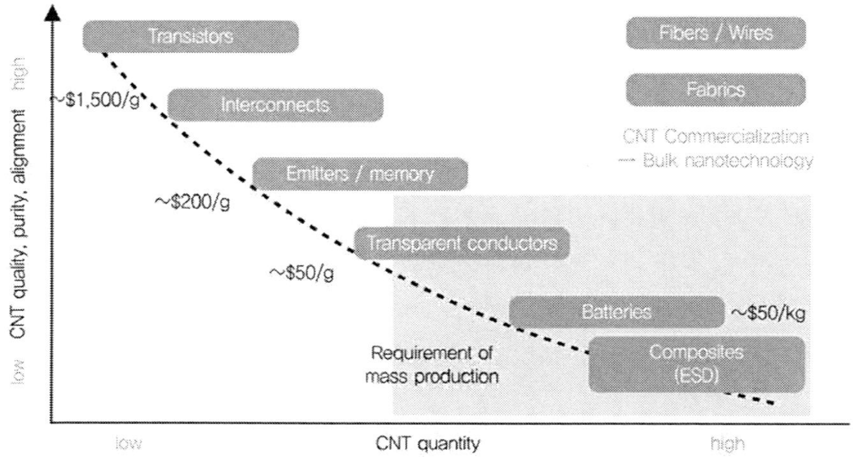

그림 5-6 기능성 탄소나노복합체의 개발현황

탄소나노튜브 복합체시장은 2013년 약 3,800톤, 2020년에는 약 9,500톤의 생산이 예상되며 응용분야로는 대전 방지, 정전기 분산 등의 전기 전도성 복합체 시장이 가장 활성화 되어 있다. 향후 리튬이온전지의 첨가제 로의 사용이 증가할 계획이며, 콘크리트의 강화용 및 방열용으로 탄소나노튜브 복합소재가 시장을 형성할 것으로 예상된다.

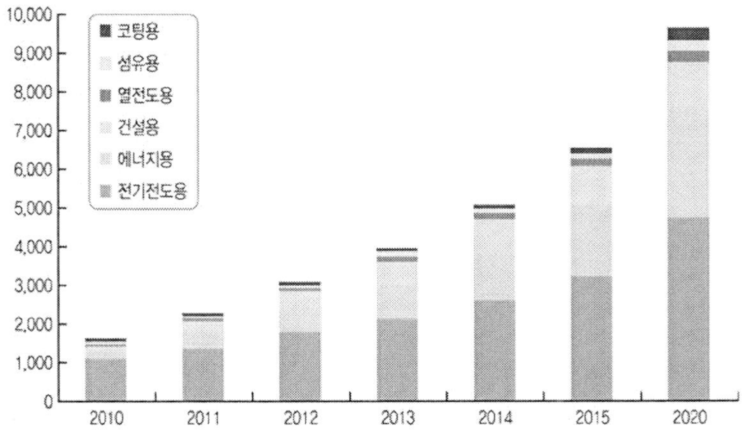

출처 : Frost & Sullivan Research, Nanopots, BCC Reseach, Fuji Chimera Research Institute

그림 5-7 탄소나노복합체의 용도별 예상 생산량

세계 전자파 차폐 시장은 2012년 약 51억 달러에서 2018년 약 60억 달러로 연평균 복합성장률(CAGR) 2.9%로 성장할 전망이다.

전도성 복합소재 시장은 기계부품, 자동차 부품, 통신기기 부품, 의료기기 부품, 전기전자 부품의 증가로 인하여 다양한 제품군에 적용되고 있으며, 적용 분야도 확대되어 가고 있다.

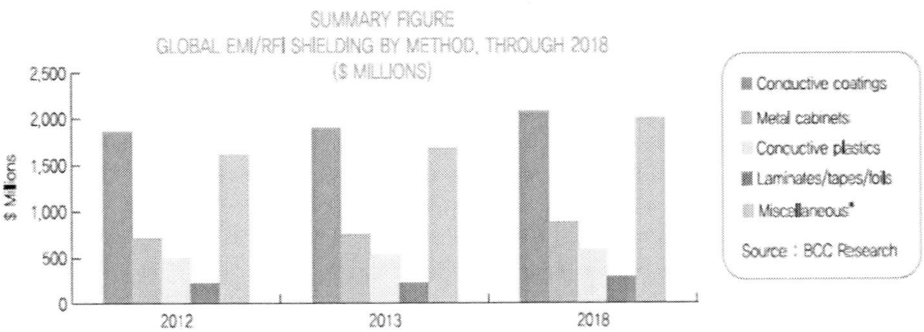

자료 : BCC Research

그림 5-8 차폐용 나노튜브의 복합제 시장 점유율

박막형 복합소재인 전도성투명전극은 국외는 Eikos社를 중심으로 시장진입이 시작되고 있으며, 국내는 삼성제일모직, 탑나노시스, 상보 등을 중심으로 시장진입이 시작되고 있다. 탄소나노튜브를 이용한 전도성 투명전극은 OLED와 태양전지등에 이용될 예정이며 2015년 세계시장규모 약 5억달러에서 2020년 약 33억달러로 성장이 예상된다.

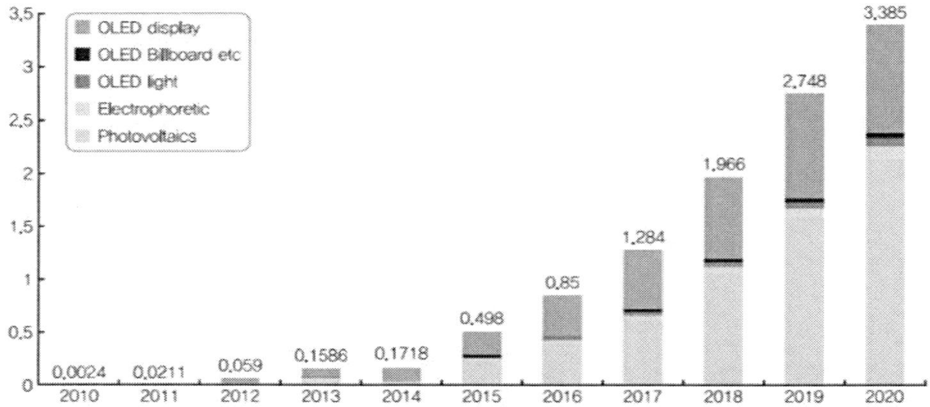

※ Source : Transparent Conductive Films for Flexible Electronics 2010-2020 (2009. 11)

그림 5-9 전도성 투명전극의 시장동향 분석

5.3 그래핀

5.3.1 그래핀의 기술개발 현황

이번장에서는 나노소재인 그래핀과 탄소나노튜브에 관하여 이야기해보고자 한다. 먼저 그래핀은 높은 전자이동도와 열전도도, 강한 기계적 특성, 유연성, 신축성을 가지는 꿈의 소재이다. 때문에 고가치성을 가지는 반도체와 복합소재 투명전극분야로 사용이 되고 있다. 그래핀의 높은 전자이동도를 통해 에너지 전극과 투명디스플레이 터치페널로 각광을 받고 있으며 반도체분야에서는 초고속 트렌지스터 광소자와 바이오센서, 가스센서의 소재로 사용되고 있다. 또한 높은 신축성을 가지고 있기 때문에 플렉시블 디스플레이와 웨이러블 방열소자, LED광소자에도 사용이 되고 있다.

꿈의소재로 불리는 그래핀은 국・내외를 막라하고 기술개발에 뛰어들고 있는 현실이다. 영국의 맨체스터 개학 연구소는 최초로 테이프를 이용하여 흑연을 박리하여 그래핀 제조에 성공하였으며 그래핀을 이용한 가스센서와 LCD소자 구현에 성공하였다. 미국의 컬럼비아대는 그래핀 물성,전자빔 식각법에 의한 그래핀나노리본 구조 패터닝 연구를 진행하고 있으며 독일에서는 Sic 기판 위 그래핀 합성법 및 성질변화 연구와 그래핀을 이용한 염료감응 태양전지의 투명전극 연구를 진행하고 있고 일본의 AIST연구소는 그래핀을 이용한 투명전극과 리튬 이차전지연구를 진행중에 있다.

국내에서도 그래핀에 대한 연구가 활발하게 진행 중에 있다. 삼성테크윈과 삼성 디스플레이는 고품질 그래핀 CVD합성 및 장비제작, CVD그래핀 기반 디스플레이 응용연구를 진행중에 있으며 LG디스플레이와 LG화학은 CVD그래핀 기반 디스플레이와 습식 기반의 그래핀 플레이크를 이용한 이차전지 전극연구를 진행 중에 있다. 현대기아 자동차는 그래핀이 가지는 초경량/고강도 특성을 주목하여 복합소재를 이용한 차량용 구조재료 응용 연구에 돌입하였다.

5.3.2 그래핀의 세계시장 전망

그래핀은 열적, 전기적, 기계적 특성이 좋아 탄소나노튜브만큼 많은 영역에서 그 응용을 기대하고 있다. 특히, 그래핀이 가지고 있는 이차원 구조는 앞에서 언급한 독특한 물리적 성질과 더불어 전기-전자적 응용 측면에서 여타의 탄소 동소체들과는 다른 매우 독특한 장점을 가지고 있다. 그래핀은 2004년 처음 연구자들에게 기계적 박리법을 통해 선보인 이후 고품질 대면적 그래핀의 성장이라는 어려운 숙제를 남겨왔다. 하지만 많은 연구자들의 노력에 의해 화학적 합성법, CVD성장법 등 연구가 이루어졌으며 우수한 결과들이 계속 등장할 예정이다.

이러한 연구적 성과에 발맞추어 세계의 그래핀 시장은 매우 높은 속도로 증가할 것으로 전망이 된다.

2015년 세계시장 규모는 300억 달러 규모정도 였으며, 2030년까지 연평균 22.1%의 성장률로 시장이 확대될 것으로 전망된다. 특히 기존의 ITO를 대체할 수 있는 투명전극 분야로 그래핀이 확대될 경우, 디스플레이 시장에도 적용될 수 있기 때문에 1,200억 달러이상의 시장이 열릴 것으로 예상된다. 또한 전기자동차 등을 위한 이차전지 및 슈퍼 커패시터 전극으로 응용되면, 약 1,631억 달러이상의 시장이 형성될 것으로 보인다.

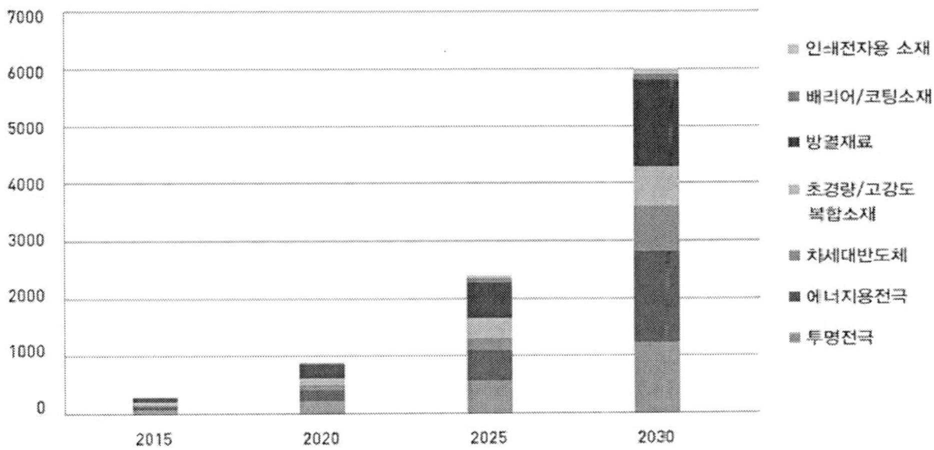

그림 5-10 그래핀의 응용기술 동향 및 사업화 전망(KEIT 2012)

제 2 부

신재생에너지와 연료전지

제 6 장 서 론

6.1 연구배경

지구촌은 현재 극지방의 오존층 파괴로 빙산이 액화되면서 해수면이 높아지는 등의 심각한 환경문제로 인하여 발생하는 지구 온난화와 이상기온 현상 그리고 각종 대기, 수질오염 등으로 인한 문제를 공동적으로 인식하고 그 대안을 찾고자 노력하고 있다.1) 18C 산업혁명 이후 급속한 기술문명의 발달과 중화학공업의 발달로 화석연료 사용이 급속도로 증가되었다. 공업화로 인하여 인간은 편리한 물질문명을 누릴 수 있었으나 그 과정에서 필연적으로 나타나는 환경오염 등의 문제는 물질 문명세계의 큰 문제로 부각되었다. 또한 주요 에너지로 사용되는 화석연료는 그 매장량에도 한계가 있을 뿐만 아니라, 환경오염의 주요 요인이 되어왔다. 특히, 자동차는 운송용으로써 가장 큰 몫을 차지하며 유해한 배기가스의 방출로 인하여 환경오염뿐만 아니라 인체에까지 커다란 악영향을 끼치고 있다. 최근 국내에서도 이러한 환경문제의 심각성을 인식하여 일부 도심지역에 천연가스를 이용한 자동차를 도입하는 등의 노력으로 대기오염 및 인체에 대한 악영향을 줄이기 위한 다양한 시도를 하고 있다. 그러나 현시점에서 볼 때 적절한 선택일지라도 천연 가스를 이용한 자동차는 배기가스 중에 유해물질이 함유되어 있으며 매장량에도 한계가 있기 때문에 대체 에너지로서의 한계성을 가지고 있다고 할 수가 있다. 이와 같은 화석 연료에너지원의 고갈과 환경오염을 고찰해 본다면 앞으로의 연구과제는 새로운 무공해 대체에너지 자원의 개발이 절실히 요구된다. 대체에너지는 공해물질을 배출하지 않으면서 풍부한 유용성과 고효율의 경제적 가치를 가지며 저장 및 운송이 용이해야 한다. 이러한 사회적 문제의 대안으로 제시되는 여러 가지 친환경 에너지 자원 중에서도 자동차 등에 사용되는 순수한 수소를 연료로 활용한 연료전지 기술은 가장 주목받는 대안으로 제시되고 있다.

세계에너지 소모량은 1996년 436 Trillion KWh에서 2020년 65%가 증가한 711 Trillion KWh가 될 것으로 예측하고 있다. 특히 중국 등의 개발도상국에서의 에너지 소모는 급격히 증가하여 1996년 선진국의 60% 수준에서 2020년에는 선진국의 에너지 소비량을 초과 할 것으로 예측하고 있다.

국내 에너지의 사용량은 매년 10.4%증가하고 있어 미국, 일본 등의 선진국에 비하여 높은 증가율을 보이고 있다. 국내 에너지 소비는 화석연료에 60.5%를 의존하고 있고 미국 39.1%, 일본 53%에 비해 높은 의존도를 보이고 있으며 에너지의 해외 의존도는 97.3%로 대부분의 에너지를 해외에 의존하고 있는 상황이다. 최근 에너지 시장에서의 중요 관심사는 에너지 고갈 문제보다 다음과 같은 환경오염의 문제에 초점이 맞추어져 있다. 첫째 화석연료의 사용에 따라 대기로 방출되는 CO_2등에 의한 온실가스의 증가로 기후변화의 가능성, 둘째 자동차의 배기가스에 의한 도시지역의 대기오염, 셋째 이산화황, 질소산화물, 일산화탄소 같은 오염물질에 의한 산성화, 마지막으로 원자력 에너지의 사용과 관련한 환경문제가 있다.

지구온난화란 이산화탄소, 메탄, 이산화질소, CFC 등 온실가스의 농도증가로 지구기온이 상승하는 현상인데, 산업화로 인한 화석연료 사용량의 증가가 가장 큰 원인으로 지목 받고 있다. 주요 온실가스인 이산화탄소 농도가 산업혁명 이전에 약 280ppm에서 현재 약 360ppm으로 증가하면서 과거 100년간 지구의 평균온도 역시 0.3~0.6℃ 상승했다는 것이다. 이러한 기온상승은 지금도 전 세계적으로 이상가뭄과 국지적 홍수, 폭설 같은 기상이변을 가져오고 있는데, 온실가스가 현 추세대로 증가할 경우 해수면이 상승하여 세계 저지대 도시들이 모두 물에 잠기고 광대한 해안평야가 염해를 입으며 농지가 상실될 뿐 아니라, 급격한 기온변화에 적응하지 못한 수많은 생물종이 멸종할 것이라는 위기의식이 확산되고 있다.

표 6-1 Characteristic of fossil and fuel cell

	Thermal power plant	Fuel cell	Effect
Generating efficiency	38~42%	50~60%	Energy saving
Environmental exhaust	No more than coal, petroleum, thermal		Clean energy
Fuel	Coal, Petroleum	Hydrocarbon	Alternative energy
Area	400m2/MW	150m2/MW	National land planning
Location	Prime cost area	City	Economical
Construction period	6 years	3 years	Economical Construction

국가적 에너지 수급에 있어서 자원부족으로 인하여 석유 에너지의 전량을 수입하고 있는 국내 실정에 비추어 볼 때, 경제적 및 정책적인 측면에서 연료의 사용 효율 증대에 의한 에너지 사용량의 절감과 에너지의 안정적 공급을 위한 대체에너지원의 개발 및 적용을 위한 많은 노력이 필요하다. 그리고 최근 부각되고 있는 지구 온난화 문제 등의 환경 공해 문제 해결을 위하여 화석연료 특히 석유 연료 사용의 의존도를 줄이려는 노력이 요구된다. 최근 환

경 공해의 주요 원인은 석유 연료의 사용에 의해서 발생되고 있는데, 국내에서 수송 수단이 차지하는 석유 에너지 소모량은 97년 기준 국내 총에너지 소모량의 약 21%를 상회하고 있으며 꾸준히 증가하는 추세에 있다. 환경문제 관점에서는 국내 전체 공해 발생량 중에서 차량에 의하여 발생되는 공해 량이 약 48%를 차지하고 있다. 따라서 공해 절감을 위해서는 차량에 의한 공해 발생을 절감시키는 것이 매우 중요하다.

지금까지 자동차 원동기는 가솔린과 디젤 엔진이 가장 대표적이다. 이들 엔진은 화석연료의 연소에 의한 작동유체의 팽창 일을 통하여 동력을 얻는 왕복운동 시스템이다. 자동차의 엔진으로 내연기관은 지난 100여 년간 사용되어 왔으나 엔진의 저효율성과 화석연료의 고갈, 자동차에 의한 환경오염문제가 심각해지면서 새로운 시스템이 필요하게 되었다. 현재 이러한 자동차의 문제점을 해결할 수 있는 가장 확실한 시스템은 수소를 이용한 연료전지가 대안으로 제시되고 있다. 연료전지는 연소반응 없이 화학적 에너지를 직접 전기에너지로 변환하는 장치이다. 연료전지를 자동차 동력기관으로 적용할 경우 카르노사이클의 제한이 없고 현재의 내연기관에 비해 효율이 높으며 조용하고 안정적이며 대기오염 등의 문제가 거의 없다. 연료전지의 연료로서는 수소, 메탄올, 천연가스, 가솔린 등이 될 수 있으나 최종적으로 수소가 연료전지에 들어가므로 순수한 수소가 가장 적합하다. 수소를 제외한 연료는 탄소성분을 함유하고 있어 이산화탄소의 배출을 피할 수 없으며 고 순도의 수소를 얻기 위해 개질기가 필요하다. 수소를 연료로 사용하면 배기가스가 순수한 물만 배출되므로 완전 무공해이다.

연료전지 발전기는 모듈형 제작에 의해 각기 다른 크기의 차를 설계하는데 유연성이 있으며 연료사용 효율은 부하에 영향이 없다. 또한 성능이 저하됨이 없이 연료를 다양화하여 여러 가지 대체 연료를 사용할 수 있는 장점이 있다. 이것은 연료가 별도의 개질 과정에 의해 수소로 변환되기 때문이다. 연료전지는 기계적으로 움직이는 부분이 없고 소음이 적기 때문에 연료전지 자동차의 중요한 장점이 되고 있다. 연료전지 자동차의 소음은 주로 구동력을 위한 전동기에서 발생하는데, 이것은 기존의 자동차에 비해 소음이 반 이하로써 매우 조용하다. 이와 같은 기술적인 장점 이외에도 최근 에너지자원의 고갈과 에너지 사용에 따른 지구환경문제를 해결하기 위한 이산화탄소 방출 규제 및 화석에너지 사용 제약이 국제적 협약 대상으로 등장함에 따라 이에 상응하는 에너지 구조변화가 예상되며 이러한 변화에 부응할 수 있는 것으로써 연료전지 자동차가 주목되고 있다.

6.2 연구 목적 및 필요성

환경부는 2005. 2. 7일 자동차 제작사 및 수입사가 금년 한해 수도권지역에 판매하여야 할 저공해자동차 보급 비율을 버스는 12%로, 그 외 차종의 경우에는 1.3%로 정해 고시하였다. 이러한 비율은 모든 저공해자동차를 무공해 전기자동차로 판매할 경우로 가정해서 정한 것으로 실제 판매되는 저공해 자동차수를 기준으로 할 경우에는 각각 33.8%와 4.3%에 이를 것으로 전망된다. 금년에 자동차회사가 고시안에 따른 보급기준을 달성하는 경우 버스는 약 1,400대, 승용차는 약 26,000대의 저공해자동차가 수도권지역에 보급될 것으로 기대된다. 이 고시는 환경부가 수도권 대기질을 10년내 OECD 선진국 수준으로 개선한다는 목표아래 제정하여 시행중인 수도권 대기환경개선에 관한 특별법에 근거하고 있다. 동법에서는 수도권지역(서울, 인천, 경기지역 24개시)에 3,000대 이상의 자동차(차량중량 3.5톤 이상은 300대 이상)를 공급하는 제작・수입사에게 일정비율 이상은 저공해자동차로 제작・판매하도록 하고 있으며, 그 구체적인 비율은 환경부장관이 고시하도록 하고 있다. 이러한 저공해자동차 보급 부담을 지는 자동차회사는 국내 자동차 제작사 모두와 수입사의 경우는 스카니아만 해당된다. 한편, 환경부는 수도권 대기의 질을 획기적으로 개선하기 위해 2014년까지 자동차 부문에서 약 14만톤 (총50만톤)의 대기오염물질을 줄이는 것을 목표로 하였으며, 저공해자동차 보급정책을 통해서는 총 16,000톤을 줄일 계획이고 2005년도에는 1,600톤의 오염물질 삭감효과가 기대된다고 밝혔다. 이처럼 국내외 환경기후협약에 발맞추어 저공해 자동차의 보급을 활성화시키기 위하여 진정한 무공해를 보장하고 충분한 운행거리를 확보할 수 있는 전기자동차의 개발이 시급한 실정이다. 기존의 축(Pb)전지 기술은 실용화에 한계가 있고 충전하기 위한 전기를 발전시스템에 의존해야 하는 단점이 있으므로 이러한 문제점을 해결할 수 있는 유망한 기술이 연료전지 자동차의 개발이다. 이는 Time지가 선정한 2000년대 초반에 개발되어야 할 10대 기술 중의 하나로 실용화를 위해 연구가 추진 되었으며, 우리나라에서도 과기부에서 발표한 “5년 뒤 세상을 바꿀 10대 신기술” 중의 하나로 선정하여 중점 개발에 투자하고 있다.

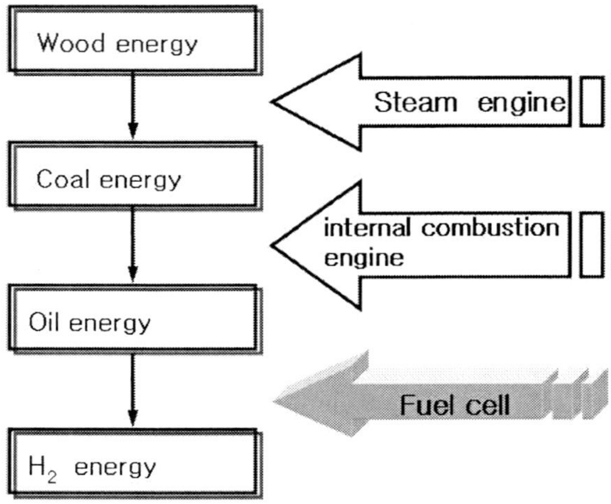

그림 6-1 Energy source transition and conversion.

전기자동차에 사용되는 축전지 기술은 전기를 축전지에 충전하기 위해서 전기를 기존의 발전 시스템에 의존해야 하는 단점이 있다. 그에 따라 기존의 내연기관과 전기자동차의 문제점을 해결할 수 있는 유망한 기술이 연료전지 자동차(FCV)이다. 연료전지 자동차의 핵심 기술은 기존의 내연기관을 대처하는 연료전지 시스템을 들 수 있다. 우선 연료전지로는 제1세대인 인산형 연료전지가 최근 국내개발에 성공하여 실용화에 근접하고 있고, 제2세대인 용융탄산염형 연료전지 개발이 병행되고 있다. 최근 위의 2가지 연료전지와는 별도로 고분자 연료전지 기술이 세계 각국에서 자동차용 및 가정용 소형 분산전원 형태로 집중적으로 개발이 진행되고 있다. 고분자 전해질 연료전지는 원래 1960년대에 Gemini 우주선과 같이 특수 목적으로 사용되었으나, 1980년대 말에 이르러 무공해 차량의 동력원으로 활용될 것이 기대됨에 따라 다시 활기를 찾게 되어 현재 전 세계적으로 이에 대한 연구개발이 진행되어 오고 있다. 특히 Green Round(기후변화협약)를 통한 이산화탄소의 총량규제, 저공해 배기가스의 규제 등이 임박해 옴에 따라 각국의 자동차 회사들은 연료전지 자동차와 같은 무공해 자동차의 개발이 급박하게 되었다. 연료전지 자동차는 환경친화성, 연료 효율성 및 연료공급 편리성을 겸비한 자동차로서 차세대 자동차 중에서도 가장 실용화의 가능성이 큰 것으로 평가되고 있다. 또한 자동차용 연료전지 시스템이 실용화될 경우 자동차로 인한 환경오염과 에너지 소비문제를 완화시켜 줄 수 있을 뿐만 아니라 건물 및 일부지역의 현지 설치형 소규모 발전, 잠수함 및 이동통신 등과 같은 군수용 발전에 곧바로 활용될 수 있다. 특히 고분자 전해질 연료전지 스택 개발의 선두주자인 캐나다의 Ballard Power System은 Daimler-Benz 및 Ford와 함께 고분자 연료전지를 이용한 무공해 자동차를 상업화할 예정으로 있다. 국내에서도 2008년 시장진입을 목표로 현대 자동차가 KIST와 함께 75kW급 고분자 전해질 연료전지를 개발하였으며 가정용 연료전지도 3kW급 시스템을 CETI, 에너지 기술연구원 등에서 개발하였다.

본 연구에서는 이러한 고효율·저공해 연료전지 자동차에 관한 각국의 개발현황을 살펴보고 연료전지 자동차의 시스템 설계에 관한 연구와 연료전지 자동차의 핵심 부분인 막-전극 접합체(MEA)를 설계 및 제작하여 막 가습 등의 여러 가지 실험조건을 통하여 연료전지의 성능향상을 위한 방법을 모색함으로써 연료전지 자동차의 발전 기술을 도모하고자 한다.

6.3 연구 내용

이를 위한 연구 진행 방향은 먼저 연료전지 자동차의 시스템에 대한 기술 분석을 통하여 현재 연료전지의 국·내외 기술 수준과 요소 기술의 파악을 실시하였다. 또한 연료전지 자동차 시스템의 기술 분석을 통하여 각각 구성 요소의 특성을 분석하였으며, 이를 바탕으로 연료전지를 동력원으로 하는 연료전지 자동차 시스템 설계를 하였다. 또한 전산모사를 통하여 연료전지에 대한 이론적 해석을 실시하고 연료전지를 제작하여 전압-전류(V-I) 특성을 이용하여 이상적인 연료전지를 개발하고자 하였다. 이상의 내용을 정리하면 다음과 같다.

6.3.1 연료전지 자동차 시스템 설계

연료전지 자동차는 차세대 수송수단으로 중요한 연구 대상이 되고 있으며, 수년 이내에 실용화 단계에 접어들 것으로 예상된다. 따라서 연료전지 자동차에 대한 특징 및 선진 각국의 개발 현황 및 요소 기술 현황에 대하여 살펴보고, 이를 바탕으로 연료전지 자동차의 시장성 및 전망을 통한 개발 방향을 제시하고자 하였고, 연료전지 자동차 요소기술을 통하여 동력원에 필요한 전동기, 축전지, 연료전지 및 연료 개질기에 대한 기술현황을 분석하였다. 또한 연료전지 자동차의 핵심인 연료전지의 기본원리와 종류 및 특성에 관하여 분석을 실시하여 연료전지 자동차에 적합한 연료전지를 설정하고 연료전지 자동차용 연료전지인 고분자 전해질형 연료전지(Polymer Electrolyte Membrane Fuel Cell, PEMFC)에 대한 기술을 분석하여 연료전지 자동차의 연구방향을 제시하였다.

6.3.2 연료전지 성능모사

고분자 연료전지에 대한 성능모사로 유한유소법(FEM)을 활용한 컴퓨터 해석을 실시하였다. 성능모사의 모델은 연료전지에 탑재되는 대면적은 제작비가 고가에 실험기간이 오래 소요되므로 보편적으로 사용하는 소면적을 MEA를 모델링로 하였다. 성능모사를 위해서 사용된 프로그램은 FAMLAB을 사용하였다. 고분자 전해질 연료전지의 성능모사를 위하여 일반적으로 연료전지 자동차에 탑재되는 공기호흡형 단위전지를 전극, 전해질막, 집전소자로 분류하여 모델링을 실시하고, Anode 측에는 수소를 질료로 하여 공급하고, Cathode 측에는 공기를 자연대류를 통하여 공급하는 방법으로 산소를 공급하였다. 실험조건은 Anode/Cell/Cathode의 온도변화와 입구 측의 압력변화, 질량분율, 유량비, 가습조건의 유무에 따른 단위전지의 V-I,와 V-P를 측정하였으며, 각각의 조건에 따른 단위전지의 전류밀도의 분포, 속도장의 형태, 질량분율 등을 산출하였다. 이를 통하여 연료전지의 이상적인 초기 모델의 개념설계 방법을 제시하였다.

6.3.3 연료전지 제작 및 실험

연료전지 자동차 시스템의 핵심 부분인 막-전극 접합체(MEA)를 설계 및 제작하여 운전조건과 막 가습 등의 여러 가지 실험을 통하여 연료전지 성능향상을 위한 방법을 모색하고자 하였다. 실험방법은 먼저 소면적(5㎠) MEA를 제작하여 성능모사에서 실험 조건과 동일한 조건으로 단위전지의 성능 시험을 하였다. 또한 대면적(200㎠) MEA를 제작하여 연료전지 자동차에 탑재할 수 있는 스택을 쌓아서 성능시험을 실시하였다. 연료전지 자동차에 사용되는 대면적 연료전지는 가능하면 주변장치를 적게 하여 자동차의 경량화를 통한 출력을 높일 수 있도록 하기위해서 주변장치는 실험에서는 가능한 한 적게 사용하였다. 소면적 실험과 달리 스택 실험에서는 전력 생성 후 발생하는 물이 많으므로 별도의 가습장치는 구성하지 않고 자기 가습형으로 실험을 하였다. 가스의 온도가 일정하게 될 때까지 바이패스 시켜서 공급하였으며 스택의 온도 상승은 연료전지 자체의 발열과 냉각수를 가열하는 방법으로 하였다. 스택의 온도가 상승하면 일정유량의 수소와 산소를 공급한 후 전류의 변화에 따른 스택의 전위를 측정하였다. 연료전지의 성능은 측정 전의 작동 조건에 영향을 받는다. 특히 membrane과 전극의 수분 변화가 주요한 원인이 된다. 따라서 스택의 가습조건변화 실험은 연료전지 작동 정지 12시간 후에 재가동하여 실험하였다. 연료전지의 작동 전과 작동 후에는 잔류하는 수소와 산소를 제거하기 위해 질소로 퍼지하였다.

제 7 장 연료전지 자동차 시스템 설계 및 기술 분석

7.1 연료전지 국내 · 외 개발 동향

연료전지(Fuel Cell)는 1839년 영국의 W.R. Grove가 황산 용액에 두 전극을 담그고 산소와 수소를 흘려주어 전기를 발생시킨 것이 연료전지의 시작이다. 그 이후 1960년대 그림 7-1과 같은 우주선의 동력원으로 최초로 AFC가 사용되었으며 다양한 형태의 연료전지에 대한 연구가 활발히 수행되고 있다. Dupont사가 Nafion Membrane을 개발하면서 PEMFC 연료전지 연구는 급속도로 발전하였으며 1980년대 후반 자동차에 PEMFC 연료전지를 적용하면서 미래의 동력원으로서 연구는 급진전을 이루고 있다. 1990년대 초반 캐나다의 Ballard사는 PEMFC 연료전지 기술 개발에 많은 자본과 인력을 투자하면서 성능 향상과 응용 분야의 확대에 중요한 역할을 하고 있다. 현재 연료전지의 개발에 관한 연구는 Membrane, 전극, 스택의 제작, 시스템화 기술, 자동차, 전력원에 대한 응용 등의 분야에서 활발히 진행되고 있다. Major사들은 그림 7-2와 같이 다양한 응용분야에 대한 PEMFC, DEMFC의 개발에 집중하고 있으며, 특히 Risk Sharing을 위한 Alliance 및 자원 집중을 위한 전략 활동을 추진하고 있다.

연료전지 개발은 자동차 Maker를 중심으로 System 기술의 자체개발, Material, MEA, Stack 기술 확보를 위한 활발한 Alliance 추진, 미래 시장 선점을 위한 R&D 자원 투입 증대 및 사업영역 확대 등을 주요한 전략으로 하고 있다.

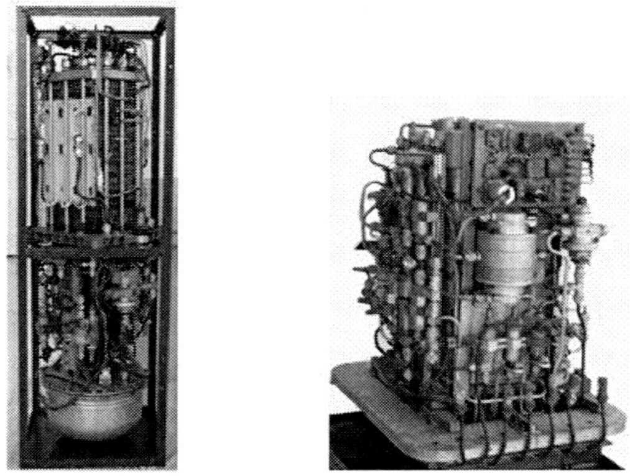

A type alkaline fuel cell
0.5/1.0kW 28 ± 2V
40kg, 22*22*90cm
100-200mA/cm²

B type alkaline fuel cell
0.3/0.6kW 28 ± 2V,
60kg, 39*29*57cm
75-150mA/cm²

그림 7-1 AFC for space shuttle(1960s)

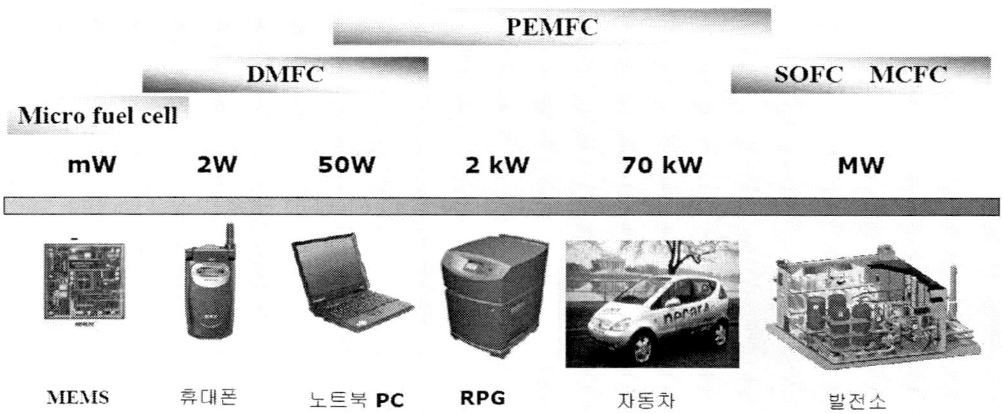

그림 7-2 Fuel cell applications.

국내 연료전지의 개발동향은 1985년 인산형 연료전지 본체를 수입하고, 이를 이용하여 발전 시스템을 구축하고 성능 실험을 실시함으로써 시작되었다. 이를 계기로 국내에서도 연료전지 개발의 중요성이 인식되었고 최근 들어 연료전지에 대한 연구개발이 활성화되었으며 특히 고분자 전해질형 연료전지에 대한 연구가 활발히 진행되고 있다. Daimler Chrysler 와 Ballard Power System은 세계 산업의 선도자들과 함께 연료전지 생산과 이용에 주도적인 역할을 하고 있다. Daimler–Benz는 1994년 밴을 기본으로 한 Necar I를 소개하였다. Necar I는 연료전지 시스템과 성능 감지 시스템이 많은 공간을 차지하여 운전자 한 사람만이 탈 수 있었다. 두 번째의 시제품인 Necar 2는 1996년도에 소개되었으며 메르세데스 V-급 자동차로서 전환 형 밴과 유사하지만 6인이 탈 수 있는 공간이 충분히 확보되었다. Necar I, Necar 2는 고압기체 수소연료를 사용하였다. 1997년에 NEBUS인 연료전지 버스도 선보였다.

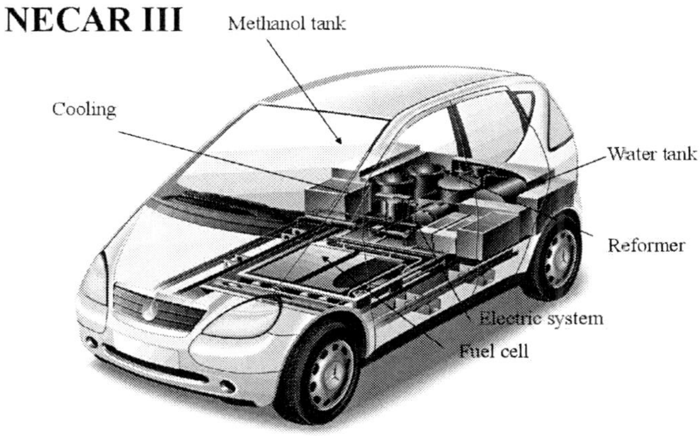

그림 7-3 NECAR III of Daimler-Benz.

1999년 3월 액체수소 연료전지 자동차인 Necar 4를 발표하였다. Necar 4는 최고속도 145km/h, 한번 연료의 공급으로 460km를 운행할 수 있다. Necar 4의 연비는 25km/ℓ gasoline으로 비슷한 크기의 60kW 가솔린 엔진 차량의 연비 14km/ℓ나 44kW 디젤엔진 차량의 연비 22.2km/ℓ보다 훨씬 높다. Necar 4의 NEDC 사이클 주행시의 효율은 37.7%로 가솔린 16~18%, 디젤 22~24% 정도인 것에 비하면 2배 이상 향상된 것이다. 연료전지 차량이 무겁지만 더 연비가 좋은 이유는 차량의 효율 향상 때문이다. 2000년대에는 Necar 5를 개발하였다.

그림 7-4 NECAR of Daimler-Benz.

Ballard Power System은 PEMFC 연료전지 기술분야에서 가장 앞서 나가고 있으며 Ballard의 연료전지는 Daimler Chrysler, GM, Honda, Volvo 등의 무공해 자동차 엔진으로 사용되고 있다. Ballard는 1993년 세계 최초로 90kW급 무공해 연료전지 버스를 만들었고 1995년에는 275마력의 연료전지 버스를 만들었다.

Toyota는 Frankfurt Auto Show에서 연료전지 자동차의 원형인 RAV4 FCEV를 선보였다. 하이브리드형태의 이 차는 25kW의 연료전지와 작아진 밧데리를 함께 작동하는 것으로 500km의 주행거리를 주행하였다. 배터리는 연료전지와 브레이크로부터 재생된 전기로 충전된다. Toyota의 설계는 가속시 배터리로부터 전류를 공급받으며 배터리는 순간적인 동력을 공급함으로써 시동시간을 단축시킨다. 최근에는 FCHV-4의 개량형을 개발하고 있다.

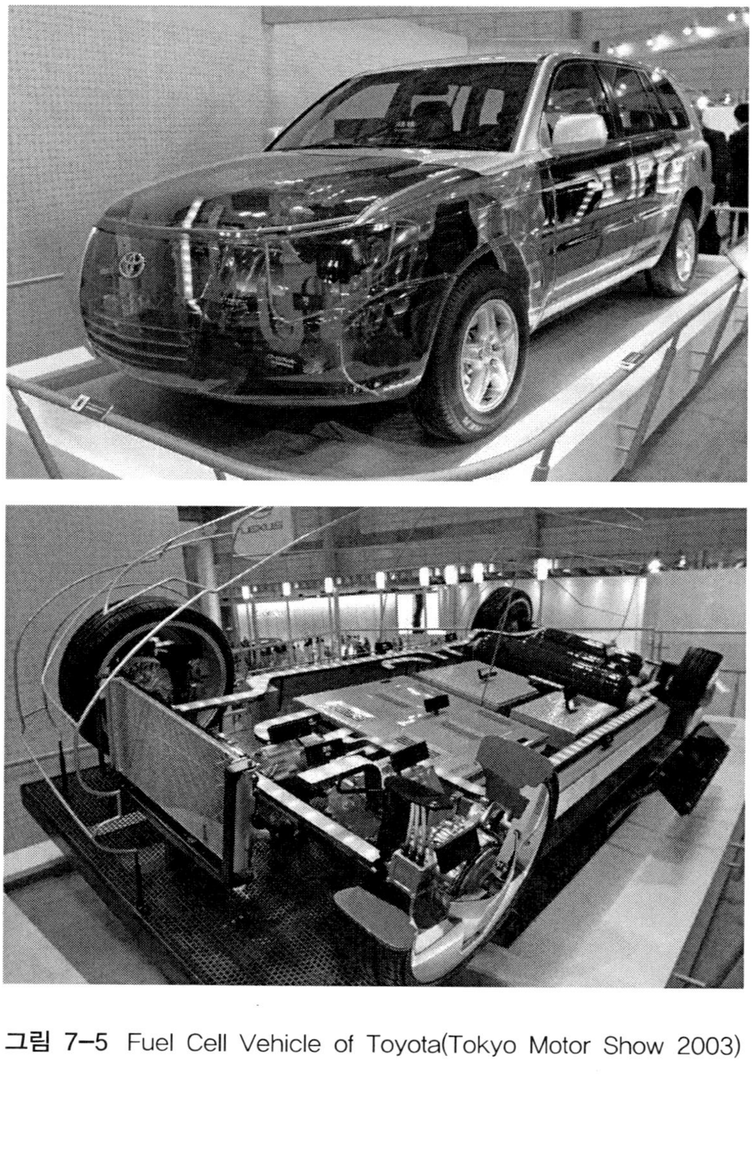

그림 7-5 Fuel Cell Vehicle of Toyota(Tokyo Motor Show 2003)

7.1.1 연료전지 국외 개발 현황

일본 정부는 2000년대의 인류가 직면한 과제에 영향을 미치고 새로운 산업을 창출하는 기술혁신을 위해 정보화, 고령화, 환경 등 세 개 분야를 채택하여 산업계, 대학 및 정부가 일체되어 미래를 개척하는 핵을 만들어 내는 것을 목표로 하고 있다. 이 중 고체 고분자 전해질형 연료전지는 지구 온난화 방지 등에 도움이 되는 환경 분야의 유력한 기술로 주목되고 있으며, 고체 고분자 전해질형 연료전지의 실용화를 향한 본격적인 움직임 중 2000년 예산으로 Millenium Project에서 고체 고분자 전해질형 연료전지 개발 계획이 채택됨으로서, 자동차 및 주택용으로 도입시킬 목표를 세웠다. 고체 고분자 전해질형 연료전지의 안전성 및 신뢰성 등에 관련되는 기준책정으로 시험평가 방법의 확립을 목표로 하는「연료전지 보급 기반 정비사업」이 있고, 연료전지 시험 장치를 개발하는「고효율 연료전지 시스템 기반 기술 개발 사업」및 실용화에 필요한 생산기술, 비용저감기술, 양산화기술 등을 개발하는「고효율 연료전지 시스템 실용화 기술개발 사업」등도 개시되었다.

1999년부터 수소연료 저장기술과 연료개질 기술의 개발과 관련한「연료전지 실용화를 위한 기반 기술의 개발/실증」도 실시되고 있다. 2000년부터 석유계 연료의 수소제조를 위한 개질기술 개발, 2001년부터 고체 고분자형 연료전지 요소기술 개발, 향후 석유계 연료로 대체하는 GTL 제조기술 개발 등의 사업이 진행되었다.

국토 교통성은 연료전지 자동차에 관하여 1999년부터「연료전지 자동차 기술평가 검토회」를 개최하고, 연료전지 자동차의 도입에 맞게 안전성과 환경에의 영향 등을 검토하고 있다. 정치용 연료전지에 관하여는 1998년부터 환경 공생주택 시가지 모델 사업의 일환으로서 연료전지 등을 활용한 Co-generation 시스템을 도입하는 모델적인 주택 시가지의 정비에 보조하는 동시에, 1999년부터 주택용 연료전지 도입에 관계하는 조사연구를 실시했다. 농림수산성은 생물체 총량자원을 이용하여 연료전지에 사용된 각종 연료제조의 연구를 진행하고 있으며, 산업기술 연구개발 성과 실용화 기술개발 조성사업으로「고체 고분자 전해질형 연료전지의 고효율화, 비용 저감을 위한 운전 연구」가 진행되었다.

자동차 업계의 연료전지 개발은 고체 고분자 전해질형 연료전지 개발을 가속화하고 있다. 일본의 연료전지 자동차 개발은 1996년경 이후 본격화되어 구미 자동차 회사의 2003~2004년 실용단계 연료전지 자동차 발표 계획의 공표를 계기로 Toyota, Honda, Nissan 등이 2003~2004년 실용화를 목표로 하였으며, Mitsubishi, Mazda, Suzuki 등에서도 개발에 몰두하였다. 각 자동차 회사도 CO_2 삭감 목표나 미국 캘리포니아주의 ZEV 규제 등에 입각하고, 앞으로 기업경쟁력의 열쇠는 환경기술이라는 인식에서 연료전지 자동차의 개발에 힘을 기울이고 있으며, 각 기업간에 기술개발 경쟁을 하는 한편, 기업간의 제휴와 공동개발이 진행되고 있다.

연료전지 기술에 관하여는 국제표준화를 진행할 필요성이 인식되고 있으며, 공적표준(dejure standard)으로서 국제표준화기구(ISO) 및 전기표준회의(IEC)의 종합정리를 진행하는 한편 비공적표준(de-facto Standard) 형성의 움직임에도 대응할 수 있도록 준비하고 있다. 연료전지 자동차는 일차적으로 순수소형(압축수소, 액체수소, 수소흡장합금 등)을 시작으로 하고, 메탄올, 가솔린 등의 개질 방식이 독자적으로 개발되고 있다. 연료의 선택은 기술개발과 비용, 소비자의 취향 및 국가의 연료/에너지 정책 등과 깊은 관계를 가지므로, 다방면의 방식에 대해 대응 가능하게 개발하고 있는 것으로 보인다. 아래의 그림 7-6은 HONDA에서 개발한 FCX의 실물이다.

그림 7-6 FCX of HONDA

고체 고분자 전해질형 연료전지는 고분자 전해질 막, 전극촉매, 분리판, 전해질 막/전극의 접합체(MEA : Membrane Electrode Assembly) 등의 핵심요소들로 이루어져 있다. 소재업체들은 대부분 국가 프로젝트에 참여하여 연구개발을 진행하는 실정이며, 개발내용은 고성능/저비용의 고분자 막 제조, 귀금속 전극 촉매량 억제, 저비용 분리판 제작을 위한 재료 및 공정검토, MEA 제조법 확립 등을 목표 활발히 진행 중이다. 이러한 연료전지 Stack 본체에 관계되는 소재는 연료전지의 성능과 비용에 크게 영향을 주기 때문에 고성능화, 저 비용화를 향한 기술개발은 지속적으로 요구되고 있다.

석유업계는 연료전지 자동차가 보급되는 초기단계에는 기존 연료공급 체제의 정비 상황부터 판단하여 연료로 가솔린을 사용하는 것이 현실적이라고 보고 있다. 한편, 석유업계는 연료공급 사업자로 수소공급이라는 새로운 시장창출과 신규 사업이라는 관점에서 기대감을 가지고 있으며, 연료전지용 연료로 가솔린이나 등유가 사용되면 새로운 석유제품의 수급구조 불균형이 발생되지 않을 것이라는 기대도 있다. 또한 무공해 자동차의 사회적 요구에 대응해서 유황 함유량의 절감 등 연료의 Clean화를 실행하는 의미에서도 연료전지는 하나의 기회를 제공하게 될 것으로 보고 있다. 이러한 관점에서 가솔린, 등유 뿐 아니라 다양한 연료의 개질기술 개발과, 석유 대체연료로 기대되고 있는 천연가스 등의 GTL 제조기술 개발 등 적극적인 연구개발에 나서고 있다. 가스업계에서의 연료전지 CO-Generation 시스템 개발은 가스수요의 확대에 관련하여 새로운 시장창출이라는 인식에서 장래성에 기대를 모으고 있다. 천연가스 개질형 고체 고분자 전해질형 연료전지를 중심으로 기타의 방식도 포함하여 기술개발을 진행하고 있으며, 연료전지 본체의 기술개발에 관하여는 전기기기업계 등 타 업계에도 기대하고 있다.

천연가스를 효율적으로 개질하여 수소를 제조하는 기술을 향후 연료전지 자동차용 수소 공급용 수소제조 기술로도 적극적으로 추진하고 있다. 한편 LP가스 개질형 연료전지 자동차의 경우 현재 LP가스 자동차 보급 및 충전소 설치 등 인프라가 구축되어 있는 면에서 단/중기적으로 우위에 있다고 볼 수 있다.

미국은 연료전지 기술개발은 초기단계에 우주선 동력원으로서 큰 역할을 담당해왔다. 그 후 환경오염 및 자동차 배출가스 규제강화 등 심각성이 부각되면서 수송/민생 이용에 관한 연료전지 관련 개발에 에너지 기구가 중심이 되어, 많은 정부기관에서 진행하고 있다. 1990년의 수소 프로그램법(Hydrogen Research, Development, and Demonstration Program Act 1990)과 1992년의 에너지 정책법(Energy Policy Act 1992)에 입각하여 제정된「연료전지 프로그램」과 「수소프로그램」 등이 있다. 자동차용 연료전지에 관하여는「연료전지 프로그램」의「Fuel Cell for Transportation」,「Partnership for a New Generation of Vehicles」에 이어 Freedom CAR program으로 이어지면서 연료전지 개발이 국가적 차원에서 지속적으르 진행되고 있다.

1993년 클린턴 정부에 의해 시작된 차세대 자동차 기술개발을 진행하고 있는 PNGV에서도 자동차용 연료전지 기술개발이 행해졌다. PNGV는 미국내 자동차산업의 국제 경쟁력 향상과 선진기술을 양산 자동차에 적용할 수 있도록 하는 것을 목적으로 하고, 연비는 33.4 km/L의 목표를 두었다. 에너지성, 환경보호청, 운수성, 국립과학재단 등 7개 기관과 General Motors Corporation(GM), Ford Motor Company(Ford), Daimler Chrysler AG (DC) 및 자동차 부품회사 등과 대학, 국립연구소가 참가하였다. PNGV에서 연료전지 자동차는 차세대 자동차 후보 중 하나이지만 2004년 시점으로 볼 때 약 3~4년 정도는 지연될 것으로 예측되고 있다. 연료전지 자동차의 연료는 가솔린, 경유, 등유, 천연가스, 메탄올 등 모든 가능성 있는 것을 대상으로 하고 있지만, 최근 몇 년간은 특히 가솔린에 중점을 두고 있는 것이 특징이다. PNGV는 기술개발 중심의 사업이지만 무공해 자동차의 도입 촉진책으로서「Clean City Program」에 의한 자금보조가 전 미국에서 실시되고 있으며, 현재는 채택 안건 대부분이 압축 천연가스 자동차이지만 차츰 연료전지 자동차 차종으로 버스 등의 채택 예가 증가하고 있다.

2001년 부시행정부에 의해 시작된 차세대 자동차 기술개발로 PNGV에서의 미비한 점을 보완하고자 시작되었다. 연료전지 자동차에 대한 지원규모는 연간 1.15억불로 발표되었으며,

주목적은 수소 연료전지 차량의 대량 생산기술과 수소공급 인프라 기술개발, 석유소모와 환경 피해를 최소화 하는 기술들에 대한 지속적인 지원 및 승용차, 경트럭에 적용 가능한 기술개발들이다. Freedom CAR의 경우 2003까지와는 달리 2004년부터는 연료의 측면에서도 적극 추진될 방향이다. 2003년의 Freedom CAR 개발은 연료전지, 수소 및 차량 개발기술을 년간 약 $150 M의 예산으로 진행하지만, 2004년 계획은 Freedom CAR(연료전지, 수소, 차량 개발기술)와 Freedom Fuel(연료전지, 수소)로 나누어 약 $455 M 정도의 예산을 계획하고 있다. 초기 연료전지와 일부의 수소 project만을 추진하던 Freedom CAR계획이 연료전지 차량 및 수소에너지 전체에 대한 project로 확대되면서, 수소에너지 개발에 집중하고 있다.

캘리포니아주에서는 California Fuel Cell Partnership(CaFCP)이 행해지고 있다. CaFCP는 2003년의 자동차 판매 중 Zero Emission 자동차 비율을 규제한 캘리포니아 대기 자원국(CARB : California Air Resource Board), 자동차, 석유, 연료전지 등의 관계 기업에 의해 공동 실시되는 연료전지 자동차 실증시험이다. 당초 주 단위의 실험 밖에는 없었지만, 연료전지 기술의 진전이나 참여기업의 국제화로 DC, Ford, 닛산, 혼다, Volkswagen AG(VW), Hyundai Motor Company(HMC) 등의 참가 및 에너지국의 참여로 급속하게 주목을 모아왔다. 또한 GM과 Toyota도 2000년 10월에 정식으로 참가를 표명함에 따라 세계 주요 연료전지 자동차 관련 기업의 대부분이 참가하게 되었다.

CaFCP은 2단계(2000~2003년)에서 수소연료에 의한 연료전지 자동차와 연료전지 버스 20대가 시내주행으로 시범운행 되었다. 또, 3단계(2004~2008년)에서는 연료를 메탄올, 가솔린 등으로 연료의 종류를 확대하고 그림 7-8과 같은 캐나다의 Ballard Power System의 연료전지를 이용한 연료전지시스템, 연료전지 자동차 60대 및 연료전지 버스 20대의 시내 주행을 계획, 진행하고 있다.

그림 7-7 Ballard Power System Fuel Cell.

독일에서는 고체 고분자 전해질형 연료전지에 관하여 민간 기업을 기반으로 개발이 진행되었다. 또한 연방정부, 주정부에 의한 연구개발 프로그램도 진전되고 있으며, 그 관련 사업으로 수소 관련 프로젝트가 실시되고 있다. 수소 관련 사업은 1986년부터 몇 개의 개인 사업으로 실시되었고, 현재는 뮌헨공항 수소 프로젝트가 중심이 되고 있다. 베이언(Bayern)주 정부의 지원에 의해 뮌헨공항의 수소 내연엔진을 사용한 버스용 수소공급 station을 설치하여 운전하는 것으로 1999년 6월에 운전이 개시되어 연료전지 자동차용으로도 운용되고 있다.

또, 독일 연방정부는 BMW, DC 등의 주요기업과 공동으로 차세대 운수용 연료를 검토하는 작업(TES ; Transportation Energy Strategy)이 1998년부터 실시되고 있다. TES는 석유대체에너지와 연료 제조공정에서 사용되는 프로세스 전체를 도맡아 2008년까지 20%의 CO2 삭감과 내연기관 및 연료전지 시스템에 모두 사용할 수 있도록 여러 관점에서 11 종류의 연료로 약 80 종류의 생성, 처리, 수송에 관계하는 단계에 관하여 평가하고, 2000년 중간평가에서 수소, 메탄올, 천연가스 등의 순으로 선정되었다. TES에서는 2003년을 목표로 EU 전체에서의 평가검토를 실시하여 EU에서 차세대 운수용 연료로 선택하는 것을 목표르 하고 있다. 아래의 그림 2-8은 BMW에서 개발한 연료전지구동 Clean Energy의 실물이다.

그림 7-8 Fuel Cell Vehicle "Clean Energy"(BMW)

EU에서는 유럽위원회 연구총국(Research DG), 과학 연구개발국(DG12)이 중심이 되어 연구개발에 관계하는 포괄적인 체제 계획 속에서 연료전지의 개발을 실시하고 있다. 1992년에 개시된 제3체제 계획(FP3 : The 3rd Framework Program)이 시작되어 현재는 1998년부터 5년 예정으로 제5차 계획이(FP5) 진행되었다. 이 중에서 중/장기 계획으로는 건물용 co-generation이나, 운수용으로서 기대되는 고체 고분자 전해질형 연료전지(PEMFC)의 기술개발을 시작으로 하여, 산업용 co-generation이나 발전용으로 기대되는 고온형 연료전지의 기술 개발이 수소의 집중적 제조와 연료전지의 분산 이용에 의한 네크워크 실증시험 등을 계획

·시행하였다. 또한, EU 각국의 연료전지 프로젝트 대부분은 재생 가능 에너지의 이용확대를 최우선으로 하며, 연료전지 버스 도입 계획을 많은 나라가 표명하고 있다. 그림 7-9는 메르세데스-벤츠의 연료전지 탑재 버스의 실물 사진이다.

그림 7-9 Mercedes-Benz Citaro fuel cell bus.

중국은 대련연구소를 중심으로 대학, 수개의 벤처 기업들이 연료전지 개발에 참여하고 있으며, 알칼리형 연료전지(AFC : Alkaline Fuel Cell) Program으로 1967년부터 1980년대 말까지 우주선용 연료전지 개발이 전액 정부지원으로 진행되었다. 최근 알칼리형 연료전지 기술을 기반으로 1992년부터 고체 고분자 전해질형 연료전지의 연구가 급진전되고 있으며, 현재 30kW 급 스택 및 시스템 제작의 능력을 보유하고 있는 것으로 알려졌으며, 30kW 급 미니버스의 시범운행이 완료된 것으로 알려져 있다. 2008년 중국 북경 올림픽에서 연료전지 자동차를 출시할 계획으로 863 project를 진행 중이며, 75~150kW 급의 수소 탑재형 연료전지 차량을 목표로 정부지원 연간 10억 위안의 규모로 진행되었다.

연료전지 자동차의 개발은 자동차 제작사들이 독자적으로 진행하고 있지만 그림 7-10과 같이 기업 간 국제 제휴의 움직임도 있다. 예를 들면, Toyota와 GM이 공동연구 및 기술제휴를 하고 있고, Honda와 GM이 기술제휴를 하고 있다. Mazda는 Ford와 공동개발, Nissan은 Renault와 공동연구를 합의하고 있다. Mitsubishi는 DC와 개발협력을 통해 연료전지 자동차 개발에 몰두하고 있다. 또한 DC, Ford, Ballard Power System사의 합병으로 XCELLSIS(연료전지 제어 시스템 업체), Ecostar Electric Drive Systems(전기구동 계통 업체), Ballard Automotive(마케팅 업체)를 각각 설립하고 있는 것이 주목된다. 정치용 연료전지를 개발하면서 동시에 자동차용 연료전지의 개발을 하고 있으며, DeNora Fuel Cells과 Epyx사의 합병에 의해 Nuvera Fuel Cells이 탄생하는 등 활발한 움직임을 보이고 있다.

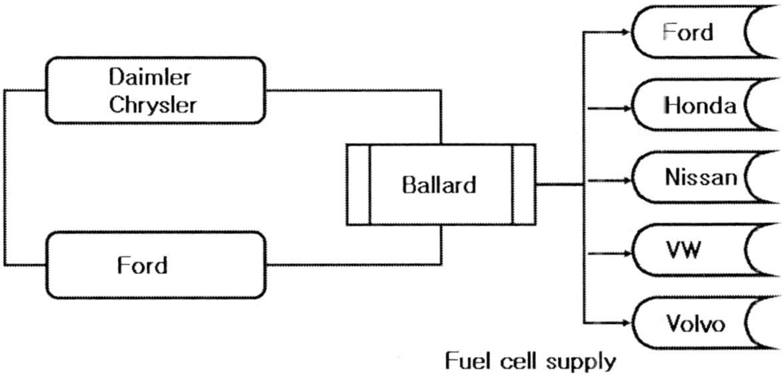

그림 7-10 Fuel cell corporate of companies.

7.1.2 연료전지 국제 표준화

연료전지 시스템 특히 자동차용 연료전지 시스템의 실용화 및 보급단계에서는 안전성, 신뢰성 등의 기준을 만드는 것이 필요하며, 보급에 편리성을 높이기 위해 시스템 및 각 부품의 표준이 필요하다. 그러나 고체 고분자 전해질형 연료전지는 아직은 연구개발의 단계로 기준이나 표준이 미정비 상태다. 따라서 정비에 필요한 기준 및 표준 항목을 정하고, 현행 규제의 재평가가 중요하다. 연료전지에 관한 국제표준에 관해서는 ISO(국제 표준화 기구) 및 IEC(전기 표준 회의) 등에서 논의되어지고 있다. 표준화는 공적 표준(de-jure standard)과 비공적 표준(de-facto standard) 및 법규제 등에 의한 강제 표준의 관점이 필요하다. 우선 자국의 규격을 국제 표준화로 하도록 한다는 구미 각국의 동향과 자동차와 같은 국제 상품의 경우에는 소비자가 국내에 한정되지 않기 때문에 de-jure standard과 de-facto standard의 양면에서의 국제 표준화의 동향이 있다. 또한 ISO와 IEC에서는 연료전지, 연료전지 자동차(전기자동차 일부), 수소기술의 관점등에서 표준화 활동이 행해지고 있다. 연료전지 본체의 검토는 IEC/TC105에 의해 실시되고 있다. 연료전지 자동차에 관해서는 전기 자동차의 일부인 ISO/TC22/SC21에 있어서 검토가 행해지고 있다. ISO/TC22/SC21의 의장은 미국 자동차 기술회(SAE; Society of Automotive Engineers, Inc.)의 표준화 활동과 연휴를 표명하고 있고, 그 동향에 관하여도 주의할 필요가 있고 이 때문에 재단 법인 일본 전동 차량 협회가 SAE와의 연휴에 의해 노력하고 있다. 수소기술의 검토는 ISO/TC197에서 행해지고 있다.

이들 활동에 있어서는 TC, SC의 의장을 독일, 스웨덴, 캐나다 등 구미 각국이 차지하고 있다. 특히, 독일은 표준화 활동에 적극적이다. 이처럼 국제적으로도 다수의 절대적인 주장들 속에서 표준화의 논의가 진전되고 있기 때문에 국내의 표준화 활동도 각국 내 심의 단체와 제휴 협력에 의해 전략적으로 제안을 할 필요가 있다. 국가의 연료전지 관련 공적 표준(de-jure standard) 활동은 ISO과 IEC에서 대응하는 형태로 연료전지, 연료전지 자동차, 수소기술의 관점에서 행해지고 있고, 각각 국내 심의 단체인 사단법인 일본 전기 기계공업회(JEMA), 재단법인 일본 전동차량 협회(JEVA), 재단법인 엔지니어링진흥협회(ENAA)가 활동하고 있다.

7.1.3 연료전지 국내 개발 현황

국내에서는 1987년 대체에너지 개발촉진법에 의거하여 에너지관리공단에 의해 발전용 연료전지 개발 기본계획이 확정되었다. 이 기본계획에 의하면 고분자 전해질 연료전지의 경우 1단계(1988~1991)에서 기초연구, 2단계(1992~1996)에서 1kW급 스택 개발, 3단계(1997~2001)에서 15kW급 시스템 개발, 그리고 4단계(2002~2006)에서 25kW급 시스템 개발을 목표로 하고 있으나 그동안 목표가 다소 변경되어 2001년 한국에너지기술연구원이 5kW급 가정용 고분자 전해질 연료전지 시스템을 개발하였고 지금은 LG-Caltex의 벤처기업인 CETI가 가정용 연료전지의 실용화를 위해 연구를 진행 하였다.

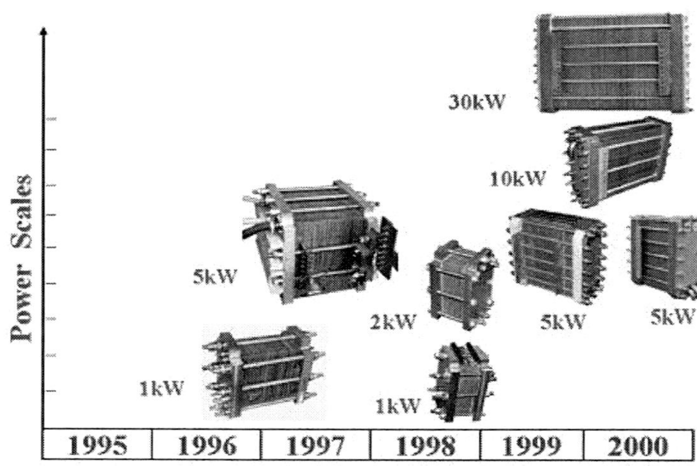

그림 7-11 Power scales of PEM fuel cell.

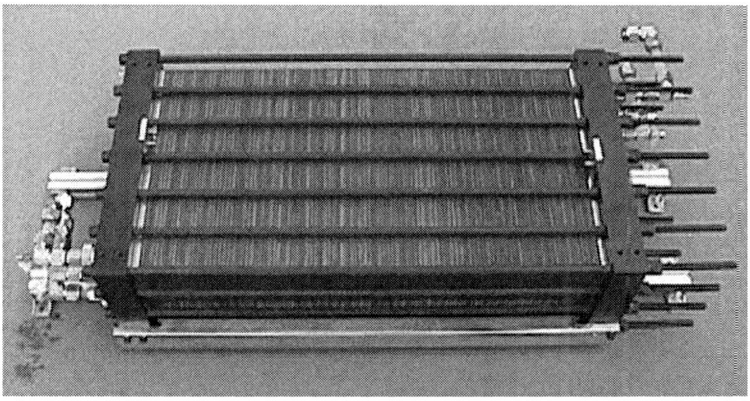

그림 7-12 7kW capacity PEM fuel cell.

한편 한국과학기술연구원에서는 2000년 8월 5인승 골프장용 전동차를 개조하여 7kW급 고분자 전해질 연료전지 스택과 10L짜리 수소 실린더를 탑재한 연료전지 전동차를 개발하였다. 다음 그림 7-12는 한국과학기술연구원이 개발한 연료전지 자등차를 보인다. 선도 기술개발사업의 차세대 자동차 분야에서도 연료전지 자동차의 개발이 성안이 되어 1단계(1998. 11-2000. 10)에서 10kW 스택 개발, 2단계(2000. 11-2002. 10)에서 25kW 연료전지 차량 개발을 목표로 과제가 진행되었다.

1단계에서는 현대자동차(한국과학기술연구원 참여)와 대우자동차(한국에너지기술연구원 참여)가 각각 주관기관으로 참여하여 2000년 9월 현대자동차가 10kW급 스택과 메탄올 개질기를 이용한 연료전지/배터리 하이브리드 자동차(스포티지)를 개발하였고, 동시에 대우자동차가 5kW 스택 2기를 연결한 10kW급 스택과 수소탱크를 이용한 연료전지/배터리 하이브리드 자동차(레조)를 개발하였다. 그러나 2단계부터 대우자동차가 회사 내의 사정으로 참여를 중단하였다.

그림 7-13 PEM fuel cell vehicle.

현대자동차는 25kW급 연료전지 자동차의 개발을 목표로 연구를 수행하였다. 이 프로그램에서 연료 개질기 개발에는 SK의 주관 하에 한국에너지기술연구원, 고려대가 참여하였으며 기초연구에는 자동차부품연구원의 주관 하에 경북대, 서울대, 연세대, 울산대 등이 참여하였다. 한편 현대자동차는 이와는 별도로 미국 IFC의 75kW급 스택과 수소탱크를 이용하여 2001년 3월 연료전지 자동차(그림 7-13 참조) 시작품을 제작하였고 시운전에 성공한 바 있다.

고분자 전해질 연료전지 연구개발에 있어 구성요소 제조에 대해서는 어느 정도 기본적인 기술 확립이 이루어진 상태라고 볼 수 있으나 성능향상, 대면적화, 신뢰성 및 장기성능 제고 등에 대해서 보다 집중적인 연구가 이루어져야 할 것으로 보인다. 스택에 있어서도 분리판 유로, 가습방법, 가스밀봉 등에 대한 독창적인 기술확보가 필요하며 실용화를 위해서는 스택 경량화, 가격 저감화, 소재 국산화, 시스템 신뢰도 향상 등이 필수적이다. 한편 스택뿐만 아니라 휘발유 개질기의 개발이 매우 시급하며 공기압축기 개발, 제어시스템 개발, 시스템 종합기술개발 등 차량관련 기술개발도 매우 중요한 과제가 아닐 수 없다.

1990년대 중반 에너지기술연구원, KIST, 포항공대, 한양대 등에서 전지의 소재 및 스택, 시스템화 기술에 대한 연구가 진행되었다. 현재 국내 연료전지 소재는 연료전지 자동차 개발을 포함한 G7과제 관련 연구로 개발되었으며, 2005년 RPG 시장과 2010년 FCV 시장을 겨냥하여 기술개발이 활발히 이루어졌다.

그림 7-14 SANTA FE FCEV from HYUNDAI.

LG, 삼성 등은 DMFC 및 소형 PEM 연료전지의 개발에 관한 연구를 하고 있으며, 한화는 membrane을, SK는 Reformer에 대한 연구를 수행하고 있다.

현대는 자동차에 적용하기 위한 스택 및 이용기술 연구에 초점을 맞추고 있으며 25kW급 연료전지를 개발하였으며 연료전지 자동차를 UTC와 협력하여 개발 시범운행하고 있다. 연료전지 상업화를 위한 벤처기업으로 세티는 3kW급 RPG를 개발하고 있고 Fuel Cell Power는 MEA의 제조 기술에 초점을 맞추고 있다. 표 7-1은 국내의 연료전지 개발동향을 나타낸 것이다.

표 7-1 Present Status of Fuel Cell in Korea.

	Developing	Technique	Remark
LG	1. 100W DMFC Stack Developing 2. RPG & Vehicle MEA	PEMFC DMFC	• MEA manufacture Catalytic • Polymer Membranes Processing
SAMSUNG	1. 2W DMFC Pack Development 2. Micro Fuel Cell Developing 3. RPG & Vehicle Only	PEMFC DMFC	• MEA • Small Stack Pack
SK	1. 10kW Reformer Development 2. Small DMFC Stack Development	PEMFC DMFC	• Catalytic • Reformer
HYUNDAI	1. 75kW Class FCV Development	PEMFC	• System Integration • Power management system
SETI	1. 3kW Class RPG Development	PEMFC DMFC	• Stack System Integration
KIER	1. 3kW Class Development 2. 100W DMFC Development 3. 50kW PAFC Development	PEMFC DMFC PAFC SOFC	• Stack system Integration
KIST	1. 10kW PEMFC Development 2. 100W DMFC Development	PEMFC DMFC MCFC SOFC	• Stack system Integration
FCP tech	1. Small Fuel Cell	PEMFC DMFC	• MEA & Stack SI

7.2 연료전지 자동차 시스템 분석

연료전지 자동차는 동력기관으로 연료전지를 적용하여 기존의 내연기관에 비해 연비를 2배 이상 향상시킬 수 있으며 공해물질의 발생도 거의 없는 장점이 있다. 또한 성능저하 없이 다양한 대체 연료를 사용할 수 있어 석유에너지 절감과 대체에 기여할 수 있다. 운송용 엔진을 위한 연료전지는 부피와 무게가 작고, 동력밀도가 높아야 하며, 가능한 작동온도가 낮아야한다, 이 조건에 가장 잘 부합되는 것이 PEMFC로 연료전지 자체의 연료 변환 효율은 약 55~65% 정도이며 부속 설비를 구동하기 위한 동력 등을 고려할 경우 엔진의 효율은 약 40-50% 정도가 되어 기존의 내연기관에 비해 월등히 성능이 우수하다. PEMFC는 높은 동력밀도, 빠른 시동특성이 있으며, 액체 전해질이 없고, 운전온도도 100℃이하로 비교적 저온으로 취급이 용이하여 자동차용으로서 적합한 특성을 가지고 있다. 그림 7-15는 연료전지 자동차의 시스템 구성을 보여주고 있다.

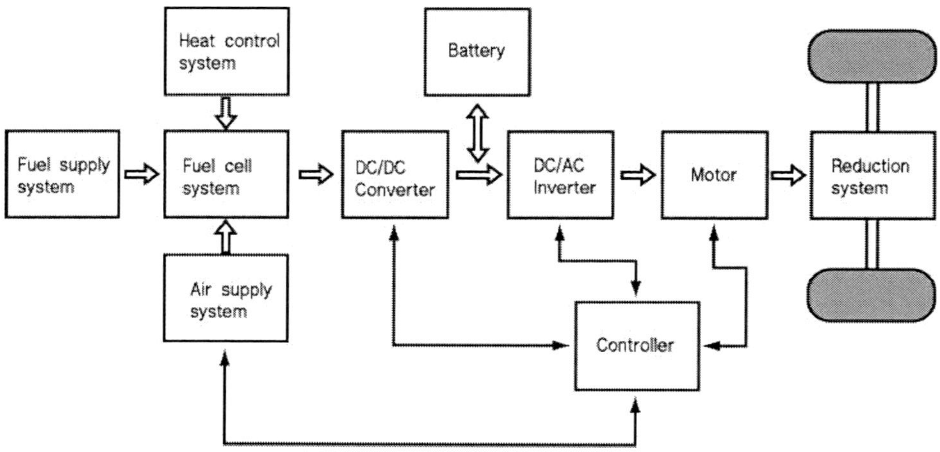

그림 7-15 Power train of FCV system.

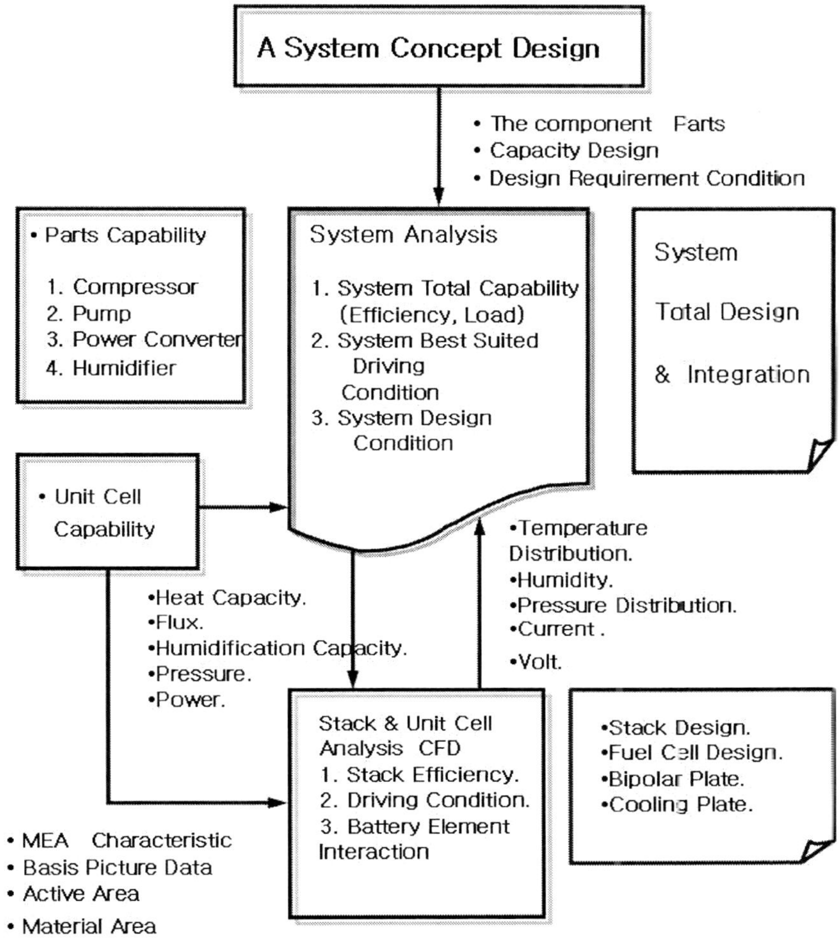

그림 7-16 Design procedure of FCV system.

다임러 크라이슬러의 최근 연료전지 자동차 NECAR Ⅳ의 주행 성능을 통해 기존의 내연기관 자동차와 비교되는 연료전지 자동차의 성능을 살펴보면 다음과 같다. NECAR Ⅳ는 1999년 3월 워싱톤 D.C.에서 발표된 4인승 A-class Compact sedan 연료전지 자동차이다. 한번 연료 충전 후 450Km를 달릴 수 있다. 엔진의 핵심부로 2개의 35kW급 고분자 전해질 연료전지가 탑재되어 있으며 액화수소와 공기 중의 산소를 이용하여 구동된다. 운전 결과 연료전지 스택의 총 효율은 62.2%로 나타났으며 나머지는 열로 소비되었다. 62.2%중 16.4%는 압축기, 냉각펌프와 순환기 등의 보조 동력으로 사용되었으며 8.1%는 인버터 전동기, 트랜스미션과 차동기어에서 손실되었다. 따라서 37.7%만이 수소에너지에서 바퀴의 회전력으로 사용되었다. 이것은 기존의 디젤엔진보다 반 이상 효율이 증가된 것이다. 연료 사용율로 고려하면 평균 수소사용량이 100km당 1.1kg으로 가솔린으로 환산하면 4.0ℓ이며 디젤로는 3.7ℓ이다. 이것은 같은 주행시험모드에서 100km를 가기 위해 디젤 4.5ℓ 가솔린 7.1ℓ가 사용되는 기존의 내연기관에 비해 연비가 우수한 것이다. NECAR Ⅳ의 최고속도는 1445km/h이지만 모토의 마모를 방지하기 위해 최고속도는 125km/h로 제한하여 실험하였다. 앞에서 언급된 결과들은 10,000km 주행후의 성능이다. 가속 성능으로는 0−30km/h에 2.8sec, 0−50km/h에 6sec, 그리고 6−100km/h에 26.3sec가 소요되었는데, 저속에서 가속 성능은 우수한데, 고속에서의 가속 성능이 60km/h에서 100km/h까지 18.1sec가 걸리는 문제가 있었다. 이것은 차량무게와 관련된 것으로 연료전지 자동차는 기존 A−class 보다 300kg이 더 무겁다. 이외에 다른 성능들도 보고되었는데 소음의 경우 69.3db로 기존 자동차의 72db보다 낮은 값으로 승차감이 우수하다.

연료전지 자동차 개발은 독일의 다임러 클라이슬러가 NECAR Ⅰ~NECAR Ⅳ 시리즈로 시제품을 발표하였으며 그 뒤를 토요다, Ford등 주요 자동차 회사들이 따르고 있었으나 최근에는 자동차회사들이 합병과 기술 제휴 등을 통해 2003년이나, 2004년까지 연료전지 상용차를 개발한다는 계획을 발표하였다. 세계적으로 연료전지를 이용한 자동차의 개발 현황은 표 7−2와 같다. 표 7−2에서 알 수 있는 바와 같이 주요 자동차 제작회사들이 총망라 되어 있는 것을 알 수 있다.

표 7−2 FCV development scale.

Company	Vehicle(km/h, km)	FC(kW)	Fuel
Daimler−Chrysler	Necar3('97)(120, 400)	Ballard(50)	Methanol
	Necar4('99)(120, 450)	Ballard(50)	Liquid H_2
Renault	Laguna Estate('97)(−, 400)	Denora(30)	Liquid H_2
VW	Concept (130, 400)	−	Methanol/Battery
Ford	P2000('99)(130, 〈160)	Ballard(75)	Compression/H_2
GM/Opel	Concept(120, −)	Ballard(30~50)	Multi fuel/Battery
Nissan	Concept(120, 400)	Ballard(30)	H_2/Ultra Capacitor
Matsuda	Demio('97)(90, 170)	Matsuda(25)	H_2/Battery
Toyota	RAV4('96)(100, 250)	Toyota(20)	Methanol/Battery

7.2.1 연료전지 자동차의 분류

(1) 직접수소방식 연료전지 자동차

표 7−2에 표시된 것 이외에 수소를 탑재하여 사용하는 연료전지 버스로는 260Kw급 연료전지를 사용하는 BPS버스와 Daimler Benz의 NeBus 가 있으며 NECAR1, 2가 고압 수소 용기를 사용하고 있다. 1996년의 토요타의 연료전지 자동차(FC−EV/RAV4)는 수소 흡장 합금에

저장된 수소를 연료로 하는 연료전지로서 자사제품의 연료전지를 사용하여 1회 충전으로 250Km를 주행할 수 있다. Ford는 1999년 압축수소를 탑재한 P2000 연료전지 시범 자동차를 발표하였다. 또한 NECAR Ⅳ는 그림 7-17과 같이 액화수소를 탑재한 연료전지 자동차이다.

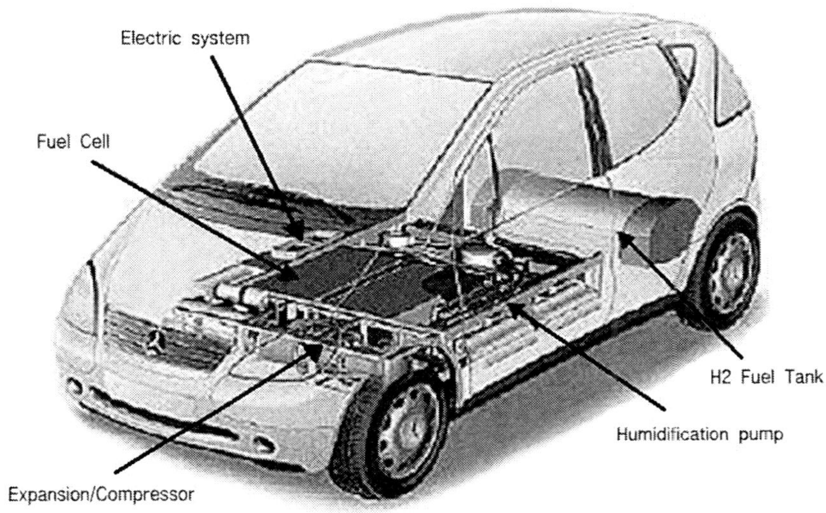

그림 7-17 NECAR Ⅳ of Daimler-Benz.[53)]

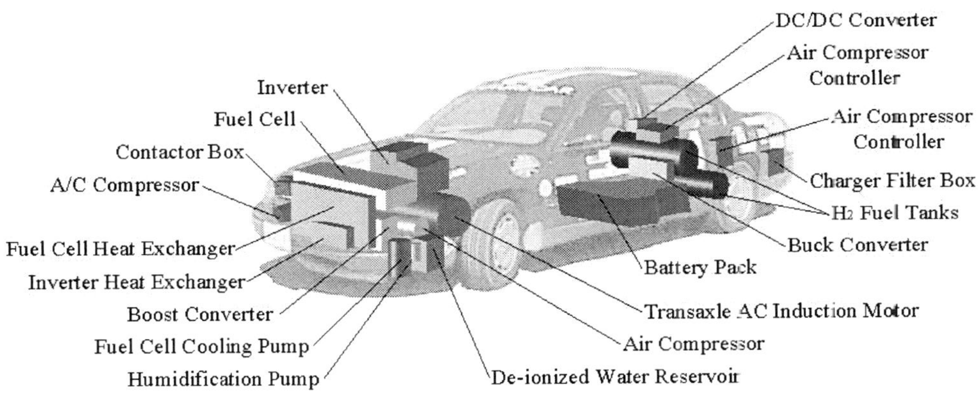

그림 7-18 FCV system using direct Hydrogen supply.

NECAR Ⅳ는 Ford의 자동차와 마찬가지로 승객을 위한 공간을 충분히 확보하고 있으며, 운전 거리는 약 450km로 일반 자동차와 차이가 없다. 이들 직접수소 이용 연료전지 자동차들은 시스템이 매우 간단하고 효율도 높은 장점이 있다. 그러나 연료 공급을 위한 기반시설이 보급되어 있지 않기 때문에 일반 승용차로서는 어려운 점이 있으나, 노선버스와 같이 일정한 장소를 왕복하는 경우 연료공급시설의 구축에 어려움이 없을 것으로 보이며, 한정된 용도로는 현재로도 직접수소이용 방식도 실용성이 있다.

그림 7-18은 직접수소이용 자동차의 시스템 구성이며, 그림 7-19는 직접수소이용 자동차의 동력 구성도이다. 수소를 직접 연료로 이용하는 연료전지 시스템의 경우 실제 이용률보다 높게 공급된 수소를 출구 측에서 배출시키지 않고 입구 쪽으로 재 순환시켜 사용할 수 있으며 이 경우 수소는 전기 부하를 위해 필요한 양보다 과도하게 연료전지에 공급되며 외부부하에 따른 연료전지의 최대 전력 생산량은 공기량에 의해 좌우될 수 있다. 즉 연료가 충분히 공급된 상태에서 산화제인 공기의 양을 제어하여 연료전지의 출력을 제어하게 된다. 공기는 압축기나 송풍기에 의해 공급되며 이와 같은 유체기계의 모터 회전수를 제어하여 필요한 공기 양을 조절하게 되는데 전기적인 반응보다 연료나 공기 공급 시스템의 응답 특성이 느리므로 이에 대한 보상이 필요하며, 시스템 시동 시나 급격한 부하 증가 시에 특히 연료전지에 과부하가 걸리지 않도록 운전을 수행할 필요가 있다.

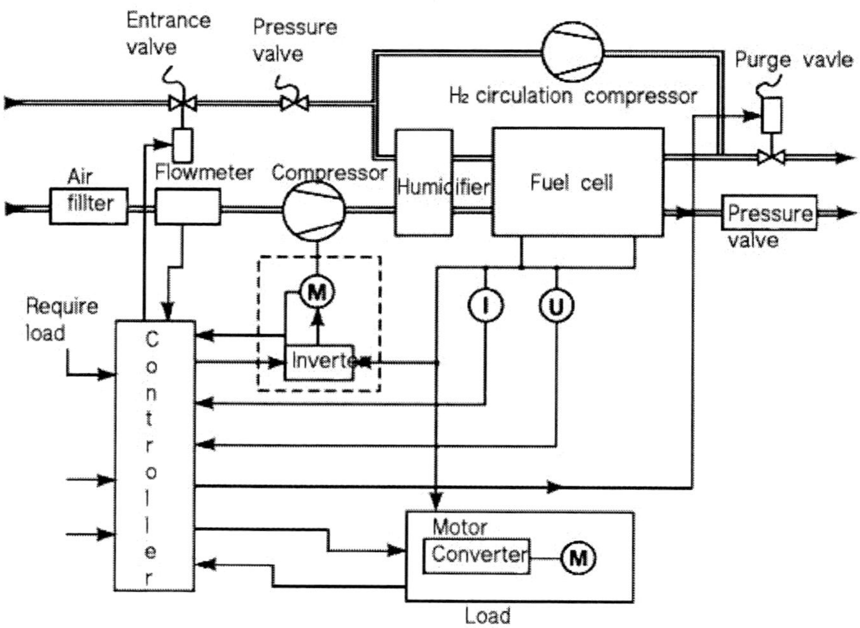

그림 7-19 Power train of FCV using direct Hydrogen supply.

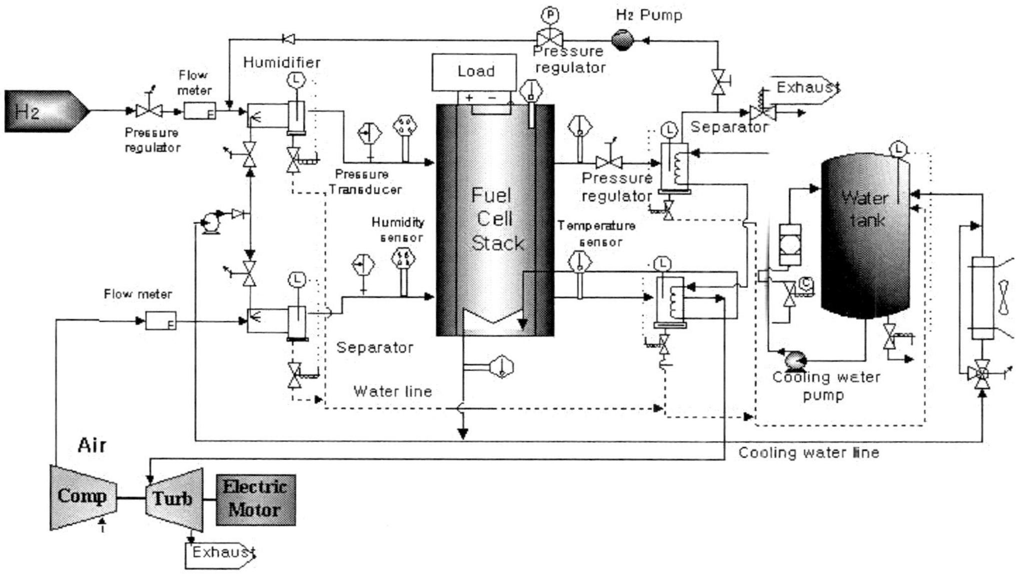

그림 7-20 DHS system of FCV.

(2) 개질기를 포함한 연료전지 자동차

차에 저장된 메탄올을 개질한 수소를 연료전지의 연료로 사용할 경우 충분한 주행거리를 확보할 수 있고, 기존의 연료공급 기반시설을 그대로 활용할 수 있는 장점이 있다. 토요타, 닛산의 연료전지 자동차가 메탄올 개질기를 탑재하고 있다. 그림 7-21은 연료전지 자동차의 내부구성의 실물 사진이며, 그림 7-22는 개질기를 탑재한 NECAR Ⅲ 자동차이다. 1998년에는 GM/Opel에서 메탄올 개질기를 탑재한 실험차를 발표하였다. NECAR Ⅲ는 메탄올을 연료로 수소를 직접 사용하지 않고 액체 연료를 사용한다는 점에서 주목할 만하다. 그러나 액체 메탄올에서 수소를 생산하는 개질 과정의 복잡성으로 인해 운전석으로 제외하고는 전부 개질기로 채워야 하는 문제점이 있어 실용화된 자동차로는 볼 수 없으며 수소 이외의 연료를 사용하기 위해서는 이를 위한 공정 설비의 크기를 줄이기 위한 연구가 더 필요하다. 그림 7-23은 개질기를 포함한 연료전지 자동차의 시스템 구성도이다. 그림에서 보여주듯이 연료는 연료 개질기를 통하여 제어기에 의해서 연료전지 본체에 공급되어진다.

그림 7-21 Inner space of FCV.

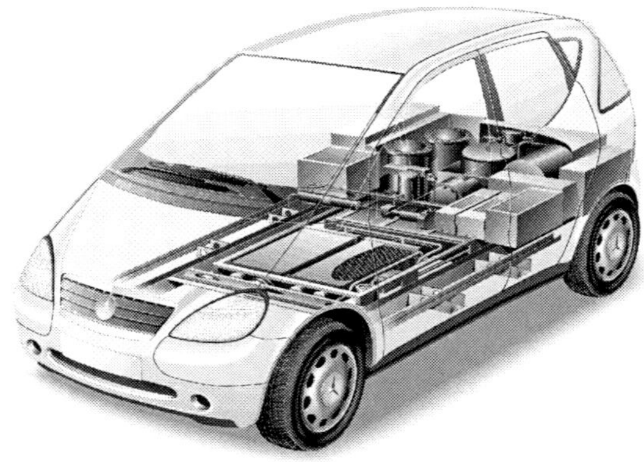

그림 7-22 NECAR III of Daimler-Benz.

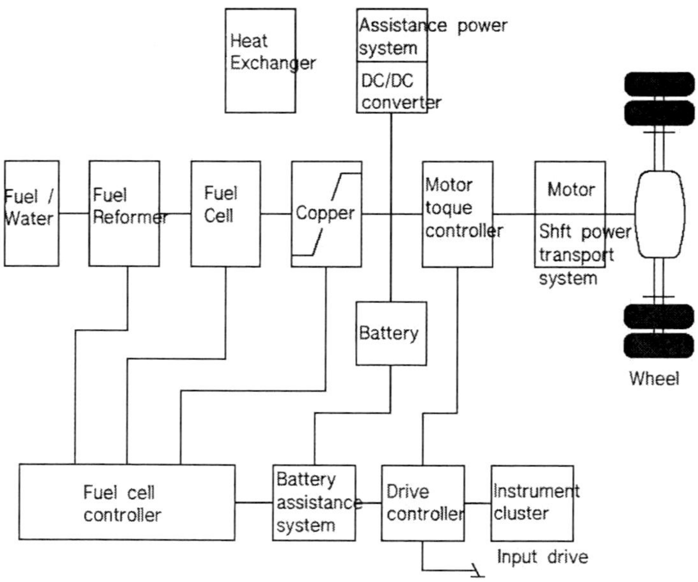

그림 7-23 FCV system included RPG.[53)]

7.2.2 연료전지 자동차의 동력시스템 설계

연료전지 자동차는 순수하게 연료전지만을 이용하는 것과 축전지와의 하이브리드로 동력장치를 구성할 수 있다. 그림 7-24, 7-25는 연료전지·축전지 복합 동력시스템과 연료전지 중심의 동력장치를 나타내는 개념도이다.

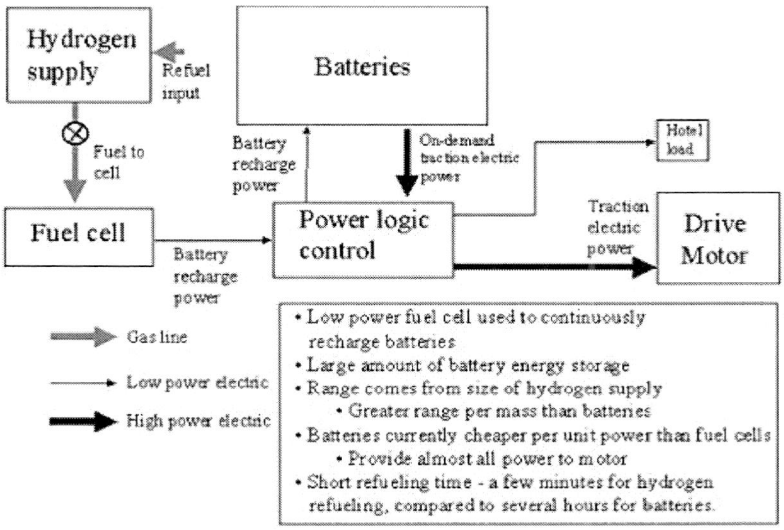

그림 7-24 Fuel cell vehicle-range extender design.

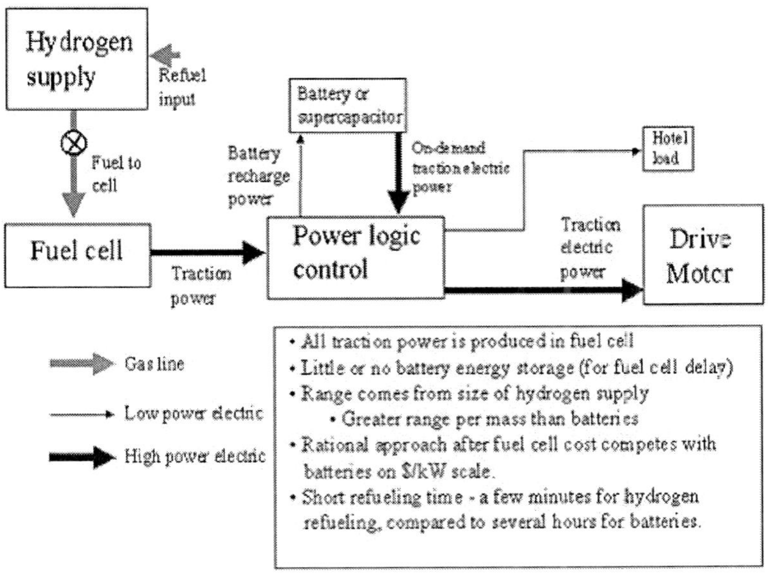

그림 7-25 FCV direct fuel cell power design.

직접 수소를 이용하는 연료전지 자동차에서 메탄올과 같은 탄화수소를 연료로 이용할 경우에는 자동차에 탑재된 수소발생장치, 즉 개질기가 필요하며, 그림 7-26은 개질기를 포함한 연료전지 시스템의 전체적인 구성도이다.

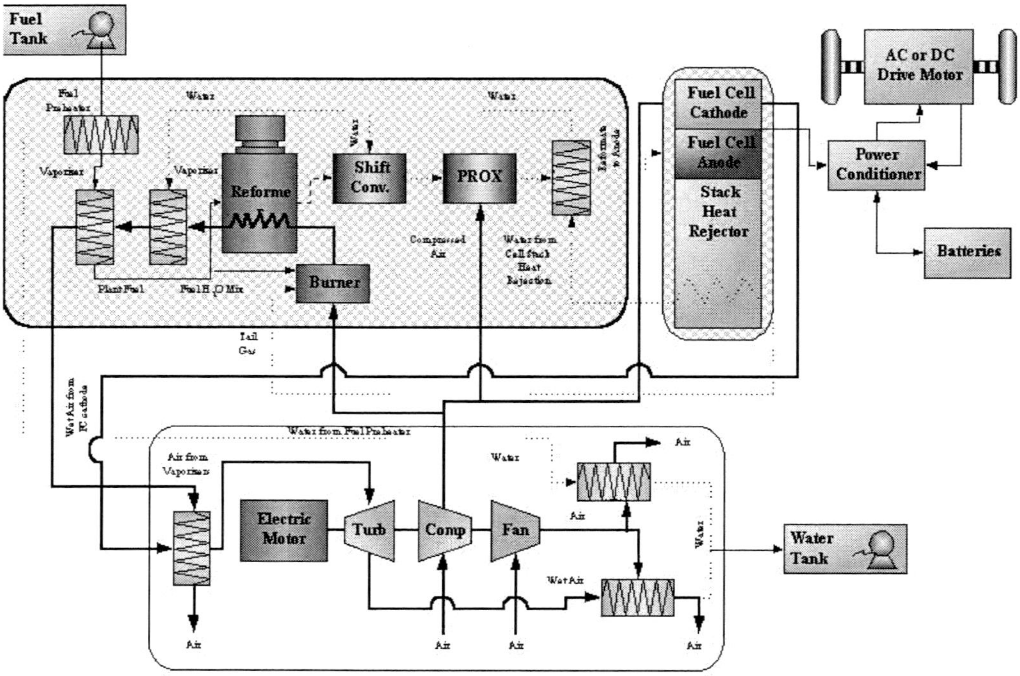

그림 7-26 Power train of FCV system included RPG.

연료전지 자동차의 동력장치 구성은 연료 변환 부(개질기 포함), 압축기와 같은 공기 공급부, 연료전지 스택, 그리고 전력 변환 계와 축전지로 구성되어 있다. 연료로 수소를 사용할 경우 연료변환부가 필요 없으며 보다 간단하게 시스템을 구성할 수가 있다. 그림 7-27은 연료전지 자동차의 시스템 구성을 보여주고 있다. 이와 같은 연료전지 엔진에서 가장 중요한 부분은 스택과 개질기이다. 연료전지를 동력기관으로 실용화시키기 위해서는 연료전지 스택과 개질기의 성능개선은 물론 저온 시동, 공기 가압시스템의 소형화, 연료변환(개질기) 부분이나 수소 저장기의 소형화 문제, 냉각 시스템 소형화 등의 문제를 해결해야 한다.

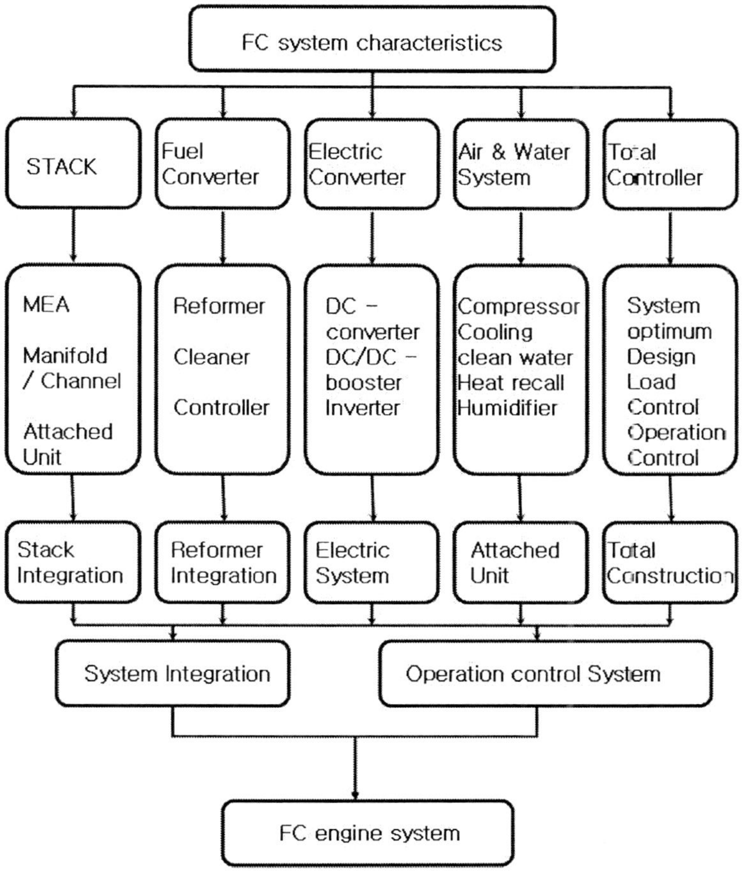

그림 7-27 FCV power system characteristics.

연료전지 시스템은 연료전지 스택 이외에 연료 공급 장치, 공기 공급 장치, 냉각 장치 등 복합 설비로 구성되며 이들 설비들이 연료전지 특성에 맞게 종합화되고 연계되어 운전될 때 연료전지의 장점인 고효율을 유지할 수 있다. 연료전지 엔진 시스템은 운전 방법에 따라 온도, 압력, 유량을 완전하게 전자식으로 제어하는 방식과 주요 부분은 전자식으로 정밀 제어하고 나머지는 기계식으로 조절하는 방식으로 설계할 수 있다. 연료전지 제어시스템은 마이크로프로세서를 이용하여 시동과 정지를 위한 순차제어와 출력제어가 이루어지도록 설계할 수 있다.

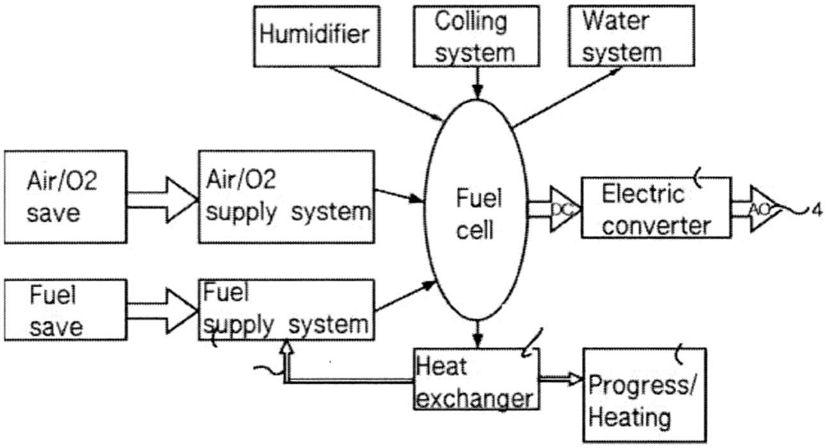

그림 7–28 Power train of FCV system.

연료전지는 연료로서 수소와 산화제로서 공기 중의 산소를 이용하여 발전하는 시스템으로 그림 7–28과 같은 부속설비로 구성되어 있다. 메탄올과 같은 연료를 이용할 경우는 연료변환장치가 필요하며 외부에서 제조된 수소를 직접 이용할 수 있다.

그림 7–29는 급기 및 가습설비를 중심으로 한 연료전지 자동차의 시스템 구성 도를 나타낸 것이다. 여기서 알 수 있는 바와 같이 전체 설비는 연료전지본체를 비롯하여 급기설비, 연료 공급 설비, 가습설비, 전력변환설비 그리고 제어 설비로 구성되어 있는 것을 알 수 있으며 이외에 냉각과 수처리 설비가 가습설비에 연계되어 있다. 구체적으로 각 부품의 기능을 설명하면 다음과 같다. 연료인 수소는 입구 밸브와 압력조절기를 통해 연료전지로 공급되며 공기는 공기필터와 유량계를 거친 후 송풍기나 압축기에서 가압되어 연료전지에 공급된다. 유량계는 압축기 후단에 설치될 수도 있다. 연료전지 전단에는 공기나 연료를 가습하기 위한 가습장치가 필요하다. 고분자 전해질 연료전지 특성상 이온전도도를 위해 전해질인 막이 계속 습한 상태를 유지해야 한다. 연료전지 내부에서는 전해질인 막을 사이에 두고 양극에 공기와 수소가 공급되어 전기화학 반응에 의해 전기를 발생하고 물이 생성되어 공기 측으로 배출 된다 부하 상태에서 단위전지에서 얻을 수 있는 전압은 1Volt 이하로 미소하므로 단위전지를 직렬로 적층시킨 스택을 이용하여 고전압의 전력을 발전시킬 수 있다. 공기량을 제어하는 압축기는 전기 모터에 의해 구동되는데 정상적인 상태에서는 연료전지의 출력을 모터 특성에 맞게 변환시켜 사용하며, 시동 시에는 보조 축전지의 전기를 이용한다. 소형 발전설비에 많이 채용하는 연료전지/축전지 복합 발전 설비인 경우에는 축전지의 전력을 변환시켜 연료전지에서 필요한 전기를 공급하게 된다. 공기량은 연료전지에 요구되는 동력에 연동되어 압축기의 회전수를 조절하여 제어하게 된다. 공기 출구에는 압력조절기가 설치되어 부하에

따라 변하는 공기량에 관계없이 스택내부가 일정한 압력을 유지하도록 한다. 수소 측에는 퍼지(purge) 밸브가 설치되어, 정상 상태에서는 닫혀서 연료전지 출구의 잔여 수소를 입구로 다시 순환시킬 수 있도록 하며, 계속 운전 중에 발생할 수 있는 오염물질이나 과다하게 공급된 수분을 배출시키는 역할을 수행하게 된다. 제어기에서는 유량, 전압 전류 등의 계측자료와 동력 요구 신호를 이용하여 연료전지를 제어하기 위한 신호를 산출하게 되며 이 신호에 의해 수소 측 입 출구 밸브와 공기 측 압축기 그리고 출력 부하를 제어하게 된다.

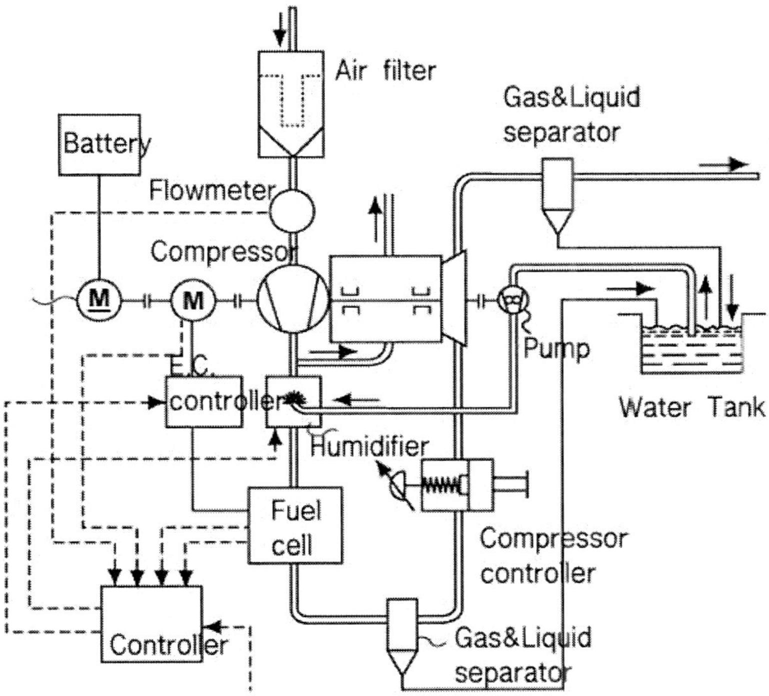

그림 7-29 Power train of FCV system for air and humidifying system.

7.2.3 연료전지 자동차 시스템 제어

연료전지 시스템의 공정시스템은 크게 제어시스템별로 유량제어시스템, 온도제어시스템, 압력제어시스템, 그리고 가습제어 시스템으로 구분할 수 있다. 온드제어시스템은 스택 내부 온도를 최적의 반응상태를 유지하도록 제어하는 것으로 스택 출구의 공기 온도나 냉각수의 출구 온도가 일정 한 값을 유지하도록 스택에 공급되는 냉각수의 온도나 유량을 제어하는 것이다. 냉각 시스템에는 온도제어기 이외에 급수저장시스템의 수위를 일정하게 유지하기 위한 수위제어기가 포함되어 있으며, 냉각수를 통한 전기의 누설과 가습장치의 오염을 막기 위해 전해도를 검출하는 장치와 정수 처리를 위한 필터가 설치되어야 한다. 또한 스택의 성능에 영향을 미치는 공기와 연료의 압력을 제어하기 위해 압력제어시스템이 설치되어야 하며, 부하에 연동되어 최적의 효율을 유지하도록 유량제어기가 설치되어야 한다. 고분자 전해질 연료전지에서는 최적의 반응을 위해서는 전해질 막을 항상 가습상태로 유지해야 하는데 이를 위한 가습장치가 설치되어야 하며 부하에 따라 가습량을 제어할 필요가 있다.

(1) 연료전지 스택 온도제어

연료전지는 전기 발생과 더불어 발열반응에 의해 계속해서 열이 발생하는데 스택 내부 온도를 최적 운영온도로 유지하기 위해서는 냉각이 필요하다. 온도 제어기는 연료전지 스택의 냉각 판에 공급되는 냉각수의 온도를 조절하는 것으로 이에 연동되어 스택 내부온도가 제어된다. 스택의 내부온도는 설정 온도는 전해질 막의 안정성과 스택의 효율을 고려하여 80 ℃로 하였다.

(2) 공기 유량제어

공기는 압축기의 회전수 제어나, 공기관의 입구에 설치된 유량제어밸브를 이용하여 제어한다. 공기 유량은 부하에 연동되어 제어되는 것으로 자동차의 엔진 제어기의 부하 요구 신호나 연료전지의 전압과 전류 신호를 이용하여 최적의 이용률을 유지하도록 공기량을 제어한다.

(3) 공기 압력제어

스택 내부의 반응 압력을 일정하게 유지하지 위한 것으로 출구에 설치된 밸브를 이용하여 압력을 제어한다. 압력제어를 부하에 연동하여 제어할 경우에는 전자식제어밸브가 필요하며 부하에 관계없이 항상 일정한 값으로 유지시킬 경우에는 기계식 압력조절기를 사용할 수 있다. 압력은 1-3bar 정도로 조절한다.

(4) 수소 압력제어

수소를 연료로 할 경우에는 반응에 사용되지 않은 연료를 그대로 배출시키지 않고 다시 순환시키는 시키는 것이 바람직하며, 이를 위한 부가 설비가 필요하다. 수소의 재순환을 위해서는 순환용 압축기나 노즐이 사용될 수 있다. 또한 사용된 수소 량에 연동되어 공급시키기 위한 압력제어시스템이 필요하다. 수소를 폐회로로 구성하여 스택에 공급할 경우 수소는 반응에 필요한 것보다 많은 량이 공급되는 것으로 반응에 이용되는 수소의 양은 공기의 양에 의해 결정된다. 즉, 부하에 따라 연동되는 공기량에 따라 수소가 사용되며, 사용된 정도는 스택의 압력신호로 검출될 수 있다. 수소 압력제어기는 반응에 필요한 압력으로 사용되는 수소의 양에 따라 스택의 압력을 일정하게 유지하는 방법으로 사용된 수소를 보충하게 된다.

따라서 수소 유량 제어를 위해서는 유량계측기가 필요 없이 압력만으로 공급수량을 제어하게 되나, 감시용으로 유량계측기가 사용될 수 있다.

(5) 가습 및 기타 공정 제어

고분자 전해질 연료전지 시스템을 고효율로 운전하기 위해서는 온도제어와 물의 관리가 필수적이다. 냉각 및 물 관리 시스템의 주요기능은 전해질을 위한 연료 및 공기의 가습, 스택에서 생성된 물의 제거, 그리고 스택의 최적운영 온도 유지를 위한 냉각이다. Membrane의 전기 전도도는 가습량에 크게 영향을 받으며 동력밀도가 클수록 영향이 크다. 스택에서 생성된 물을 회수하기 위해 서 스택 출구부에 물 회수장치를 설치되어야 한다. 스택 내부에서 물이 응축되어 가스의 흐름을 막는 것을 방지하기 위해 유량제어 제어 알고리즘이 필요하다. 가습을 위해서는 그림 7-30과 같이 가열 식, Membrane식, 분사식 등 여러 가지 방식이 고려될 수 있으며 가습량 조절을 위해서 펌프나 밸브에 의해 유량과 압력을 조절할 수 있다. 스택의 온도는 냉각수의 온도에 의해 조절되도록 3-Way 밸브를 이용하여 제어시스템을 구성하였으며 수질 유지를 위하여 냉각수의 일부가 계속 Deionizer filter를 통과하도록 시스템이 구성되었다.

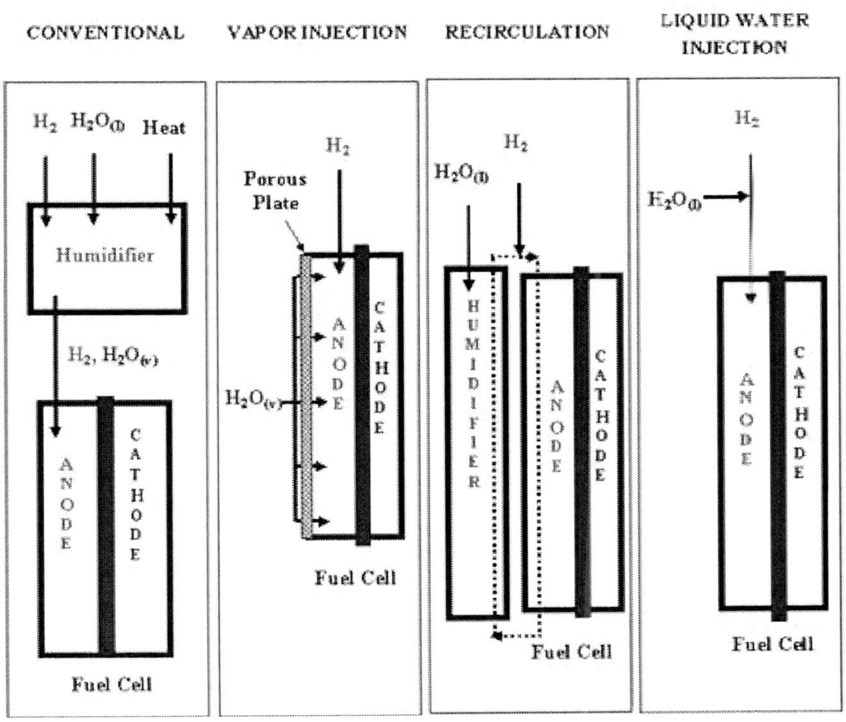

그림 7-30 Type of humidifying unit for FCV.

(6) 계측 시스템

연료전지 시스템의 성능 분석과 시스템의 안정성을 위한 운전 범위를 감시하기 위해 자동 제어를 위한 계측기와 감시제어용 계측기를 설치할 수 있다.

- **공기 유량계** : 부하에 따른 이용율 계산 및 유량제어를 위해 측정
- **수소 유량계** : 연료전지 효율 계산을 위해 스택에 공급되는 수소 유량 계측
- **압력계** : 공기와 수소의 압력 감시 및 제어를 위해 측정
- **스택 입구 공기 온도계** : 압축기 출구온도 및 스택 입구 온도 감시를 위해 측정
- **연료전지 입·출구 급수 온도** : 스택에서의 방출열량 계산 및 입·출구 온도 상태를 파악하기 위해 필요
- **습도계** : 공기와 수소 입구 측의 습도를 감시 제어하기 위해 설치, 상대 습도가 기본적으로 100% 이상 유지하도록 가습량 제어
- **전도도 측정계** : 냉각과 가습에 사용되는 물의 상태를 $4\mu S$ 이하로 유지하도록 상태 감시
- **전압, 전류 측정** : 연료전지의 상태 파악과 부하 제어를 위해 측정

7.2.4 공정 시스템 구성 예

연료전지 공정 시스템은 앞에서 기술한 제어시스템과 계측 설비 이외에 각종 펌프, 압축기, 밸브 등의 구동기와 배관 그리고 물탱크와 필터 그리고 물 회수 장치 등으로 구성되어 있다.

연료전지 시스템을 전자식으로 제어하고 계측하기 위해 설계한 연료전지 공정 설비는 제어 시스템과 마찬가지로 크게 연료공급계, 공기공급계, 그리고 냉각계로 구성되어 있는 것을 알 수 있으며, 공기와 연료라인에는 각각 가습장치와 물을 회수하기 위한 장치가 설치되어 있다. 자동차에 사용되는 고분자 전해질 연료전지는 Membrane이 가습된 상태를 유지해야하며 자기 가습이 되지 않는 스택의 경우 계속적으로 외부에서 가습을 해주어야 한다. 여기에 사용되는 물은 자체적으로 공급되어야 하며 이를 위해 반응에서 나오는 물과 가습에서 사용된 물을 다시 회수하는 장치가 필요하다. 이와 같은 회수 장치가 없는 경우 계속 물을 외부에서 보충해 주어야 하는데, 현실적으로 차량용으로는 자체적으로 공급되는 시스템이 바람직하다. 물 회수 장치는 가습장치와 공기와 수소 출구 단에 설치한다. 각각의 가습장치 후단에 설치된 물 회수 장치는 과도하게 공급된 물을 단순하게 회수하는 장치로 노즐장치를 이용하는 가습기의 경우 큰 입자의 물리 대부분 이곳에서 회수되어 포화 상태 정도로 공기나 수소를 유지시키게 된다. 수소와 공기 출구에 설치된 물 회수장치는 반응 수증기와 가습에 이용된 물을 회수하기 위한 것으로 냉각수가 공급되어 수소와 산소에 포함되어 있는 물 성분을 응축시키도록 하였다. 각각의 물 회수장치에는 솔레노이드 밸브와 수위계가 연동되어 일정한 수위를 유지되도록 하였

다. 회수된 물은 전부 냉각수 저장 탱크로 보내진다. 만약 솔레노이드 밸브에 이상이 발생하여 수소나 공기가 외부로 유출되는 것을 방지하기 위하여 최저 수위를 설정하여 이 값보다 낮은 수위를 유지하여 가스가 외부로 누출될 경우 시스템을 정지시키도록 하였다.

냉각장치는 스택의 온도를 정밀하게 제어되도록 3방향 밸브를 이용하였다. 이것은 냉각수의 양을 가변시키지 않고 가능한 많은 량의 냉각수를 일정하게 공급하여 성능에 큰 영향을 미치는 스택내부의 온도 분포를 일정하게 유지시키기 위한 것이다. 3방향 밸브에 의해 물 저장탱크로 회수되는 냉각수와 냉각 열교환기 분기되는 물의 양을 조절되도록 하였으며 이에 따라 공급되는 냉각수의 온도가 변화되어 스택의 온도가 제어되도록 하였다. 냉각 설비는 정격부하에서 공랭식 열교환기의 능력을 고려하여 열교환기에서 물의 온도가 5℃ 정도 감소 될 수 있는 양으로 설정한다. 시동 시에는 스택의 온도가 정격상태까지 빠르게 도달하도록 냉각수를 바이패스 시켜 최소량만 스택을 통과하도록 하였다. 냉각수의를 비전도성 유체로 유지하기 위하여 전도도를 측정하였으며 필터를 이용하여 전도성 물체를 제거하도록 하였다. 냉각수 펌프에 의해 냉각수의 약 25%정도가 필터를 통과하여 탱크로 돌아오며 나머지는 직접 스택으로 공급된다. 이것은 전체 냉각수가 필터를 통과함으로서 생기는 압력 손실을 줄이고 필터에서 처리되는 물의 양을 줄여 필터가 차지하는 용량을 적절하게 줄이기 위해서이다. 전도도를 검사하여 필터를 설치하지 않을 경우에는 주기적으로 새로운 증류수를 보충해야 한다.

연료전지 자동차용 연료전지 시스템의 용적을 최소화시키기 위하여 전자식 구동기와 필터 등의 주변기기를 최소로 줄여 구성한다. 압력제어를 위해서는 기계식 조절기를 사용하며 연료전지 입구부의 수소 유량은 측정하지 않았다. 온도 제어를 위해서는 3방향밸브를 사용할 수도 있으나, 운전 조건에 따라서는 냉각기의 송풍기를 on-off 시킬 수 있도록 한다. 연료전지와 가습기, 유량계와 압력제어계 등 연료와 공기 공급계는 패키지로 구성되어 있으며, 펌프와 압축기 등의 냉각설비는 별도로 설치하여 엔진의 수리를 용이하게 하고 승용차의 가용 용적을 최대로 이용한다.

7.2.5 연료전지 자동차의 부하 · 제어시스템

(1) 연료전지/축전지 시스템의 제어 방법

1) 연계 운전 제어 방법

연료전지 자동차는 전기자동차와 연료전지가 결합된 형태로 이해할 수 있다. 따라서 전체적인 시스템 구성은 전기 자동차 구성 부분과 연료전지 시스템으로 구분할 수 있으며 차세대 자동차 동력원으로 주요 역할을 담당하게 될 연료전지 시스템의 엔진 부분은 전력변환기 등의 전기장치 이외에 연료전지 스택과 전력변환장치를 비롯하여 연료 공급장치, 공기 공급장치, 냉각 장치, 가습 장치 그리고 제어기와 각종 구동기 등으로 구성되며 이들 장치들을 종합적으로 연계시키고 운영시킬 수 있는 종합화 기술 및 종합운전 제어 기술의 개발이 필요하다. 연료전지 시스템의 공정 제어는 부하변화에 대응하여 연료나 공기의 유량제어는 물론 압력과 온도를 일정하게 유지하기 위한 상태 제어를 포함한다. 부하제어를 위한 유량과 연동되어 변하는 압력을 제어하기 위해서는 공기의 경우 유량제어 밸브와 연동되도록 압축기의 회전수를 제어할 수 있으며, 스택의 온도 제어는 별도의 냉각수 열교환기와 냉각수 유량 제어밸브와 냉각송풍기를 이용할 수 있다. 고분자 연료전지의 핵심요소인 Membrane의 가습을 유지하기 위해서는 외부에서 수소와 공기를 가습해 주는 외부 장치가 필요하며 가습량 조절을 위해서는 기체 속으로 분출되는 밸브에 의해 공급 유량을 제어한다. 스택 내부의 공기 극에서 생성되는 수증기를 이용할 경우 공기 측에는 별도의 가습장치가 필요 없으나, 수소 측에는 별도의 가습장치가 필요하다. 연료전지 자동차용의 동력원으로 이차전지와 연료전지를 조합한 하이브리드 축전지를 이용하여, 여러 가지의 운전조건 아래서 연료전지와 이차전지 모두의 특성을 충분히 살린 최적의 사용 형태로 되도록 하여, 차량의 저부하에서 과부하까지의 출력 요구에 대응할 수 있고, 또 주행 가능 거리가 긴 연료전지 자동차의 구동 방식을 제공할 수 있다. 연료전지 자동차는 에어컨용 전동기, 파워스티어링용 전동기를 포함한 보조 기기류를 구비하고, 이들 기기들은 연료전지를 전원으로 구동한다. 직렬로 접속된 축전지와 연료전지에서 전동기로 흐르는 전류 또는 전압은 전류 전압 제어 장치에 의해 감지되고 제어되어, 직류 전원으로서의 전압을 일정한 범위로 유지하게 한다. 항상 일정한 출력을 발생하는 연료전지에서 자동차에서 요구하는 부하가 적을 경우에는 축전지로 전력을 공급하여 충전시킬 수 있으며, 축전지를 통해 저부하에서 과부하까지의 광범위한 출력 요구 특성을 만족시키며, 장기간 주행하는 것이 가능하게 된다. 특히 축전지의 전력은 부하 변동이 큰 차량의 주행 구동력에 사용하며, 부하 변동이 비교적 작은 보조 기기를 운전하는 데는 장기간에 걸쳐 일정한 출력을 얻을 수 있는 연료전지의 전력을 사용하여 주행가능 거리를 연장하고 전원 장치의 크기의 소형화를 도모할 수 있다.

2) 연료전지 축전지 연계 제어 시스템 구성

연료전지 자동차의 동력시스템에서 연료전지에 공급되는 수소의 증가(혹은 감소)는 외부 부하의 변동에 의하여 부하가 요구하는 동력이 점진적으로 증가(감소)하는 한 외부 부하에서 필요한 동력을 공급할 충분한 연료가 공급되어진다. 그러나 외부 부하가 갑자기 변화할 때에 부족한 수소를 연료전지에 빠르게 공급되어 질 수 없다. 이것은 출력전압의 감소를 야기하고 외부 부하에 충분한 동력의 공급을 불가능하게 한다. 이러한 시스템에서는 연료전지의 무리한 사용을 억제하고 외부부하에 동력을 공급하기 위한 연료전지 보호용 보조전지를 채용해야 한다.

전기자동차에 적용되는 복합 연료전지 시스템은 자동차가 가속중이거나 언덕을 오를 때에 발생하는 추가 소요 동력은 보조 전지에 저장되어진 동력을 연료전지에 첨가하여 자동차에 공급하게 한다. 한편으로는 자동차가 일정한 속도로 평탄한 지형을 운전할 때는 연료전지 만

이용된다. 연료전지와 보조 전지가 모두 이용할 때는 연료전지에 의하여 공급되어지는 동력의 양은 DC/DC 컨버터에 의해 일정한 준위로 제어된다. 보조 전지는 연료전지의 출력 소모 동력의 양이 적거나 같을 때에 충전된다.

일반적인 복합 연료전지 시스템은 외부 부하의 값이 연료전지의 출력보다 클 때만이 효과적이다. 즉 외부 부하가 연료전지 시스템의 출력보다 큰 값일 때에 보조 전지에 저장된 보조 동력을 이용하여 다중 적으로 동력을 공급한다. 그러나 시스템에서 사용된 외부 부하의 값이 연료전지의 출력 값보다 적으면 문제점을 야기한다. 이것은 DC/DC 변환기를 사용하는 연료전지의 출력은 시스템 내에서 항상 일정한 값을 유지해야 한다. 그런데 외부 부하의 값이 출력보다 적으면 연료전지 출력과 외부 부하 사이의 차이에 해당하는 약간의 동력의 소비를 필요로 한다. 일반적으로 히터와 같은 외부 부하는 이러한 동력을 소모할 수 있도록 시스템 내부에 장치되어 있지만, 연료전지 시스템에서 발전된 동력의 양이 외부 부하에서 필요로 하는 동력의 양보다 크면 에너지 효율이 떨어지는 문제를 야기한다.

연료전지 자동차의 제어측면에서의 시스템 개요는 연료전지 엔진 부는 연료전지 스택을 중심으로 스택의 보호 장치, 연료/공기의 공급계통과 스택의 전기적 출력을 일정전압으로 출력하도록 하여 축전지에 연계시키는 DC/DC 컨버터 그리고 이들을 제어하는 제어기인 마이크로 제어기로 구성된다.

제어장치는 축전지의 잉여저장량과 부하명령에 비례하는 현재 전력소비량으로부터 메탄올 연료 공급 조절 밸브와 공기 조절 밸브를 조절하여 연료전지의 출력을 조절하고 자동차를 구동하는데 필요한 전력을 제공하도록 해야 한다. 즉 연료전지에 공급되어야 하는 연료량을 계산하여 연료제어부에 메탄올 공급 조절 신호를 보낸다. 연료전지 제어 장치는 DC/DC 콘버터를 조절하여 연료전지의 출력 전력을 제어한다. 그러나 제어 시스템에서는 다음의 사항이 준수되도록 제어하여야 한다. 첫째, 연료전지는 부하에 따라 전동기에 전력을 공급하는 가변 전원 공급 장치로 작용하지만, 자동차가 빠르게 가속되거나 부하가 증가하거나 하는 경우는 축전지가 연료전지의 모자라는 출력을 보상하는데 사용되어야 하고, 경부하 구간 동안 연료전지로부터 전력을 충전 받도록 하여야 한다. 둘째, 연료전지의 출력제어는 가능한 고효율(40% 이상)을 유지할 수 있도록 동작되어야 하고, 축전지는 과방전에 의한 수명저하가 발생되지 않도록 동작되어야 한다. 복합 연료전지 시스템의 운전에 있어서 외부 부하의 값이 연료전지의 출력보다 적을 때에 에너지 효율을 향상시키는 방법을 제공하기 위한 것이다. 이것은 연료가스와 산소 가스의 반응에 의하여 동력을 발생하는 연료전지를 포함하는 복합 연료전지 시스템에 적용할 수 있다. DC/DC 변환기에는 연료전지의 출력 전류를 제한하는 전류제한 장치, 연료전지에 병렬로 접속된 보조 전지, 외부 부하에 동력을 공급하는 연료전지 보조용 전류 제한 장치, 외부 부하의 값의 변동을 감지하기 위한 외부 부하 변동 감지 장치, 전류 제한 장치에 의하여 만들어진 연료전지의 출력 전류의 시간제한의 경과에 의해 변화하는 외부 부하 값의 변동을 추종하는 제한 전류 조절 장치 등이 포함되어 있다. 외부 부하의 값의 변동은 외부 부하 변동 감지 장치에 의해 감지되고, 제한 전류 조절 장치는 시간의 경과에 따라 연료전지 출력 전류의 변화를 제한한다. 즉 외부 부하의 값이 갑자기 감소하면 연료전지는 즉각적으로 반응하지 못하며 여분의 출력이 보조 전지에 저장되어 진다. 부차적으로 전류 제한 조절 장치는 점진적으로 연료전지의 출력 전류를 낮추기 시작한다. 연료전지로부터 공급된 전류는 보조 전지의 충전에 소모된다. 최종적으로 외부 부하의 전류는 오직 연료전지만이 공급한다. 전류 제한장치는 전류 제한 조절 장치로부터 제어 신호를 가지는 게이트 터미널을 포함한 DC/DC 변환기이다. 이 시스템은 보조 전지의 충전 전류 감시에 의한 DC/DC 변환기의 출력 전압의 제한적 변화를 위한 전압 제한 조절 장치를 포함한다. 외부 부하 변동 감지 장치는 연료전지의 출력 전류 회로 속에 삽입된 첫 번째 전류 감지장치, 보조 전지의 충·방전 회로에 삽입된 두 번째 전류 감지 장치, 첫 번째와 두 번째 전류 감지 장치에 의해 감지된 값을 더하기 위한 추가 장치, 첨가 장치에 의해 첨가되는 결과에 의해 시간의 경과로 발생하는 변화를 감지하기 위한 감지장치를 포함할 수 있다.

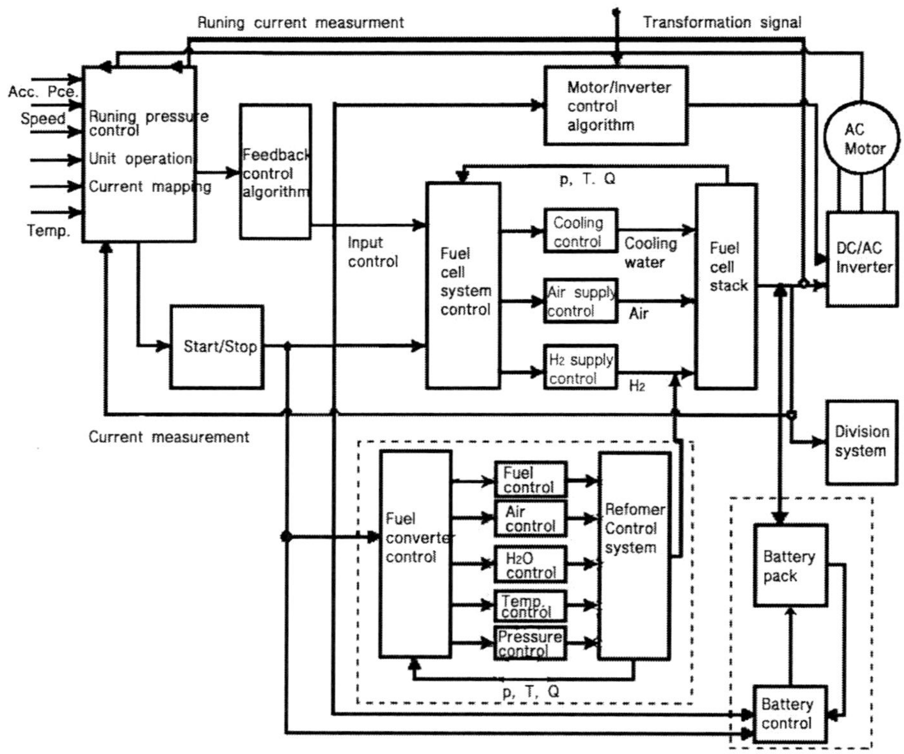

그림 7-31 Control system schematic of FCV.

그림 7-31은 연료전지와 축전지를 동력원으로 하는 시스템에 적용할 연료전지/축전지 복합 구동 동력원의 동력 시스템 제어 계통도를 보여주고 있다. 제어장치는 축전지의 잉여저장량과 부하명령에 비례하는 현재 전력소비량으로부터 메탄올 연료 공급 조절 밸브와 공기 조절 밸브를 조절하여 연료전지의 출력을 조절하고 부하를 구동하는데 필요한 전력을 제공하도록 해야 한다. 즉 연료전지에 공급되어야 하는 연료량을 계산하여 연료제어부에 메탄올 공급 조절 신호를 보낸다. 연료전지 제어 장치는 DC/DC 콘버터를 조절하여 연료전지의 출력 전력을 제어한다. 그러나 제어 시스템에서는 다음의 사항이 준수되도록 제어하여야 한다. 첫째, 연료전지는 부하에 따라 전동기에 전력을 공급하는 가변 전원 공급 장치로 작용하지만, 점진적이 아닌 짧은 시간 내에 급격히 부하가 증가하는 변화가 발생할 경우에는 축전지가 연료전지의 모자라는 출력을 보상하는데 사용 되어야 하고, 부하가 약하거나 감소하는 동안에는 연료전지로부터 전력을 충전 받도록 하여야 한다. 둘째, 연료전지의 출력제어는 가능한 고효율(40% 이상)을 유지할 수 있도록 동작되어야 하고, 축전지는 과방전에 의한 수명 저하가 발생되지 않도록 동작되어야 한다.

3) DC/DC 변환기에 의한 부하제어 및 스택의 보호

연료전지의 성능은 단위전지에 걸리는 전압이 너무 높거나 낮은 경우 저하될 수 있다. 더욱이 연료전지가 무 부하 상태 등에 있는 경우 작동시작 및 중단시점에서 전지종류에 따라서는 잔여가스에 의한 전기화학반응이 발생되어 순간적으로 높은 피크전압이 생기게 된다. 연료전지의 통상적 전류-전압 특성곡선에서는 전류가 증가함에 따라 전압이 감소하는데 정격 시 전압은 무부하의 40-50%이하로 감소하며 최대전력은 정격 근처에서 발생된다. 상용 연료전지의 동작범위는 최대부하와 최소한 필요한 방전용 부하사이에서 동작된다. 연료전지 스택은 항상 최소부하이상이 유지되도록 동작시켜야 하며 동작 시동 및 중단 시에 전지전압을 안전한 영역에 존재할 수 있도록 하는 알고리즘이 필요하게 된다.

그림 7-32는 DC-DC 변환기의 작동순서도이다. 연료전지는 부하에 따라 전압의 변동변화가 매우 심한 에너지원이다. 따라서 축전지를 비롯한 다양한 부하에서의 정상적인 사용을 위해서는 출력을 일정한 전압 또는 전류가 되도록 조절해야만 하므로 출력조절용 변환장치를 사용할 수밖에 없다. 그러나 일반적으로 연료전지는 대전류, 저전압특성을 갖는 에너지원으로 동작하기 때문에 소전류, 대전압 특성의 에너지원과 비교하여 출력의 전력처리장치의 효율을 크게 떨어뜨리게 된다.

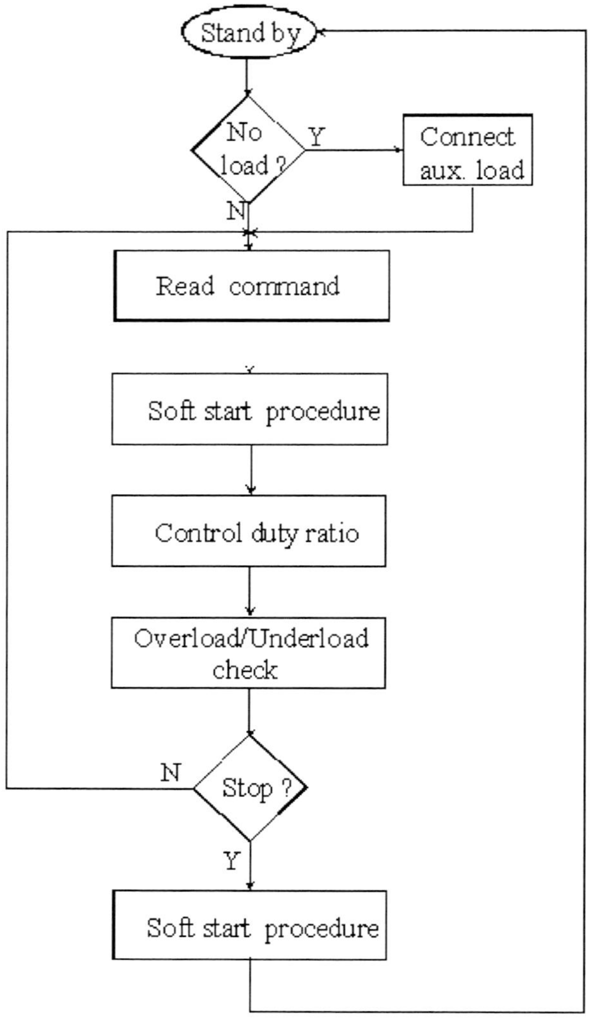

그림 7-32 Operating sequence of DC-DC converter

연료전지의 효율이 비록 타 발전보다 높다고 하지만 전력변환장치의 효율에 따라 전지스택의 출력에너지는 5%~10%정도의 추가적인 손실이 발생될 수 있으므로 전체적인 효율 향상과 또한 장치의 소형화를 위해서 고효율의 전력변환기술의 개발이 중요한 요소로 작용하게 된다. 따라서 연료전지의 출력은 DC/ DC 컨버터를 통해서 부하에 연결되어야 한다. 여기서 DC/DC 컨버터의 역할은 스택의 출력을 축전지 및 인버터시스템에 안정되게 연계시키는 동작뿐만 아니라 연료전지 스택의 동작영역을 보장해주는 작용도 한다. 연료전지스택의 전압은 정격에서 수십Volt 이며 인버터의 경우 200V-300V이상의 직류전압을 필요로 하므로 큰 이득을 갖는 승압작용을 하게 된다. 이를 위한 방법은 여러 가지가 존재하지만 그 중에 하나로 풀브리지 형태와 고주파 트랜스를 사용하여 구현할 수 있다. 이 경우는 전지스택과 차량의 구동시스템과의 절연이 가능하게 되고 높은 이득이 가능하다는 장점이 존재한다. DC/DC 컨버터의 동작은 시동 및 동작 시 무 부하/과부하 상태를 감시하도록 하고 소프트 스타팅방식을 사용하여야 한다.

(2) 연료전지 부하 제어 방법

1) 축전지 상태에 따른 연료전지 부하의 단계적 제어 방법

축전지 전류 전압 제어 장치는 연료전지 전류 전압 검출기와 축전지 전류 전압 검출기의 출력에 기초하여 연료전지나 축전지의 전류나 전압이 일정한 범위로 유지하도록 제어한다. 축전지는 연료전지에 비해 전류가 큰 범위까지 높은 전압을 유지하고 있다. 단, 무부하 상태에서는 연료전지의 전압이 축전지의 전압보다 높게 설정되어 있다. 따라서 연료전지 자동차의 부하가 낮은 운전 상태에서는 전동기의 운전에 필요한 전력은 주로 연료전지에서 공급된다.

축전지가 방전 상태가 되면 연료전지에 의해 축전지를 충전한다. 이때 축전지 전류 전압 검출기에서 검출되는 연료전지의 전류가 최대 전류 값 이하로 되게끔 연료전지 제어스위치에서 제어한다. 이 제어는 축전지 전류 전압 검출기에 의하여 검출된 축전지 전류가 설정 값 이하로 되게 연료전지 제어 스위치를 On-Off 제어 방식에 의해 수행하는 것이 좋다. 따라서 연료전지가 과부하 상태로 되어 전압이 낮을 때는 연료전지 제어 스위치를 차단 상태로 하여 축전지만으로 전동기에 전력을 공급한다. 축전지의 충`방전 상태는 축전지 전류 전압 검출기에서 검출되어 연료전지의 충전 전압이 소정의 충전전압 이상으로 된 때는 연료전지 제어스의치를 해지 상태로 하여 연료전지에서 충전을 정지시킨다. 이와 같은 처리 방식에 의하여 연료전지 자동차의 전원 장치로서의 연료전지 또는 축전지에 관해 전류 및 전압을 소정의 범위로 유지하도록 하는 제어가 수행된다. 축전지 전류 전압 제어 장치에 의해 연료전지나 축전지의 전류나 전압은 소정의 범위로 유지하는 제어에 의해 연료전지와 축전지의 전류 전압 검출기의 출력을 이용하는 방법 이외에도, 연료전지 축전지 전류 전압 검출기 중의 하나의 전류 또는 전압과 교류 전동기의 1차 권선에 흐르는 1차 전류에서 필요한 제어 정보를 연산해서 구하여 제어를 수행해도 된다. 예를 들어 연료전지 전류 전압 검출기의 출력과 교류 전동기의 1차 권선에 흐르는 1차 전류에 의해 교류 전동기의 부하 상태 또는 연료전지 및 축전지의 전류나 전압의 상태가 이해되기 때문에 위에서 행한 것과 같은 제어를 수행할 수가 있다. 연료전지에 의한 축전지의 충전 제어 알고리즘에서 제어 프로그램은 연료전지가 저 부하 상태일 때 작동을 시작하고, 축전지의 충전 상태는 프래그의 상태에 따라 판단되며, 이에 따라 연료전지에서 얼마만큼의 동력을 공급하여야 하는가를 결정한다. DC-DC 컨버터는 연료전지의 전력으로 보조 축전지를 충전한다. 이 충전의 제어는 축전지의 경우와 같이 충전을 연료전지전류 전압 제어 장치에 의해 보조 축전지의 전압을 감시하면서 수행된다. 여기에서 축전지의 전력을 부하 변동이 큰 차량의 주행 구동력에 사용하여 부하 변동이 비교적 작은 보조기 기류의 전력은 연료전지가 담당한다.

2) 축전지 부하에 따른 연료전지 연속 부하 제어

연료전지는 이미 언급한 바와 같이 연료전지는 점진적으로 변화하는 부하에는 충분한 추종 능력이 있지만, 급격한 부화 변화를 추종하는 데는 매우 취약하고, 또한 효율 및 수명 등의 여러 성능 저하를 초래할 수 있다. 따라서 외부 부하의 변동이 심할 때에도 충분한 성능을 발휘할 수 있도록 하기 위한 제어 시스템의 구성 및 이를 보조할 소프트웨어의 구성이 필요하다. 연료전지/축전지 복합 동력원 시스템에서 부하를 제어하기 위한 연료전지의 출력은 자동차 운행 시에 일어나는 운행 경로의 변화량, 축전지 내부의 충전 상태의 변화량, 자동차 운전 시에 입력되는 가속 신호 등에 따라 변화해야 한다. 연료전지 출력 제어 장치는 축전지 충전 상태에 의한 출력 허용 범위를 결정하고, 그 범위 내에서 잔류 충전량이 남아있는 한 연료전지가 동력을 공급하는 것을 제어한다. 연료전지와 축전지의 부하 제어를 위한 동력 시스템 소프트웨어의 주요 구성을 크게 구분하면 연료전지에 의한 부하제어 과정과 축전지에 의한 부하제어 과정 등으로 구성되어 있다.

부하 전류 변화에 따른 연료전지 제어 프로그램은 연료전지와 축전지에서 공급하는 전류를 감지한 후에, 부하 전류의 변화가 생기면 변화량만큼의 동력을 연료전지가 감당하도록 하기 위하여 DC/DC 컨버터의 출력을 조절한다. 이때 연료전지에서 부하를 전부 감당하지 못하면 축전지의 방전 전류가 생기게 되는데, 이 축전지의 방전 전류를 감지하여 방전 전류가 없어질 때까지 컨버터의 출력을 증가시킨다.

3) 사용부하에 따른 연속 제어 방법

연료전지를 이용한 기존의 동력시스템은 일정량의 전력 생산을 담당하고 나머지 부하는 축전지에서 담당하도록 설계되어 있다. 그림 7-33은 연료전지를 이용한 기존의 동력장치로 연료 저장탱크, 연료를 이용하여 수소가스로 만드는 개질기, 연료전지, DC/DC 변환기, 인버터, 축전지, 부하, 마이크로프로세서 형태의 제어기로 구성된다. 연료전지로부터 나온 출력 PF은 DC/DC 변환기에 의해 출력 PC로 바뀐다.

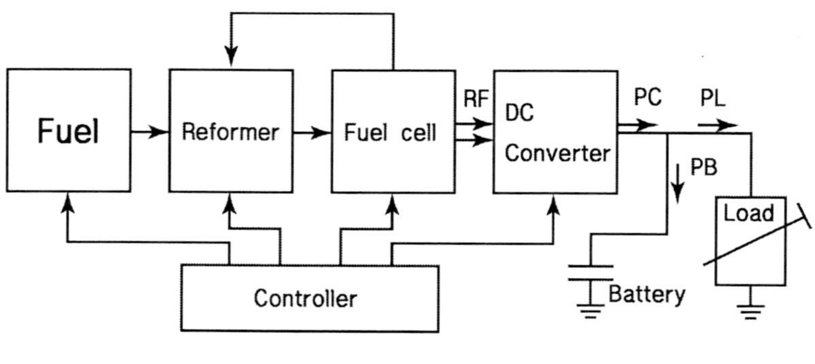

그림 7-33 FC/Pb mixed power system.

일정한 DC/DC 컨버터 출력(PC)은 외부 부하크기에 따라 에 따라 부하출력(PL)과 축전지 입력 전력(PB)으로 공급된다. 외부 부하가 작을 때에는 여분의 전력을 이용하여 축전지를 충전하고, 부하가 크면, DC/DC 컨버터 출력 PC와 축전지 출력 PB가 합쳐져서 외부부하에 공급된다. 그러나 위에서 기술한 연료전지 동력시스템은 부하변동에 따른 신속한 연료전지 출력제어를 고려하지 않은 것으로 외부 부하에 연동되어 최적의 전력을 공급하기 위해서는 부하에 연동된 연료전지의 제어가 필요하다.

연료전지 부하제어의 어려움은 탄화수소 계통의 연료에서 수소를 생성시키는 개질기의 반응특성 때문에 생긴다. 개질기는 연료를 개질시키기 위해 수증기와 액체연료의 경우 증발이 필용하다. 즉 메탄올을 이용한 스팀개질(steam reforming)의 경우 물과 메탄올이 혼합된 연료가 증기상태가 되어 촉매층에서 수소가스로 분리되는데 이 과정에 소요되는 반응시간은 0.5~2분 정도가 소요된다. 자동열분해(Autothermal) 개질이나 부분산화(Partial oxidization) 개질 방법을 사용할 경우에는 이보다 반응이 빨라질 수 있다. 한편, 부하변동에 대한 응답시간은 수 마이크로 초단위이며, 그 결과 연료전지 출력과 부하변동에 시간지연이 발생한다. 연료공급 장치나 산소공급 장치의 지연을 고려하지 않고 외부부하 변화를 그대로 연료전지로 연결할 경우 부하가 급격히 증가하면 수소와 공기 중의 산소가 충분히 공급될 때까지 과브하 상태가 유지되어 연료전지의 성능을 저하시키게 된다. 따라서 연료전지를 이용하여 운전하는 경우에 있어서 개질기와 부하에 대한 응답특성을 제어기 설계에 반드시 고려할 필요가 있다.

순간적인 부하 변동은 축전지가 담당하고 축전지 포함 외부부하에서 사용한 전력을 연료전지에서 부하에 연동하여 출력시키기 위한 제어방법을 나타내고 있다. 연료는 자동차에 가장 적합한 메탄올을 고려하였으며, 개질기를 거쳐 변환된 수소혼합 가스가 연료전지의 전극으로 공급된다. 반응기내 개질반응이 연속되도록 충분한 공기를 개질기로 공급하기 위한 개질기용 공기압축기 및 연료전지의 전극에 산소를 공급하기 위한 연료전지용 공기압축기로 구성되어 있다. 전체부하는 외부부하와 축전지 입출력 전력, 그리고 브조기기에 사용되는 전력으로 구분하였으며 다음과 같이 구하였다.

4) 연료전지 부하와 연료 및 공기 유량 제어 시스템

연료전지 발전 시스템은 연료나 공기부족으로 인해 발생할 수 있는 과부하와 성능 저하를 방지하기 위한 제어시스템을 갖추고 있어야 한다. 연료전지 발전 시스템은 기본적으로 연료공급 설비, 급기 설비, 연료전지 스택, 인버터 그리고 출력제어시스템으로 구성되어 있다. 출력제어 시스템에는 설정된 동력을 내기 위해 인버터의 전류나 직류변환기의 전류를 제어하는 조절기가 포함되어 있다.

연료전지에서 부하 조절은 DC/DC 변환기나 인버터에서 이루어지는데 부하변화에 비해 연료전지 공정 설비의 작동이 늦어 요구되는 동력을 위한 연료나 공기의 공급이 즉시 이루어지지 않는다. 따라서 부하를 증가시킬 경우 지연 시간만큼 연료나 공기 공급의 부족 현상이 나타날 수 있으며 이에 따라 연료전지의 성능저하가 발생할 수 있어, 장시간 이런 현상이 반복되면 연료전지의 성능과 수명이 감소되게 된다. 따라서 이를 방지하기 위해 유량에 따른 출력의 보상제어가 필요하다. 부하의 변화는 독립식의 경우 외부의 전력사용 부하에 따라 임의로 변하게 되며, 축전지와 연계된 경우나 자동차의 동력 장치인 경우에는 축전지 상태나 가속 패달의 신호에 의해 인버터에서 출력되는 전원의 양이 변하게 된다.

외부에서 연료와 공기가 충분히 공급되는 경우 그림의 A와 같이 전류에 따른 전압의 변화가 완만한 반면 외부에서 공급되는 가스가 부족할 경우 B와 같이 전압이 급속히 감소하고 전기적 특성이 나빠짐과 동시에 스택의 과부하로 촉매에 영향을 미쳐 수명이 단축될 수 있다. 이를 방지하기 위한 제어 기술이 필요하나 기존의 부하제어는 설정된 전력과 실제 측정된 전력 값을 일치시키기 위하여 2개 값의 차이를 이용하여 인버터에서 출력해야 할 전류 값을 계산하고 이 값과 실제 측정된 전류 값의 차를 이용하여 인버터를 제어하게 된다. 이 시스템은 단순하게 전기적인 측면만을 고려하여 부하를 제어하는 것으로 공정설비의 지연으로 인해 연료나 공기가 충분히 공급되지 않을 경우 지연 시간만큼 과부하가 걸릴 위험성이 있다. 이를 해결하기 위해서는 공급유량의 지연에 대한 보상회로가 필요하다. 이를 위해 연료전지의 출력을 유량에 따라 보상 제어하기 위해 구성한 제어 시스템의 개념도로 기존 시스템과는 달리 공급유량에 따라 설정 출력을 예측하고 보정할 수 있는 기능이 추가되어 있다. 즉, 연료전지에 실제로 공급되는 유량을 계측하여, 이 유량으로 출력할 수 있는 최적의 전류를 산출한 후 설정 출력과 비교하며 최소 값을 실제 연료전지 출력의 설정 값으로 선택하면 연료전지에 과부하가 걸리는 것을 방지할 수 있다. 설정된 전류 값에 의한 전력 값을 계산하여 이 값을 설정 값으로 실제 전력을 제어하도록 제어 신호를 산출하며 전력에 의한 오차 신호는 전류 값으로 다시 변환된다. 실제 전류 값과 비교되어 인버터의 제어 신호로 입력된다. 따라서 유량에 연동되어 보정된 값으로 인버터의 출력 전류가 변하게 되므로, 연료나 공기의 부족 없이 주어진 공정 상태에서 최적의 출력을 유지하며 부하가 변하게 된다. 이것을 블록 다이아그램으로 표현한 것이 그림 7-34이다. 이와 같은 제어시스템을 적용할 경우 고장 등에 의해 공급 유량이 감소될 경우, 즉시 유량센서에 의해 감소된 유량이 측정되어 이 값으로 연산된 출력 가능한 전류와 전력이 예측된다. 예측된 값과 실제 출력을 비교하여 작은 값으로 인버터의 출력이 조절되어 과부하가 걸리는 것을 방지할 수 있으며 심한 경우 시스템의 부하를 차단시켜 연료전지를 보호 할 수 있다. 생성된 잔차가 보정 가능한 경우에는 제어기능으로 출력을 보정하고 이것이 불가능한 경우 유량공급 시스템의 고장으로 간주하여 시스템을 정지시킬 수 있다. 따라서 연료전지는 주어진 유량에서 출력할 수 있는 최대 전력범위에서 작동되어 연료 부족에 따른 과부하 상태를 방지할 수 있다. 이것은 순간적으로 설정 출력 값이 증가되었을 경우에도 적용되어 스택을 보호할 수 있다.

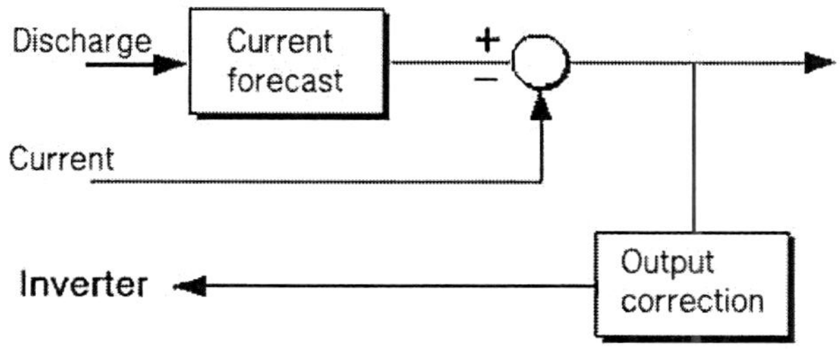

그림 7-34 Flow schematic considered load control method.

5) 이용률 이용 연료공급 지연 보상 부하 제어 시스템

측정된 전류와 유량으로 계산된 이용률과 설정된 이용률의 차를 이용하여 설정 이용률을 유지하기 위한 유량 제어와 동시에 설정된 이용률에서 현재 측정된 유량으로 발전 가능한 전류를 산출하여 이 값과 설정 전류 값을 비교하여 작은 것을 실제 전류의 설정 값으로 사용하는 제어방법을 나타내고 있다. 그림 7-33과의 차이점은 그림 7-33에서는 설정 전류와 유량에 의한 예측 전류가 이용되었는데 그림 7-34의 경우 실제 측정된 전류와 유량에 의해 이용률을 계산하여 적정 이용률을 유지하기 위한 전류를 산출하는 과정을 추가한 것이다. 그림 7-34와 마찬가지로 이용률로 산출한 예측 전류와 실제 전류를 비교하여 작은 값을 실제 전류제어를 위한 설정 값으로 사용되며, 실제 전류 제어를 위한 설정 값과 외부에서 주어진 설정 값의 차가 계속 허용범위를 초과할 경우 시스템이 정상적으로 운전되지 않는 것으로 간주할 수 있다. 이것은 연료전지를 적절한 연료 및 공기의 이용률 범위에서 운전하여 시스템의 안정성과 수명을 향상시키기 위한 것이다.

7.3 연료전지 자동차 시스템 성능해석

7.3.1 전동기 모델

연료전지(fuel cell)와 축전지에서 자동차의 구동원인 전동기로 전력을 공급한다. 구동시스템의 주요 설계 시 고려할 사항은 가격, 효율, 동력 밀도이다. 그리그 또한 전동기의 제에 시스템도 설계 요소이다. 초기 단계의 연료전지 자동차는 전기자동차에서 얻은 경험을 이용하여 설계됨이 바람직하다는 점은 앞서 설명되었다. 전기자동차에서는 직류와 교류 전기 모두를 사용하고 있다. 전동기 효율은 86%에서 96%까지 높은 값이다.

직류 전동기는 제어가 쉽고 교류에 비해 동특성이 우수하지만, 교류 전동기에 비해 효율과 신뢰성 그리고 동력 밀도가 낮다. 교류 전동기의 속도는 공급 주파수에 의해 제어된다. 공급 주파수는 인버터로 제어되는데 이 시스템이 가격 상승의 요인이 된다. 직류 전동기의 제어 시스템의 가격은 전동기자체 가격의 100~200% 정도이나, 교류 전동기 제어시스템의 가격은 전동기 가격의 200~500%정도이다. 교류 전동기 제어 시스템의 복합성 및 높은 가격으로 인해 단기적으로는 직류전동기가 선호될 것이며, 효율과 신뢰성 향상을 위하여 연구 개발은 계속될 것이다. 표 7-3은 이러한 직류전동기와 교류전동기의 특성을 비교하여 요약 정리한 것이다.

표 7-3 Characteristic Comparison of DC and AC Motor.

Motor	Characteristic	Remark
DC Motor	• Easy Control. • The Dynamic Characteristics is Superior Compared with the AC. • The Reliability and Efficiency are Superior Technically.	• Superior chopper control DC motor most of the efficiency and reliability in a technique level selection currently.
AC Motor	• The Reliability and Efficiency are Superior. • Per an Unit Weight Power Density is High. • A Power Recycling Control about the Brake is Easy • Low Cost	

7.3.2 축전지 모델

저공해 자동차의 필요성은 미국의 고등 축전지 조합(Advanced Battery Consorium, USABC)의 탄생을 가져오게 되었다. USABC는 전기자동차를 위한 주요 설계 변수를 결정하였고 각 변수들의 목표를 설정하였다. USABC는 중·장기 축전지 개발 목표를 설정하였다. 중기 목표는 1995년과 1998년 사이에 완료하도록 되어 있으며 장기 목표는 2000년 이후로 계획되어 있다. 표 7-4는 중장기 계획의 성능 목표를 나타내고 있다.

축전지를 위한 주요 설계 요소는 동력밀도와 수명이다. 자동차 동력원의 단위부피당 동력, 단위 무게당 동력, 그리고 연료 변환 효율은 정치형에 비해 항상 높은 설계 값이어야 한다. 연료전지 자동차에서는 필요시 축전지에서 전동기로 추가 동력을 공급해야 하며, 저부하시에는 연료전지의 출력을 이용하여 축전지를 충전시킨다. 이상적인 축전지는 빠른 재충전이 가능해야 하며 기존의 자동차 축전지와 같은 정도의 수명을 유지해야 한다. 승용차의 경우 수일간 정지되어 있을 때가 많기 때문에 정지시의 축전지의 자연 손실인 자기방전율도 최소화되어야 한다. 세계적으로 고성능 축전지 기술을 개발하기 위해 많은 회사에서 연구 및 기술개발을 수행하고 있다. 연료전지 자동차 역시 생산된 전기를 직접 동력원으로 이용하므로 기술적으로 연료전지를 제외한 부분은 전기자동차와 유사하다. 따라서 이미 연구개발의 수준이 앞서 있는 전기자동차의 기술을 채용하는 것이 바람직하다. 따라서 연료전지 자동차와 설계 요구 조건이 유사한 전기자동차를 위해 개발된 고성능 고밀도 축전지를 연료전지 자동차의 보조 동력원으로 사용하는 것이 합리적일 것이다.

표 7-4 Performance of acid cell.

Contant	Unit	Current	Fufure
Specific mass energy density	Wh/Kg	80	200
Specific volume energy density	Wh/liter	135	300
Specific mass power	W/Kg	150	400
Specific volume power	W/liter	250	600
Cycle	No. of cycles	600	1,000
Recharging time	hours	<6	3-6
Energy efficiency	%	75	80
Self discharge	15%, Loss day	2	30
Repairs		No	No

7.3.3 연료전지

연료전지(fuel cell)는 연료가 가진 화학에너지를 화학반응에 의해 직접 전기에너지로 바꾸는 에너지 전환 장치이다. 일반 배터리와는 달리, 연료 전지는 재충전이 필요 없이 연료가 공급되는 한 계속해서 전기를 만들어 낼 수 있는 발전 시스템이다. 연료전지는 전해질(electrolyte)과 두개의 전극(electrode)이 샌드위치처럼 포개어져 있는 형태로 산소와 수소가 각각의 전극으로 흘러갈 때, 전기와 열 그리고 물이 만들어진다. 연료전지에는 천연가스, 메탄올, 가솔린 등의 다양한 연료가 사용되어질 수 있는데, 연료 개질기(fuel reformer)를 이용해 수소로 개질하여 사용하거나 순수 수소를 사용한다.

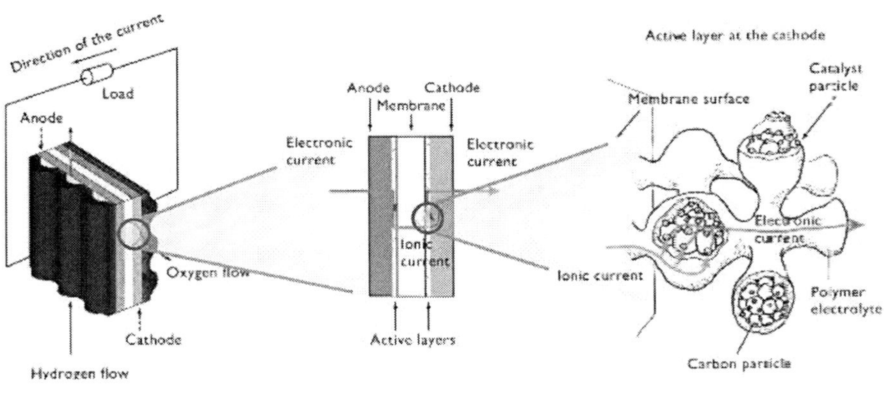

그림 7-35 Simulate the PEM fuel cell behavior

외부에서 연속적으로 공급되는 연료(Fuel)와 산소의 전기 화학적 반응에 의해 연료가 가지고 있는 화학 에너지를 전기에너지로 변환시켜주는 장치이다. 연료전지는 원리상 열기관이 가지고 있는 제한 즉, Carnot 효율에 제한되지 않고 매우 높은 효율을 가질 수 있는 장치이다. 물의 전기분해 반응의 역반응과 같다. 연료로서는 주로 천연가스로부터 쉽게 생산해 낼 수 있는 수소와 공기중의 산소가 사용된다. 수소와 산소는 각각 양극과 음극에서 전자를 주고받는 반응에 참여하게 되는데, 양극에서 음극으로 흐른 전자를 이용하는 것으로서 이때 양극과 음극에서 일어나는 전극반응은 다음의 식(7.1)~(7.3)과 같고 연료전지 원리는 그림 7-36과 같다.

$$\text{양극반응(Anode)}: H_2(g) \rightarrow 2H^+ + 2e^- \tag{7.1}$$

$$\text{음극반응(Cathode)}: 1/2O_2(g) + 2H^+ + 2e^- \rightarrow H_2O(\ell) \tag{7.2}$$

$$\text{총반응식}: H_2(g) + 1/2O_2(g) \rightarrow H_2O(\ell) \tag{7.3}$$

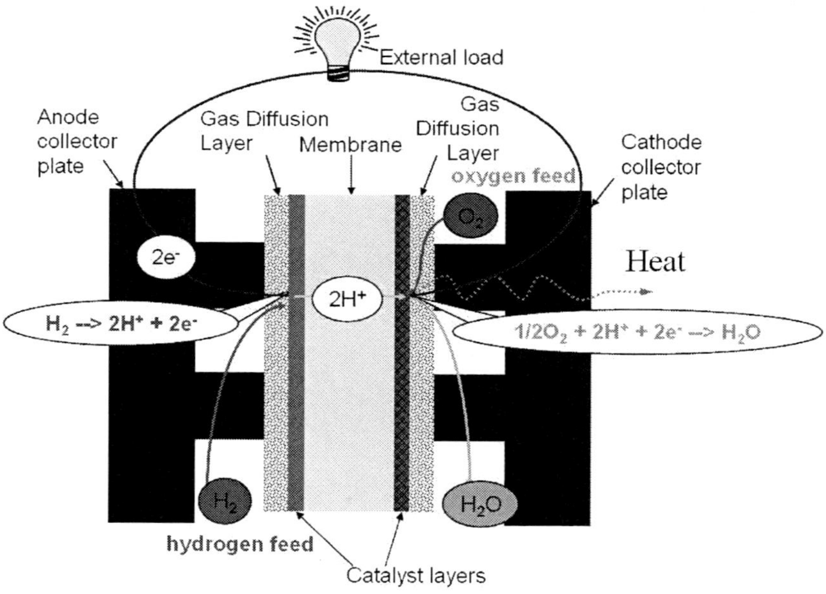

그림 7-36 Principle of fuel cell.

한 쌍의 양극과 음극에서 발생되는 전기의 세기는 약 1.2volt 정도로서 매우 약한 것이다. 따라서 실제 사용할 수 있는 전력을 얻기 위해서는 아래 그림 7-46처럼 여러 개의 양극과 음극을 차례로 쌓아서 필요한 전기의 세기를 얻게 된다. 이렇게 전극이 순서대로 쌓여진 것을 스택(Stack)이라고 한다.

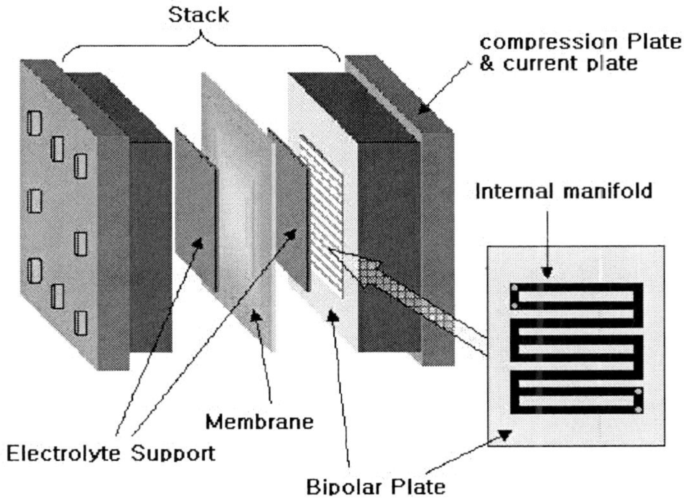

그림 7-37 Structure of fuel cell Stack.

7.3.4 연료전지의 종류

연료전지는 내부 전해질에 의하여 다음 표 7-5의 6가지 형태로 구분되어진다. 각 연료전지는 근본적으로 같은 원리에 의해서 작동한다. 서로 다른 점은 연료의 종류, 운전 온도, 촉매와 전해질이다. 인산형, 알칼리형 그리고 고분자 전해질형 연료전지, 직접 메탄올전지 들은 저온 연료전지이고, 백금 또는 백금 화합물을 촉매로 사용한다. 저온 연료전지만이 현재까지 자동차의 응용에 사용되어 졌다. 용융탄산염형과 고체산화물형 연료전지는 매우 고온에서 운전되므로 가압화 된 스택의 운전이 요구된다.

표 7-5 Type and characteristic of fuel cell.

	PAFC	MCFC	SOFC	PEMFC	AFC	DMFC
State of Electrolyte	Liq.	Liq.	sol.	sol.	Liq.	sol.
Transfer	H+	CO_3 −2	O −2	H+	CH−	H+
Electrolyte	Pt	Ni	NiO	Pt	Pt	Pt
Temp.	200℃	650℃	1000℃	80℃	100℃	100℃
Efficiency	40%	60%	60%	50%	50%	40%
Power Density	medium	high	high	high	medium	low
Other Advantages	fuel purity CO<1.5%	variety of fuels	automobile	Quick start	fast cathode reaction	no reformer

	PAFC	MCFC	SOFC	PEMFC	AFC	DMFC
Major Drawbacks	corrosion /leak	corrosion/ leak/ breakdown of cell components /high temp	high temp/ crack	high cost/ CO poisoning	leak/ high cost /KOH reacts with CO2	CH3OH crossover/ high cost
Major Use	RPG	power plant	power plant	auto mobile	space shuttle	por표

전체적인 특성으로는 기존 내연기관에 비하여 효율이 매우 높으며, 공해 저감에 매우 이상적인 장점을 가지고 있으나, 아직 가격 면에서 내연기관과의 경쟁성이 취약한 상태이다. 이러한 단점은 향후 기술개발과 소재 개발을 통하여 개선될 수 있을 것이다. 표 7-6에서 연료전지의 종류별 장·단점을 비교하였다.

표 7-6 Merit vs. drawback of fuel cell.

Type	Merits	Drawbacks
PAFC	• Application for cogeneration • Accessible to CO2	• Expensive catalyst • Irreversible O2 activity • Low conductivity
MCFC	• Fast electrod diffusivity • Enduring the high temperature • High efficiency	• weak in sulfur • Needed to CO2
SOFC	• Usable for the CO • No needed fuel reforming • Standard electrolyte • High system efficiency	• High cost manufacturing • High resistance
PEMFC	• Accessible to CO2 • Non-volatile • No corrosive	• Needed Pt/C catalyst • H2O management • High cost membrane
AFC	• Spacious catalyst use • High active air ventilation	• Fuel containing to CO2
DMFC	• No needed reformer • Available for low temperature • Lightweight volume(portability)	• H2O management

(1) 인산형 연료전지(PAFC)

연료전지는 공기와 연료를 이용하여 전기 화학적 반응을 통해 전기를 얻는 발전 장치로 에너지의 이용 효율이 높고 천연 가스나 메탄올과 같은 대체 연료를 사용할 수 있을 뿐만 아니라 소음 및 공해 물질 배출이 거의 없다는 장점이 있다. 또한 기존의 발전 설비에 비해 건설기간이 짧고 위치에 구애받지 않으며 입지 면적도 작으므로 필요한 장소에 분산 설치가 가능하여 송배전 설비의 비용을 줄일 수 있는 등 여러 가지 장점이 있다.

연료전지는 산화와 환원 반응을 일으키는 두 개의 전극을 가지고 있고 전해질을 내장하고 있는 등 원리와 구조상 일반 화학전지(Battery)와 유사하다. 하지만 한정된 에너지를 저장하는 장치인 화학 전지에 비해 연료전지는 연료와 산화제를 공급하는 한 연속적으로 전기를 생산하는 새로운 개념의 발전기라는 것이 차이점이다.

연료전지는 사용되는 전해질 및 작동 온도에 따라 몇 가지로 구분되는데, 연료와 산화제가 연소 반응을 거치면서 방출하는 에너지의 일부분을 직접 직류 전기로 변환시키는 전기 화학 장치로서 에너지 전환 효율이 높고 공해물질의 배출이 거의 없어 미래의 에너지 기술로 각광받고 있다. 연료전지는 작동 원리상 이온 전달 매개체인 전해질을 포함해야 하는데, 이 전해질의 종류에 따라 알칼리 연료전지, 고분자 전해질 연료전지, 인산형 연료전지, 용융탄산염 연료전지 그리고 고체 산화물 연료전지 등으로 구분된다. 특히, 인산형 연료전지는 200kW급이 시판 중에 있고, 현재 MW급에 대한 연구와 시운전이 이루어지고 있다. 다른 연료전지도 2000년대 초에 상용화에 이를 것으로 예상되고 있다.

Cathode Channel에서는 O_2가 Anode Channel에서는 H_2가 주입이 된다. H_2가 촉매에 의하여 H+로 전환되어 100% Phosphoric Acid가 있는 전해질 층을 통과하여 Cathode Channel쪽에 있는 촉매에 도달하게 된다. O_2와 H+가 반응하여 H_2O가 생성되는 전기 화학 반응을 통하여 전기가 생성된다. 생성된 H_2O는 Cathode Channel을 통하여 배출된다.

연료전지 내에서 전기화학반응이 일어날 때 내부저항, 분극현상 등에 의하여 열이 발생하게 된다. 전해질인 Phosphoric Acid는 200℃가 넘게 되면 Pyrophosphoric Acid로 점진적으로 변화하게 되므로 단위전지의 온도가 200℃가 넘지 않도록 하는 것이 중요하다.

또한, 전지는 내구성을 손상시키지 않는 한 높은 온도에서 작동하는 것이 좋고, 전지내의 온도 분포는 균일할수록 좋다. 연료전지 스택의 성능을 정확하게 예측하기 위해서는 위와 관련된 변수들을 모두 예측할 수 있어야 하며, 이의 해석을 위해서는 물질 전달 및 에너지 전달 현상과 전기화학 이론 등의 상호 연관된 미분 방정식을 모두 해석해야만 한다. 이와 같은 복잡성 때문에 이론적인 전개에 의한 해를 구하는 것은 사실상 불가능하므로 부득이 수치 해에 의존할 수밖에 없다.

PAFC의 내부저항 및 반응 과전압 식에 관해서는 공표되어 있는 것이 적다. 신 Energy 산업기술 개발 기구는 수명연구의 범위 내에서 반응 과전압 식을 제안하고 있지만 이 식은 기본 식 계수의 간략화가 이루어져 있기 때문에 요인분석에 이용하면 큰 오차를 일으킬 가능성이 높다. 한편 출력전압을 나타내는 것은 다음의 식(7.4)과 같다.

$$\begin{aligned} V = B + (RT/nF + A_1)\log(P_{H_2}) - A_1\log(i) + (RT/2nF + \frac{3}{4}C_1)\log(P_{O_2}) \\ - C_1\log(i) + C_2\log(1 - i/D_{O_2}) - iR_{ir} \end{aligned} \tag{7.4}$$

여기서, D_{O_2}(cm^2/s)는 산소의 확산계수, A_1, C_1, C_2는 계수(V)이고 B(V)는 잉여 항으로 다음의 식(7.5)에 나타내는 것처럼 개로전압, Nernst Loss, Anode 및 Cathode 교환전류 밀도의 정수항을 포함한다.

$$B = E - \eta_{NE} + A_1\log(a) + C_1\log(c) \cong E - \eta_{NE} + C_1\log(c) \tag{7.5}$$

여기서, Anode 교환전류 밀도는 Cathode 교환전류 밀도보다도 몇 자리 수 크기 때문에 A1log(a)은 무시할 수 있다. 식(7.4)을 성능분석에 사용하기 위해서는 기본식의 형식으로 되돌릴 필요가 있다. Anode 과전압은 식(7.4)의 우측, 제 2, 3항에서 개로전압 부분을 뽑아서 다음의 식(7.6)이 된다. 또한 각 계수는 실 Cell 데이터를 통해 결정되어 있다.

$$\eta_a^{PA} = -0.0075\log(P_{H_2}/1000i) \tag{7.6}$$

Cathode 과전압은 식(7.4)의 우측, 제 4, 5, 6항에서 개로 전압 부분을 뽑고 또한 B에 포함되는 Cathode 교환전류 밀도의 정수항 C1log(c)을 가하여 다음의 식(7.7)이 된다.

$$\eta_c^{PA} = -0.0764\log(P_{O_2}^{3/4}1000i) - 0.303\log(1 - i/10P_{O_2}) - C_1\log(c) \tag{7.7}$$

여기서, C1log(c)는 B의 실측치 0.1012V와 E의 계산 치로 역산할 수 있다.

$$C_1\log(c) = B - E + \eta_{\mathrm{NE}} = -0.124 \tag{7.8}$$

이상으로부터 cathode 과전압은 다음 식(7.9)이 된다.

$$\eta_c^{PA} = 0.124 - 0.0764\log(P_{O_2}^{3/4}1000i) - 0.303\log(1 - i/10P_{O_2}) \tag{7.9}$$

본식의 계수는 PAFC 제조 maker의 cell 성능에 대하여 구한 것이 아니라 성능이 뒤떨어지는 model cell 성능이 베이스로, 현상cell 성능에 맞도록 계수를 변경해야 한다. 그래서 cell 성능을 이용해서 각 계수를 전류-전압 특성으로 결정된다. 또한 내부저항은 보고 치 0.283 Ωcm^2보다도 15% 작은 값이 된다.

(2) 용융탄산염 연료전지(MCFC)

Molten Carbonate Fuel Cell(MCFC)은 전해질로 용융탄산염을 쓰는 연료전지이다. MCFC는 650℃의 고온에서 작동하고, 양질의 폐열을 얻을 수 있어 결병합 발전으로 시스템의 효율을 증대시킬 수 있으며, 연료로는 수소 이외에 CO가 사용이 가능하므로 석탄가스화 장치와 조합하여 대규모 발전시스템을 구성할 수 있다. 또한 고온 운전 시 발생되는 열로 천연가스를 전지 내부에서 직접 수소와 CO로 개질하여 연료로 이용하는 내부 개질 방법이 가능하므로 연료의 전처리 공정을 단순화시킬 수 있는 장점도 있다. 그러나 고온의 용융 탄산염 분위기에서 구성 재료의 부식문제가 있어 내식성 재료의 개발이 필요하다. 또한 전해질인 탄산염은 상온에서 기체이고, 연료전지 작동온도에서는 액체이므로 전지의 운전 중단 및 재작동시 열 사이클이 존재하게 되며, 이때 발생되는 체적변화에도 성능변화가 없는 내구성 재료 및 전지 구성요소의 개발이 필요하다.

MCFC는 보통 단위전지를 직렬로 여러 개 쌓은 스택 형태로 이용하게 되는데, 단위전지는 보통 분리판, 전극, 전해질을 포함한 매트릭스, 채널 판, 집전 판 등으로 구성된다. 다음은 MCFC 스택을 구성하는 요소를 간략하게 그림 7-38로 나타낸 것이다.

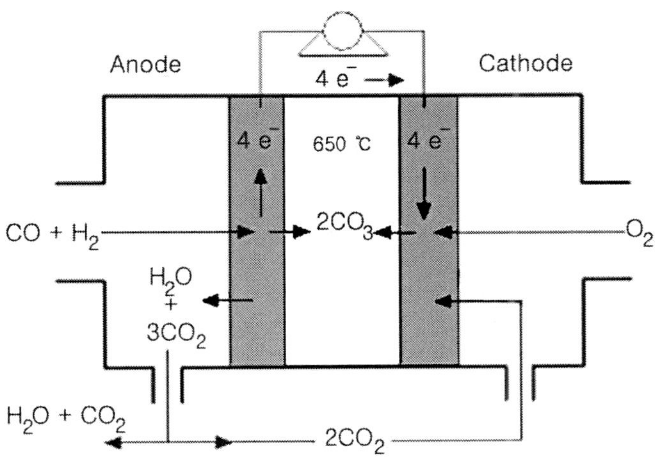

그림 7-38 Principle of MCFC.

MCFC는 용융탄산염이 생성되고 없어지는 산화/환원 반응을 통해 전기를 생산해 낸다. MCFC의 상용화를 위해서는 현재보다 출력을 더욱 키우고, 단위 비용 당 전기 생산량을 화력발전, 원자력 발전등과 견줄 만큼 높여야 하며, 일정시간까지의 일정량 전기 생산을 보 할 수 있어야 한다. 이를 위해서는 MCFC의 전극면적을 확대하고, 단위전지 적층수를 늘려 출력을 증가시키고 각 구성요소들의 내구성을 높이는 등의 노력이 필요하다. 현재 국내에서는 100kW급 MCFC 스택 개발을 위해 한국전력을 비롯하여 여러 대학 및 연구기관에서 MCFC를 연구 중이다.

MCFC 내부저항에 대한 전압강하 {(MCIR(V), anode 과전압 MCa(V), cathode 반응과전압 MCc(V)}에 관해서는 일본의 주요 maker인 日立제작소, 石川島播磨중공업, 三菱전기의 단 cell 및 stack 성능을 상세히 검토하여 예측오차 3 mV 이하의 고정밀도 성능 표시 식을 이미 개발, 확립했다. 본 식의 높은 정밀도가 인정되어 일본뿐 만 아니라 한국에서도 사용되고 있다. 이하의 검토에서는 다음의 식(7.10), (7.11)을 사용한다.

$$\eta_{ir}^{MC} = 0.215i \tag{7.10}$$

$$\eta_{a}^{MC} = 0.0314i \tag{7.11}$$

저온 형(PEFC, PAFC)과는 달리 cathode 과전압을 저항으로 간주할 수 있다. Anode 반응저항은 수소분압 의존성을 가지지만 천연 gas 연료인 경우에는 정수로 간주할 수 있다.

(3) 직접메탄올 연료전지(DMFC)

직접메탄올 연료전지(DMFC)는 개질장치(reformer) 없이 연료전극(anode)에 메탄올을 직접 흘려 산화시킴으로 전기를 발생시키는 간단하면서 이상적인 연료전지 시스템이다. 연료전극에서는 연료인 메탄올이 산화되어 수소이온과 이산화탄소를, 공기전극(cathode)에서는 공기중의 산소가 환원되어 물을 생성하여 아래의 반응과 같이 전체 6개의 전자 발생을 통해 전기를 생성한다. 아래 그림 7-39는 DMFC 스택을 구성하는 요소를 간략하게 나타낸 것이다.

$$\text{Anode}: CH_3OH + H_2O \rightarrow CO_2 + 6H + + 6e - \text{Eanodeo} = 0.05V \tag{7.12}$$

$$\text{Cathode}: 3/2O_2 + 6H + + 6e - \rightarrow 3H_2O\,\text{Ecathodeo} = 1.23V \tag{7.13}$$

$$\text{Cell}: CH_3OH + 3/2O_2 + H2O \rightarrow CO_2 + 3H_2O\,\text{Ecell} = 1.18V \tag{7.14}$$

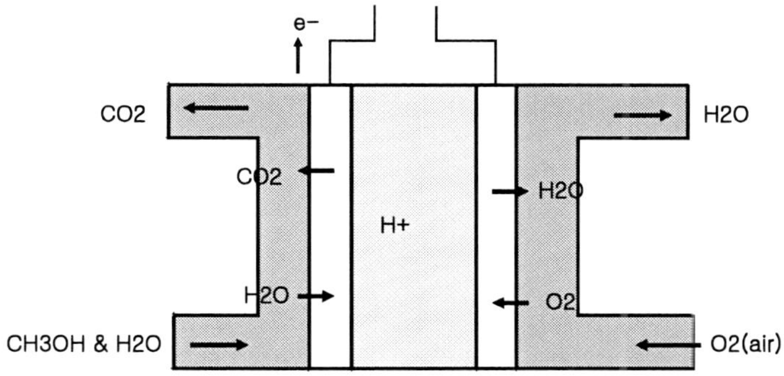

그림 7-39 Principle of DMFC.

DMFC 단위전지는 연료전극, 공기전극, 전해질층으로 구성되어 있고, 작동온도는 상온 근처의 비교적 낮은 온도에서 이루어진다. 이 연료전지의 장점은 개질장치가 없고, 낮은 온도에서 작동이 가능하며, 부피가 작은 액체 메탄올을 직접 사용하기 때문에 부피를 초경량화하는 연구를 통해 작은 에너지원을 요구하는 휴대폰, 노트북 컴퓨터, 캠코더등 전자 기기에의 응용이 가능하다는 것이다.

(4) 고분자 전해질 연료전지(PEMFC)

연료전지는 화학반응에 의해 생긴 에너지를 직접 전기에너지로 바꾸는 전기화학 장치로 베터리와는 달리 연료를 제공하는 한 계속해서 전기를 발생할 수 있다. 연료전지는 작동조건에 따라 여러 종류가 있고 각기 그 장단점들이 있는데, 그 중에서 고분자 전해질 연료전지(Polymer Electrolyte Fuel Cell(PEFC) 혹은 Proton Exchange Membrane Fuel Cell(PEMFC)는 작동온도가 낮으면서도 효율이 좋고, 다른 연료전지에 비해 부피를 줄일 수 있다는 장점 때문에 현재 많은 관심을 불러일으키고 있다. PEMFC 역시 다른 연료 전지들처럼 천연가스나 메탄올 등의 개질을 통한 수소를 연료로 사용하기 때문에 향후 연료의 경제적, 사회・정치적인 안정적 공급면에서 21세기 시장 전망이 매우 밝다. 또 다른 요인은 환경적 규제로 인한 새로운 청정에너지원의 요구다. 이미 미국에서 시작된 배기가스 배출 기준은 향후 더욱 엄격해지고, 협약 등을 통해 국제적으로 급격히 확산될 것으로 예상된다. 2003년부터 미국의 뉴욕, 캘리포니아, 매사츄세츠, 그리고 독일, 일본 등에서 무 배기가스(ZEV, Zero Emission Vehicle) 자동차 판매를 요구하고 있어 그 잠재적 시장성은 엄청나다. 이에 맞춰 현재 세계 선두 그룹들에서는 2003년쯤 PEMFC 자동차의 상업화를 목표로 연구에 박차를 가하였다.

PEMFC의 기본원리는 연료전극(Anode)에서 연료인 수소가 산화되어 수소이온(Proton)이, 공기전극(Cathode)에서는 산소가 환원되어 물을 생성하여 아래의 반응과 같이 전체 2개의 전자 발생을 통해 전기를 생성하는 것이다.

$$\text{Anode}: H_2 \rightarrow 2H{+}{+}2e{-} \ \text{Eanodeo} = 0.0V \tag{7.15}$$

$$\text{Cathode}: 1/2O_2 + 2H{+}{+}2e{-} \rightarrow H_2O\ \text{Ecathodeo} = 1.2V \tag{7.16}$$

$$\text{Cell}: H_2 + 1/2O_2 \rightarrow H_2O\ \text{Ecell} = 1.2V \tag{7.17}$$

PEMFC 작동은 90℃이하의 비교적 낮은 온도에서 이루어진다. 전극재료는 낮은 온도에서 작동되므로 백금계가 사용되고 있고, 전해질은 수소이온 교환 고분자막을 사용하고 있다. PEMFC의 상업화는 단위전지 차원에서 보면 얼마나 낮은 가격에 높은 전류밀도를 얻으면서 장시간 안정적으로 작동이 가능한가에 있다.

(5) 고체 산화물 연료전지(SOFC)

고체 산화물 연료전지(Solid Oxide Fuel Cell: SOFC)의 전해질 물질로 주로 쓰이고 있는 YSZ(Yttria Stabilized Zirconia)는 적당한 산소이온 전도도를 나타내기 위해서 1000℃ 정도의 고온이 요구되어 진다. 이에 따라 고온에서 작동 가능한 전지 구성재료의 선정, 전해질과 전극 계면간 상 안정성 확보, 각 요소 간 열팽창률이 유사해야 한다는 등의 단점이 있다. 그러므로 산소이온의 이동경로를 감소, 즉 전해질의 저항을 감소시켜 전지의 작동 온도를 낮춘다면, 기체 밀봉, 전지구성요소간의 열팽창률 차이와 상호확산 및 반응에 의한 문제들을 줄일 수 있어 결국 전지 성능을 향상시킬 수 있다. 아래 그림 7-40은 SOFC 스택을 구성하는 요소를 간략하게 나타낸 것이다.

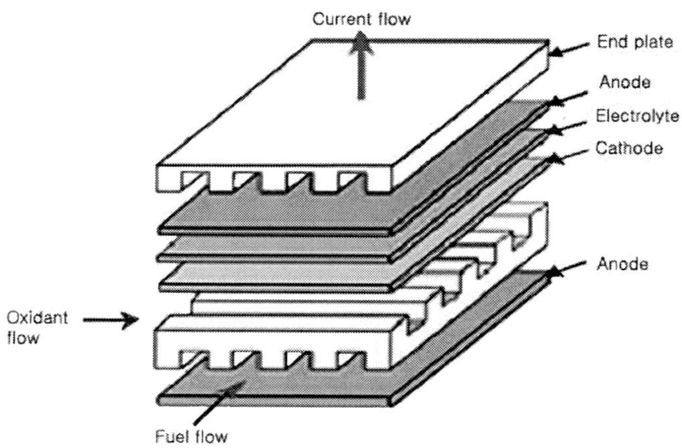

그림 7-40 Principle of SOFC stack.

전해질 박막을 코팅하는 여러 방법, 즉 EVD, plasma spraying, RF sputtering 등에 비해 졸-겔 스핀코팅은 저온 공정이며 저가로 다양한 조성의 고순도 박막을 제조할 수 있고, 막의 미세구조 제어도 용이하며, 기판의 형태 및 크기에 있어서도 제한을 덜 받는다. SOFC의 전극 은기상 반응물과 생성물의 확산에 의해 전극의 반응속도가 저어되지 않게 하기 위해서 다공성 구조를 가지고 있어야 한다. 또한 SOFC의 전해질은 이톤전압을 얻고, 가스누출을 방지하기 위해 치밀해야 한다. 따라서 다공성의 기판위에 전해질 박막을 균열 없이 치밀하게 입혀야 한다는 어려운 점이 있다. 일반적으로 중합졸이 박막이나 섬유 제조에 적합하려면, 졸을 이루고 있는 입자가 선형으로 이루어져 있어야 한다. 졸의 입자가 선형일 경우에는 유동 적이기 때문에 건조 단계에서 겔 내부에 응력이 적게 발생 하지만, 구형 입자가 3차원 망목구조로 이루어진 졸을 건조시킬 경우에는 겔 내부 에 응력이 크게 형성되어 균열이 야기되기 때문이다. 선형구조를 갖기 위한 첫 번째 방법으로 촉매의 사용을 들 수 있다. 졸-겔법에서는 반응을 개시하기 전에 졸의 작용기를 활성화시키는 물질, 즉 촉매로서 산 또는 염기물질을 사용하기도 한다. 염기성 조건하에서는 축합반응의 속도가 수화반응의 속도보다 빨라서 가지가 많은 겔을 형성하게 된다. 이에 반해 산성조건 하에서 제조할 경우 수화반응의 속도가 축합반응의 속도보다 빨라져서 가지수가 적은 선형 겔이 형성된다. 또한 사슬의 중간보다는 말단에서 우선적으로 축합이 이루어지게 되어 선형구조를 갖게 된다. 두 번째 방법으로 박막 코팅을 위한 중합졸은 일반적으로 가수분해 속도 및 분자구조 제어를 위하여 착화제를 사용하여 제조한다. 착화제는 전 중합공정 동안 양이온의 분포를 균일하게 하여 코팅된 막의 균질성을 향상시켜 준다. 또한 착화제는 3차원 구조로의 축합을 방지함으로써 선형 구조의 축합을 유도한다. 균열없이 균일하고 연속적인 박막을 얻기 위해서, 스핀 코팅을 여러 번 수행하여 발생한 균열을 제거하여야 하고, 이때 각 층간 저항이 발생하지 않게 하기 위해서 중간 열처리 온도는 결정화가 이루어지지 않는 온도에서 선택해야 한다. 또한 고온에서 최종 열처리하면 박막에 균열이 비교적 적은 치밀한 구조를 갖게 된다고 알려져 있다.

SOFC의 내부저항에 의한 전압강하((η_{ir}^{SO}(V)), Anode 과전압(η_{a}^{SO}(V)) 및 Cathode 과전압(η_{c}^{SO}(V))에 관해서는 충분한 정밀도를 갖는 식이 공표되어 있지 않다. 그래서 공표되어 있는 전류-전압 특성으로 각각의 식을 도출한다.

내부저항이지만 MCFC와 같이 접촉저항과 이온저항으로 구성된다고 생각된다. SOFC의 이온저항은 전해질의 도전율이나 두께로 시산 가능하지만 접촉저항을 예측하는 것은 어렵다. 그래서 실측되어 있는 MCFC 내부저항을 기초로 하여 SOFC의 내부저항을 예측한다. MCFC의 내부저항은 0.215 Ωcm^2이고 이온저항은 도전율 2 S/cm, 두께 900μm에서 0.045 Ωcm^2이고 SOFC의 이온저항은 도전율 0.1 S/cm, 두께 40 μm에서 0.04 Ωcm^2가 된다. SOFC의 내부저항과 이온저항의 비율이 MCFC와 같은 경우 내부저항은 0.19 Ωcm^2이 된다.

$$\eta_{ir}^{SO} = 0.19i \tag{7.18}$$

다음에 반응 과전압의 전류밀도 의존성은 650℃ 동작의 MCFC에서는 반응 과전압을 반응 저항 근사하는 것이 가능하고 1000℃에서 동작하는 SOFC에서도 반응 과전압은 작아 저항 근사가 가능할 것으로 생각된다. 또한 Anode 반응저항에 관해서는 MCFC에서는 수소농도가 높은 경우에는 거의 정수라고 볼 수 있기 때문에 SOFC에서도 정수로 가정했다. 또한 Cathode 반응저항에 관해서는 MCFC의 경우 Gas 분압의존성을 갖는데 S0FC에서는 Gas 조성을 변경하는 등 상세히 검토한 결과는 보고되지 않았고 여기서는 압력 의존성만을 가정한다. 또한 Anode 반응저항과 Cathode 반응저항의 비는 대기압에서는 1:4 정도로 보고되어 있으므로 이 비율로 배분한다. 따라서 SOFC의 반응과전압(η_{a+c}^{SO}(V)은 다음의 식(7.19)으로 주어진다.

$$\eta_{a+c}^{SO} = (A_s + 4A_s P^{C_s})i \tag{7.19}$$

As는 anode 계수(Ω cm^2), Cs는 cathode 반응저항의 압력의존성의 계수로, 실험 데이터에 근거해서 결정할 필요가 있기 때문에 SOFC의 개발에서 기술적으로 가장 앞서 있는 미국 Westing House사의 전지 성능으로 보정한다. 동사의 Bessette 등은 그림 2-49에 나타내는 것 같은 SOFC의 가압특성을 공표하고 있다. 그림에서 압력을 0.1MPa에서 1.0 MPa로 올리더라도 전류밀도 의존성은 변화하지 않고 전압은 76 mV 향상한다. 0.1MPa에서 1.0 MPa로의 가압에 의한 개로전압의 증가분은 63 mV이고 가압에 의해서 반응과전압은 13 mV 감소하고 있다. 이 가압특성의 기울기로 As를, 조각으로 Cs를 결정된다. Anode 과전압(η_{a}^{SO}(V)) 및 Cathode 과전압(η_{c}^{SO}(V))에 관해한 식을 식(7.20), (7.21)에 나타내었다.

$$\eta_{a}^{SO} = 0.045i \tag{7.20}$$

$$\eta_{c}^{SO} = 0.18P^{0.07}i \tag{7.21}$$

자동차 응용에 적합한 연료전지의 선정을 위해서는 현재 또는 가까운 장래에 연료전지 기술이 확립되어 응용할 수 있는 기술을 대상으로 해야 한다. 이런 의미에서 용융탄산염형, 고체산화물형 연료전지는 고온형으로써 아직까지 기술적으로 해결해야 할 부분이 많이 남아 있어서 대상에서 제외한다. 저온형 연료전지인 알카리형, 인산형, 고분자 전해질형 연료전지 등은 자동차의 동력원으로 사용 가능할 것이다.

연료전지 자동차에서 우선 고려되어야 할 부분이 연료 공급의 용이성이다. 일반적인 내연기관 자동차에서 액체 연료에 포함되어 있는 에너지가 자동차의 추진력으로 변화될 수 있는 최대 효율은 평균 18%이다. 이에 비하여 비슷한 손실을 가지는 연료전지는 적어도 24%의 변환 효율을 갖는다. 표 7-7에서 여러 가지 연료전지의 현재 기술을 분석하여 자동차 응용에 필요한 성능 특성을 비교하였다. 인산형과 용융탄산염의 경우 단위전지의 전류 밀도가 450~500 mA/Cm^{2}이고, 고체산화물과 고분자 전해질형의 경우 매우 높은 값인 1000에서 1500 mA/Cm^{2}인 것을 알 수 있다.

표 7-7 Performance comparison of fuel cell.

Fuel cell	Current Density(mA/Cm^2)		Power Density(W/L)		Running Time(min)	
	Unit Cell	Stack	Unit Cell	Stack	Stand by	Cold
AFC	1,000	750	150	95	1	3
PAFC	500	350	85	45	15	300
PEMFC	1,500	1,100	200	120	1	5
MCFC	500	370	170	100	15	–
SOFC	400	300	250	165	1	–

그러나, 이와 같이 단위전지에서 높은 전류밀도가 기술적으로 그대로 구현되는 것은 아니며 기술 수준에 따라 스택의 성능이 바뀌게 된다. 고체산화물과 고분자 전해질형의 경우 아직은 기술의 초보단계이기 때문에 단위전지와 스택의 성능이 현저하게 차이가 난다. 높은 전류밀도에서는 단위 면적당 발생열량이 높아, 전지 내에서 국부 과열현상을 방지할 수 있을 정도로 충분히 냉각해 주기가 쉽지 않다. 이러한 국부적인 과열에 의해 인산형 연료전지와 용융탄산염 연료전지의 경우 도달할 수 있는 최대 전류밀도가 제한을 받으며, 고분자 전해질과 고체산화물형에도 같은 경향이 예상된다.

소형 승용차의 엔진으로는 대기 상태에서 시동을 할 수 있어 예열이 필요 없고, 동력 밀도가 높아 소형으로 동력원을 구성할 수 있는 고분자 전해질 연료전지가 가장 유망하다. 다만 연료전지는 자동차에 요구되는 동력 변화에 따라 전기적으로 신속히 반응할 수 있지만, 전류가 증가하거나 감소할 때 연료공급량도 따라가 주어야 하며, 전지의 열 방출량도 제어되어야 하는 문제가 있다. 원칙적으로 이들 량은 조절 가능하지만, 현재 기술로서는 연료전지를 정격 상태로 운전하는 것이 바람직하며, 급격한 부하 변동을 축전지로 보상해 주는 것이 효과적이다. 고분자 전해질형 연료전지를 승용차에 탑재하기 위해서는 가격을 줄이고 성능을 최적화시켜야 하는 기술 개발과 개선이 필요하다.

7.3.5 연료 개질기

연료개질(reforming) 기술은 연료전지 스택운전에 필수적인 수소생산 및 공급시스템 기술이며, 이의 고효율화를 위하여 기본적으로 소형화, 경량화, 시동의 신속성 및 빠른 동적 응답 특성 그리고 생산비용을 낮추는 것이 중요하다. 현재 개발되어 있는 연료전지는 연료로서 수소를 사용한다. 따라서 메탄올과 같은 연료를 사용하는 연료전지 시스템은 개질기 등을 이용하여 탄화수소에서 수소로 변환시키는 개질 공정이 필요하다. 연료전지 자동차를 위한 탑재 형 연료 개질기는 고정식 산업용 개질기와는 기본 설계 개념이 다르다. 몇 가지 설계상 주안점은 다음과 같다.

- 부피 : 자동차 내의 가용한 공간에 적합하도록 부피가 작아야 한다.
- 무게 : 개질기는 자동차 효율을 고려하여 가능한 무게가 가벼워야 한다.
- 효율 : 개질 반응을 위한 열을 연료전지에서 회수할 수 있어야 한다.
- 기동 시간 : 자동차 구동을 위해 기동시간이 짧아야 한다.

개질기에는 다음의 3가지 형태가 있으며, 이것들은 탄화수소 연료로부터 수소를 얻어내는 기본 기술이 서로 다르다.

① 수증기 개질(Steam Reforming) 방법

② 부분 산화(Partial Oxidation) 방법

③ 자동 열분해 개질(Autothermal Reforming) 방법

(1) 개질기 종류와 특성

탄화수소 연료의 수증기 개질은 산업체에서 가장 보편적으로 사용하는 방법이다. 촉매에 의한 고온증기에서의 반응은 일산화탄소와 수소를 발생시킨다. 일산화탄소는 물과 반응하여 이산화탄소와 수소를 생성한다. 연료개질 과정은 반응열을 공급하기 위해 많은 양의 에너지(약 50kJ /mole)를 필요로 한다. 만일 메탄올의 에너지량을 메탄올의 산화열을 기준으로하면, 총 엔탈피의 대략 25%가 수소 발생을 위해 필요하다. 총에너지는 3가지 흡열 단계에서 사용된다.

- 물 기화와 수증기 가열 : 50%
- 메탄올 기화와 연료 가열 : 25%
- 수소 발생을 위한 흡열반응 : 25%

shift 반응 평형에 따르면 CO농도는 $[CO] = Ks \{[CO_2][H_2]\}/[H_2O]$에 따라 결정된다. 이 shift 반응에 대한 평형상수 Ks의 값은 온도에 따라 증가한다. 온도가 낮아지면 CO의 농도가

낮아지지만 메탄올 개질 반응 자체가 느려지게 된다. 또 스팀의 농도를 증가시켜 CO농도를 감소시킬 수 있지만 스팀의 발생은 많은 에너지를 필요로 하므로 개질기 효율이 저하된다. 일반적으로 첫 개질 단계를 거쳐 나온 연료에는 CO농도가 매우 높은 양인 12%나 된다. 메탄올에서 수소를 제조하는 데는 Cu, Zn의 촉매를 사용한 수증기의 개질을 이용하며 반응온도는 250~350℃ 정도이다. 메탄올의 분해 반응은 흡열 반응이므로 고온에서 정반응이 진행되어 메탄올의 분해를 가속시키나 CO의 변성 반응은 고온에서 역반응이 진행되므로 고온에서는 CO를 CO_2로 변성시키는 것은 불리하다.

수소를 주성분으로 하는 연료에는 완전히 반응하지 못한 메탄올, CO와 다른 성분으로 들어있는데, 이들은 연료극(수소극)이나 공기극(산소극)의 촉매를 피독시켜 연료전지의 성능을 저하시킬 수 있다. 메탄올과 같은 오염물질은 수화된 전해질막에 용해되어 고분자의 물리적 강도를 감소시킬 수도 있다. 이들 오염물질들은 연료 개질기의 가스정화기에서 제거된다. 메탄올은 상대적으로 낮은 온도(약 250℃)에서 불균질 촉매표면에서 화학반응에 의해 수소로 빠르게 변환된다.

$$CH_3OH + H_2O \rightarrow 3H_2 + CO_2 \Delta H = 11.84 kcal/mol \qquad (7.22)$$

부분 산화는 수소가 풍부한 생성가스를 산출하기 위해 필요한 열을 공급하기 위해 연료가 부분적으로 연소되는 개질 공정이다. 부분 산화 방법을 위해 사용되는 공기의 질소 성분으로 인해 연료전지 스택에서 원하는 고 순도의 수소 이용의 달성이 어려우며 자동차 연료 개질기에 대한 필요로 하는 효율을 얻기 어렵다, 부분 산화방법은 황 또는 비소와 같은 연료내의 오염 물질에 의하여 영향을 받는 촉매가 없다는 장점은 있으나 높은 온도 때문에 현재 차량용 연료전지의 응용으로 고려되고 있지 않다.

자동 열분해 개질은 부분 산화와 수증기 개질 기술의 결합 방식이다. 니켈 또는 귀금속 혼합 촉매는 탄화수소의 개질에 사용된다. 열은 연료의 부분 산화에 의하여 내부의 일정한 위치에서 공급되어 진다. 촉매는 부분 산화의 온도보다 더 낮은 최적 운전 온드에서 사용되어 진다. 개질과 연소 반응은 부분 산화 방식과 동일하다. 촉매는 연료내의 오염 물질과 고온 소성 현상으로부터 보호되어져야 한다. 이것은 최대 촉매 운전 온도 이하와 최소 부분 산화 반응 이상에서 개질기의 온도를 충분히 유지시킬 수 있는 복잡한 반응기의 제어를 요구한다.

(2) 개질가스 일산화탄소 제거 기술

고분자 전해질 연료전지의 주요 단점은 일산화탄소에 대한 저항성이 낮다는 것이다. 일산화탄소 제거 단계는 1, 2단계의 shift 반응을 거친 후 최종적으로 선택적 연소나 투과막을 통해 제거된다. shift 반응의 정반응은 과량의 물이 있어야 일어난다. 따라서 수소생성에는 과량의 물(스팀)과 CO가 수반된다. 수증기 개질이 빠른 속도로 일어날 수 있는 조건에서 전체 반응이 일어날 것이기 때문에 shift 반응은 평행에 도달된다. 결과적으로 CO 농도도 평형값에 도달한다. 유용한 개질기일 경우 스팀 대 CO의 비는 보통 1에서 3사이의 값을 갖는다. 두 번째 단계의 shifter내부 온도가 200℃ 정도일 때 CO의 농도는 물의 농도에 따라 4% 이내의 값을 갖는다. 이 정도의 CO양은 연료전지의 성능을 심하게 저하시킬 수 있다. 따라서 이들 잔존하는 CO와 메탄올의 부산물은 선택적인 산화 법에 의해 제거된다. CO는 적당한 촉매를 사용하면 산소와 반응하여 CO_2로 산화 될 수 있을 것이다. 이 방법에는 CO산화가 수소산화보다 먼저 선택적으로 일어나도록 조절해야만 한다.

선택 산화기의 목적은 일산화탄소의 농도를 연료전지가 허용하는 범위 이하로 낮추기 위한 것이다. 고분자 전해질 연료전지의 경우 허용 일산화탄소의 농도는 50PPM 정도로 알려져 있다. 선택 산화기는 다음과 같은 3개의 반응 중 일산화탄소 제거를 위한 주 역할을 담당하는 것이다. 여기서 바람직한 반응은 1)로서 연료전지에 피독을 일으키는 일산화탄소를 이산화탄소로 변환시키는 것이다. 반응 2)는 연료전지에 도달하기 전에 수소가 소모되어 시스템 효율을 저하시키므로 바람직하지 않은 과정이다. 3번째 반응은 역 천이 반응으로 수소가 소모되어 일산화탄소가 생성되는 과정으로 효율을 감소시킨다. 이 반응은 체류시간, 온도, 농도, 촉매 등에 지배되며 상호 간섭을 하게 된다. 특정한 온도 범위에서 수소에 대해 일산화탄소만 연소를 증진시키기 위해서는 특정한 촉매만이 사용 가능하다. 반응물질의 접촉시간이 길어질수록 하나의 반응물이 완전히 소모되는 반응이 좀 더 완벽해 질 수 있다. 1)과 2)의 반응은 발열 반응이므로 온도가 높아질수록 선택성이 저하된다. 따라서 열을 효과적으로 제거하여 반응기의 온도를 정밀하게 제어해 줄 필요가 있다. 반응물의 농도가 높아질수록 반응률이 높아지는데, 반응생성물의 농도가 높으면 반응률이 떨어진다. 수송용에 있어서 체류시간은 정지 운전 상태에서 완전 출력 상태까지 요구되는 부하에 따라 계속 변하게 된다. 따라서 Turndown 비에 관계없이 이들 설계 인자의 독립성을 확보하기 위한 노력이 필요하다.

Palladium을 사용한 막은 개질가스에서 수소만을 분리해 낼 수 있다. 이들 막은 수소만을 통과시키는 물리적 투과막 역할을 수행한다. 막을 통과하는 수소는 야금학적으로 설명될 수 있다. 수소는 경계 물질과 반응하여 양이온과 전자로 확산되어 저압부로 이동되며 이곳에서 다시 결합되어 수소 분자로 방출된다. 온도 200℃ 이상의 20bar(ballard에서 2,070kpa, 300psig)의 개질가스를 이용하여 실험이 되었다. 새로운 박막 기술이 역시 발라드사에서 개발되었는데 30bar의 압력차까지 허용된다. 막 분리를 통해 2개의 독립적인 흐름이 출력된다. 첫 번째 흐름은 연료전지를 위한 수소가스로 순도가 99.999%가 되며, 나머지는 그 밖의 개질 가스 성분으로 일산화탄소, 이산화탄소, 물, CH_3OH가 배출된다.

각 기술은 근본적으로 장단점을 갖고 있기 때문에 이를 파악하기 위해 두 기술에 대한 설계기술이 현재 독립적으로 개발 중에 있다. 막 분리기는 20기압 정도에서 운전되어야 한다. 이를 위해 압력 용기 형태로 추가된 무게의 설비가 더해져야 한다. 반대로 Selox는 2 기압 정도에서 반응하게 된다. 따라서 저압 선택 산화 법은 수소 순환 회로, 펌프, 열교환기, 배관 등이 필요하지 않으며 모든 가스가 직접 연료전지로 공급된다. 설비자체와 순환회로 등에 의해 선택 산화법이 막 분리 기술 보다 약 227kg(500lb)가 가볍게 설계될 수 있는 것으로 밝혀져 있다.

수소 순환회로와 낮은 농도의 수소가 사용되기 때문에 선택 산화 시스템은 단점이 있다. 순수 수소를 사용하는 연료전지 보다 개질가스를 사용할 경우 효율이 떨어질 수밖에 없다. 또한 막 분리시스템은 수동적으로 작동되기 때문에 제어가 간단한 장점이 있으나 선택 산화법의 경우 공정제어가 필요하다. 이론적으로는 일산화탄소 제거를 위해 2가지 형태를 모두 채용할 수 있는데 실증 실험을 통해 최적의 시스템을 선택할 필요가 있다.

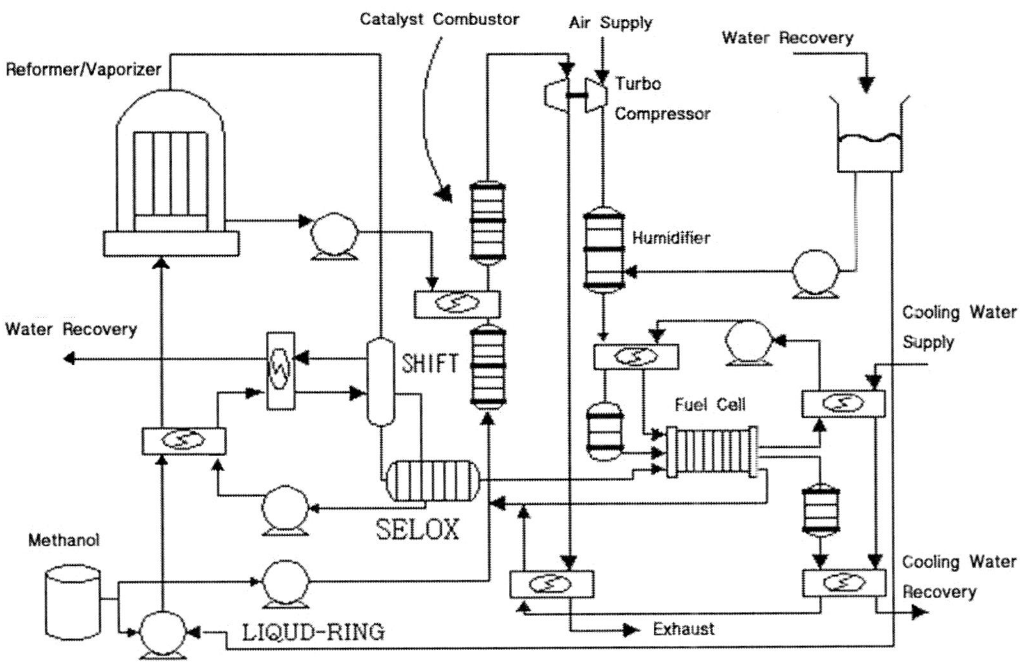

그림 7-41 FC system installed CO remover using selective oxidation.

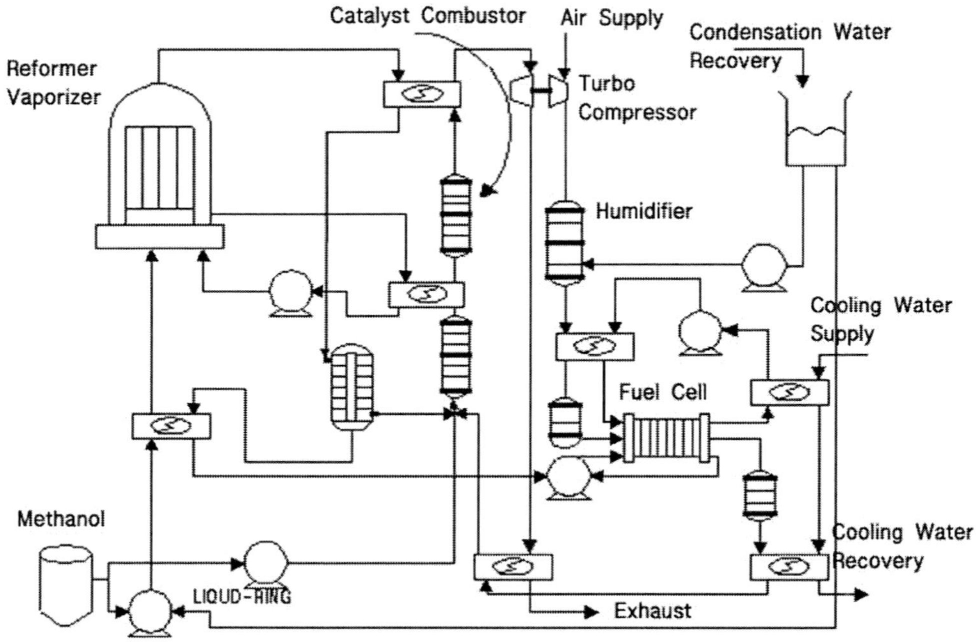

그림 7-42 FC system installed CO remover using separating film.

7.3.6 바이폴라판

단위전지를 적층시켜 용량을 확대하기 위해서는 단위전지와 단위전지 사이의 가스의 혼합을 방지하고 전기적 회로의 연결을 위하여 바이폴라 판이 필요하다. 바이폴라 판은 한쪽 면에 연료기체 channel 이, 다른 한 면에 산화기체 channel 이 있는 전기전도성 판으로 연료극에서 생성된 전자를 공기 극으로 전도해주는 전류 집전체의 역할을 하며 MEA를 지지해주고, 연료극과 공기 극에 각각 연료와 공기를 공급해 주는 통로를 제공해주는 동시에 전지운전 중에 생기는 물을 제거해 주는 통로 역할을 한다. 물이 유로 상에 축적되어 반응기체가 흐르지 않는 dead spot이 형성되면 전극의 효율성이 떨어지게 되기 때문이다.

바이폴라 판으로 사용되는 재료들은 크게 탄소계 재료와 금속계 재료로 나눌 수 있다. 탄소계 재료로는 graphite, 전도성 고분자, 다이아몬드, diamond like carbon과 organic self-assembled monolayer를 들 수 있고 금속계 재료로는 inert 금속, metal nitride, metal carbide, noble metal 등이 추천재료이다. Graphite는 전기전도성이 좋고 내식성이 강해서 가장 많이 사용되고 있으나, 비교적 값이 비싸고 깨지기 쉬운 단점이 있다. 금속재료로는 전기 전도도가 높고 부식성이 작은 tantalum, niobium, titanium 등의 금속과 그리고 적당한 성질의 합금이 사용되기도 한다.

7.4 고분자 전해질막 연료전지(PEMFC)

7.4.1 PEMFC의 작동원리

연료전지의 기본원리는 물의 전기분해 역반응을 이용하는 것으로 일반 전지와는 아주 다른 특성을 갖고 있다. 일반 전지는 전극에 저장된 아연과 같은 전기 화학적으로 활성화된 매질을 소모하면서 전기를 발생시키지만 연료전지는 화학적 반응을 일으킬 연료를 외부에서 필요에 따라 고정된 전극에 공급하여 전기를 발생시킨다. 고분자 전해질형 연료전지는 고분자 전해질(Polymer Membrane), 전극(Electrode), 탄소천(Carbon Cloth) 또는 탄소종이(Carbon Paper), 탄소판(Graphite Plate) 또는 금속판(Metal Plate), 가스켓(Gasket)으로 구성되어진다.

고분자 전해질형 연료전지(Proton-Exchange-Membrane Fuel Cell(PEMFC))는 이온 전도성 고분자막으로 된 고분자 전해질막과 그 양쪽에 다공성 가스확산 전극이 설치되어 있는 구조(MEA)로 이루어져 있으며 전극의 지지를 위해 카본 천이나 카본 종이가 사용된다. 탄소판 또는 금속판은 가스나 공기가 흐르는 통로를 제공하며 전도성물질로서 전해질과 전극을 지지해주는 역할을 한다. 이와 같은 구조의 각 단위전지를 분리단으로 서로 연결 결합시킴으로써 스택이 이루어진다. 연료극(Anode)으로 공급된 수소(H_2)는 전극의 백금 촉매층에서 활성화되어 2개의 H+이온과 2e- 전자로 분리된다. 이온화된 수소는 이온전도성 고분자 전해질막을 통과하여 공기극(Cathode)으로 이동하고 고분자 전해질막을 통과하지 못하는 전자는 외부회로를 통과하면서 전기를 발생하게 된다. 공기극(Cathode)에서는 외부에서 공급된 공기중의 산소(O_2)가 연료극에서 나온 수소이온(2H+) 및 전자(2e-)와 반응하여 순수한 물이 생성되며 공기극 쪽에서 외부로 방출된다. 이를 화학반응식으로 나타내면 다음의 식 (7.23)~(7.25)과 같다.

연료 극(Anode) :

$$H_{2(g)} \rightarrow 2H^{+} + 2e^{-} \tag{7.23}$$

공기 극(Cathode) :

$$\frac{1}{2}(O_{2(g)} + 3.76N_{2(g)}) + 2H^{+} + 2e^{-} \rightarrow H_2O_{(l)} + 1.88N_{2(g)} \tag{7.24}$$

총 반응식(공기사용) :

$$H_{2(g)} + \frac{1}{2}(O_{2(g)} + 3.76N_{2(g)}) \rightarrow H_2O_{(l)} + 1.88N_{2(g)} + HHV \tag{7.25}$$

여기서 HHV는 수소의 고위발열량을 나타내며 142kJ/g 이다. 수소와 공기중의 산소가 반응하여 순수한 물을 얻을 수 있으며 연료전지로부터의 반응열을 이용하여 차량과 같은 소면적의 난방용으로도 사용할 수 있다.

7.4.2 연료전지의 성능

H_2/O_2 연료전지의 이상적인 전위(E°)는 물의 생산과 함께 1.229V이다. 수소 산소 반응에서 전위의 힘은 Gibbs 자유에너지의 변화로 표현된다. 온도가 내려감에 따라 Gibbs 자유에너지가 상승하고 이상적인 전위는 Gibbs 자유에너지와 직접 연관되어 변화한다. 실제적인 전위는 비가역에 의한 손실에 의해 평형전위보다 떨어진다. 이 손실은 분극, 과전압, 과전위라고 불리우는데 다음 세가지가 주요한 원인이다. 활성화 분극(η_{act}), 저항분극(η_{ohm}), 농도분극(η_{conc}) 이러한 손실등은 Cell의 전압을 이상적인 전위보다 낮게 한다.

활성화 분극에 의한 손실은 저전류 영역에서 지배적이다. 이 점에서 전류의 이온이 이동하기 위해서는 전기적인 장벽이 극복되어야 한다. 활성화 손실은 전류가 증가함에 따라 약간 증가한다. 저항 분극은 전류에 따라 직접적으로 변화하며 Cell의 저항이 근본적으로 일정하기 때문에 전체적인 전류 영역에서 증가한다. 가스 이동에 의한 농도 손실은 전 전류 영역에서 나타나지만 Cell의 반응 영역으로 충분한 양의 반응물을 공급할 수 없기 때문에 높은 전류 밀도에서 지배적이다.

(1) 활성화 분극

활성화 분극은 전극 표면의 전기화학적인 반응율이 느린 전극 운동의 지배를 받는 곳에 존재한다. 다시 말하면, 활성화 분극은 전기화학적 반응율에 직접적으로 연관되어 있다. 반응물에서 활성화 장애물이 극복되어야 한다는 점에서 전기화학적 반응과 화학반응은 매우 비슷하다. η_{act}는 Tafel 방정식의 일반적인 형태로 표현된다.

$$\eta_{act} \;=\; \frac{RT}{anF} ln \frac{i}{i_0} \tag{7.26}$$

여기서, α는 전극에서 반응의 전자 이동상수, i_0는 교환전류 밀도이다.

(2) 저항 분극

저항 분극은 전해질에서 이온의 이동 저항과 전극 물질에서 전자의 이동 저항으로 일어난다. 전해질은 통한 지배적인 저항 분극은 전극의 분해를 줄이고 전해질의 전도도를 향상시킴으로써 감소시킬 수 있다. 전해질과 연료전지 전극은 모두 오옴의 법칙을 따르므로 다음과 같이 저항 손실의 방정식을 표현할 수 있다.

$$\eta_{ohm} = iR \qquad (7.27)$$

여기서, i는 Cell을 통한 전류의 흐름이고, R은 전기적, 이온적, 접촉저항 등 Cell 전체 저항이다.

(3) 농도 분극

전기화학 반응에 의해 전극에서 반응물질이 소모됨에 따라 평균 유체의 초기 농도를 유지하는 능력의 부족으로 인한 전위의 손실이다. 여기에서 농도의 차이가 발생한다. 몇 가지 과정이 농도분극에 영향을 미친다. 전극 다공 층에서 가스의 느린 확산, 전해질에서 생성물과 반응물의 용해와 분리, 전해질과 전기화학 반응 장소사이의 생성물과 반응물 확산의 입출·입, 실제적인 전류밀도 영역에서 반응물과 생성물의 느린 물질 이동은 농도분극의 주요한 요인이다.

$$\eta_{conc} = \frac{RT}{nF}[1 - \frac{i}{i_L}] \qquad (7.28)$$

여기서, i_L은 한계전류이다. 연료전지 개발의 목표는 Cell 전압이 접근할 수 있도록 분극을 최소화하는 것이다. 전극 구조의 향상, 좋은 전기촉매, 전도성이 좋은 전해질, 얇은 Cell 구성품 등 연료전지의 설계 조건을 개선함으로써 접근될 수 있다.

7.4.3 연료전지 성능변수

연료전지의 성능은 온도, 압력, 가스 조성, 반응물 이용률, 전류밀도 등의 작동 변수와 오염, Cell 수명에 의한 전압 손실의 크기 등 다른 요인의 영향을 받는다. 작동 온도의 상승은 반응율의 증가, 물질 전달의 증가, 전해질의 이온전도도 증가에 의한 Cell 저항을 감소시킴으로써 연료전지의 성능 향상에 이익이 된다. 더욱이 저온 연료전지에서 온도가 증가함에 따라 전기 촉매에서 CO에 대한 내성이 증가한다. 부정적인 면으로는 부식에 대한 물질의 문제, 전극의 손상, 전기촉매의 소결과 재결정, 증발에 의한 전해질의 손실 등은 온도의 증가와 함께 더욱 빨라진다.

작동 압력의 증가는 반응물의 분압, 가스의 융해 성, 물질 전달의 증가르 인해 연료전지의 성능에 긍정적 영향을 미친다. 더욱이 증발에 의한 전해질의 손실은 작동압력이 고압으로 되면 감소한다. 압력의 상승은 시스템 효율을 향상시키는 경향이 있다. 그러나 파이프의 두께와 압축 등의 추가적인 부담을 고려하여 적절히 결정하여야 한다. 압력 상승의 이익은 하드웨어와 물질의 문제, 부가 에너지 소모에 따른 비용 등의 문제와 균형을 이루어야 한다. 압력의 차이는 전해질과 밀폐 부분을 통한 반응 가스의 누출을 줄이기 위해 최소화 되어야 한다.

반응 가스의 이용과 가스의 조성은 연료전지의 성능에 주요한 영향을 미친다. 연료와 산화제가 고농도일 때 고전압을 만들기 때문이다. 이용율(U)은 연료전지에 공급되는 전체적인 연료나 산화제에 대한 전기화학 반응물의 분율을 나타낸 것이다. 저온 연료전지에서 H_2가 연료일 때 반응물만이 전기화학 반응에 관여함으로 연료 이용율은 직접적으로 계산이 가능하다.

$$U_f = \frac{H_{2,in} - H_{2,out}}{H_{2,in}} = \frac{H_{2,consumed}}{H_{2,in}} \tag{7.29}$$

여기서, $H_{2,in}$ 와 $H_{2,out}$은 연료전지의 입구와 출구에서 수소의 입・출입을 나타낸 것이다. 고분자 전해질형 연료전지에서 물 조절은 스택의 제작에 있어서 매우 중요한 요소 중 하나이다. 물 조절은 고분자 전해질형 연료전지 성능과 효율에 영향을 미친다. 고분자 전해질 막의 이온 전도도는 전해질 막이 함유하고 있는 수분의 양에 따라 달라지므로 전해질 막에 적절한 수분을 유지하는 것은 매우 중요하다. 이온막 내의 물의 함량은 연료 극에서 공기 극으로 H+가 이동함에 따라 수반되는 물의 이동(Water drag)과 음극에서 생성된 물의 농도 차에 의한 양극 방향의 확산(Back diffusion)이 있다. Water drag는 전류 밀도에 비례하여 증가하나 Back diffusion은 거의 일정하다. 그래서 높은 전류 밀도에서는 연료 극막이 건조하고 낮은 전류 밀도에서는 공기 극이 건조하게 된다. 그러므로 연료전지에서는 반응 가스의 공급시 가습기를 통하여 수분을 공급한다.

가습된 공기의 온도가 스택의 온도에 비해 너무 낮으면 스택에서 온도가 상승하면서 스택에서 발생된 수분을 흡수하게 되므로 수분부족으로 Cathode 전극은 건조해진다. 가습된 공기의 온도가 스택의 온도에 비해 높으면 온도의 하락으로 수분의 포화증기압 이상의 수분을 함유하게 되어 응결현상이 발생하여 전극에서 수분과잉 현상이 발생한다. 공급 가스의 압력은 높이면 적은 양의 수분을 공급하여 전극에서의 물조절 가능하며, 공급가스 중의 산소 농도를 높일 수 있어 농도 과전압을 줄일 수 있다.

7.4.4 연료전지의 효율

시스템 분석은 시스템 전체를 이해하기 위해 열이나 에너지의 정산에 대한 이해가 필요하다. 연료전지 주위의 에너지 정산은 열 입・출입, 출력, 반응. 열 손실 등 연료전지에서 생기는 에너지의 요소에 기초를 한다. 연료전지의 반응물이 수소와 공기중의 산소인 경우 에너지 균형은 다음과 같이 구성된다.

- 설정된 입구 출구 온도 조건에서 Cell 밖의 비 반응 가스 구성의 엔탈피 차이
- 반응물의 엔탈피 변화와 Cell에 존재하는 생성물의 엔탈피 변화, 생성물을 생성할 때의 생성열을 포함한 반응된 산소와 수소의 엔탈피 변화

- 생산된 직류 출력
- Cell로부터 열손실

에너지 변환장치의 열효율은 저장된 화학적 에너지의 변화에 대한 연료가 산화제와 함께 반응할 때 나오는 유용한 에너지의 생산량으로 정의된다.

$$\eta = \frac{Useful\ Energy}{\triangle H} \tag{7.30}$$

연료전지와 같은 이상적인 전기화학적 변환기에서 어떤 변환 온도에서 Gibbs 자유에너지 변화가 유용한 전기에너지의 생산에 이용된다. 비가역적으로 작동할 때 연료전지의 이상적인 효율은 다음 식(7.31)과 같다.

$$\eta = \frac{\triangle G}{\triangle H} \tag{7.31}$$

가장 널리 사용되는 연료전지의 효율은 Cell 반응의 표준 자유에너지의 변환어 기초한다.

$$H_2 + \frac{1}{2}O_2 = H_2O(l) \tag{7.32}$$

여기서 생산된 물은 액체이다. 25℃, 1기압의 표준 상태에서 산소/수소 반응의 화학적 에너지($\triangle H = \triangle H_0$)응 285.83kJ/mole이고, 표준 상태에서 순수한 수소/산소의 가역 작용에서 열효율은 0.83(237.141/285.83)이다. 실제적인 연료전지의 효율은 이상 전위에 대한 실제 작동 전압의 비율로 표시된다. 실제적인 Cell의 전위는 Cell의 분극과 IR 손실로 인해 이상적인 Cell 전압보다 낮다. 연료전지의 실제적인 효율은 실제적인 Cell의 효율로 나타낼 수 있다.

$$\eta = \frac{Useful\ Energy}{\triangle H} = \frac{Useful\ Energy}{\triangle G/0.83} = \frac{V_{actual} \times Current}{V_{ideal} \times Current/0.83} \tag{7.33}$$

$$= \frac{0.83\,V_{actual}}{V_{idal}}$$

25℃, 1기압에서 순수 수소와 산소를 사용한 이상적인 가역 전위는 1.229V이다. 그러므로 실제 작동 전압이 VCell일 때 수소의 고위 발열량을 기초로 한 열효율은 다음과 같다.

$$\eta = 0.83 \times V_{cell}/V_{ideal} = 0.83 \times V_{cell}/0.229 = 0.675 \times V_{ceil} \tag{7.34}$$

7.5 Nafion® 전해질 막의 특성

Nafion® 막은 전해질 용액 안에서 훌륭한 화학적 안정성 및 기계적 강도와 열적 안정성을 지니고 있고, 더욱이 원하는 양이온 종만을 선택적으로 투과시키면서 뛰어난 전도성을 갖고 있다. Nafion®과 Nafion®전구체의 구조를 그림 3에 나타냈다. Nafion®이 외부 전해질과 접하게 되면 고분자 격자 안의 고정된 SO_3^-음이온 그룹으로 인해 음이온은 전기적인 반발력으로 고분자 막으로 침투하지 못하는 대신 양이온은 고분자 막 안으로 흡수하게 되고, 고분자 막 안에서 이러한 양이온의 이동속도가 Nafion®전해질의 전도도를 결정하게 된다. 또한 Nafion®막의 비결정성 영역과 물으 함량이 양이온의 흐름을 제어하게 되며, 일반적으로 Nafion® 막에 물의 함량이 적게 되면 전도도는 떨어지게 된다. Nafion® 막과 용매 그리고 용질의 분자 수준의 구조로부터 Nafion® 전해질에서의 양이온의 흐름을 모델링하는 연구가 이루어지고 있다. 그중 Gierke 등의 cluster-network 모델이 Nafion® 전해질과 같은 이온 교환막의 특성을 가장 잘 묘사할 수 있는 것으로 알려져 있다. Gierke의 연구에 따르면 Nafion® 막은 좁은 통로들에 의해 연결된 일련의 cluster들의 집합으로 묘사하고 있다. Gierke는 좁은 통로를 통과하게 되는 음이온들은 Nafion® 막의 전기적인 반발력으로 막 내의 움직임이 매우 제한받게 되고, 전체적으로 Nafion® 막을 이동하게 되는 음이온들의 속도는 양이온에 비해 매우 느리게 된다고 주장하였다.

하지만 아직까지 Nafion® 과 같은 이온 교환 막에서의 이온들의 이동에 대한 정확한 메커니즘은 규명되지 않고 있다. 또한 이 Nafion® 막이 이온들에 대해서만 통로를 제공하는 것은 아니다. 예를 들면, 수소나 산소와 같은 분자 크기가 작은 기체들과 물, 메탄올과 같은 물질도 Nafion® 막을 투과한다.

표 7-8 Nafion® constant of PEM fuel cell for FCV.

Membrane Type	Mol. Weight(g/mol)	Thickness(mm)	Remark
Nafion® 117	1100	0.20	Stability Running
Nafion® 115	1100	0.13	Conductivity appreciation
Nafion® 112	1100	0.06	Conductivity appreciation

연료전지에서 고분자 전해질로 가장 많이 쓰이고 있는 Nafion® 전해질 막은 수소이온에서 대한 이온성 전도체의 역할을 하며, 수소이온의 이동은 electro-osmosis 현상에 의해 물과 함께 이동하고 있다는 것이 일반적으로 알려져 있다. 한편 Nafion® 용액의 경우 소수성인 Fluorocarbon 성분과 친수성이 이온기(ionic group)로 구성되어 있다. 그러므로 이러한

상분리가 고분자의 전기화학적 성질을 결정하는 수화된 이온 클러스터 구조를 가지게 한다. Fluorocarbon phase의 역할은 고분자의 팽윤 정도를 조절하고 ionic phase의 용해를 방지하는 역할을 한다. 온도를 올릴 경우 이러한 저항력이 약화된다. Fluorocarbon 주쇄는 고팽윤상태로 진행될 때 이를 맞추기 위해 이동성을 증가시킨다.

높은 온도에 노출되었을 경우 Fluorocarbon phase은 부드러워지면서 ionic phase가 알코올과 물의 혼합액에 용해되도록 한다. Nafion® 용액은 실제 용액이 아니며 Fluorocarbon phase와 용매간의 불친화력은 이온 기에 의해 주위가 둘러싸이게 되며 이로써 마이셀(micell) 구조를 가지게 한다. 이러한 경우 고체상 perfluorinated ionomer에서의 연속적인 Fluorocarbon phase는 dispersed phase로 전환된다. perfluorinated ionomer를 용해시키기 의한 온도는 phase inversion에 필요한 온도이다. 만약 상온에서 용매를 증발시키면, 불연속적인 fluorocarbon phase의 모폴로지를 유지하게 된다. 그런 필름은 약하고 쉽게 알코올에 용해된다. 그러나 만약 용매를 고온에서 증발시키거나 또는 cast 필름을 100~120℃에서 열처리를 한다면 분산된 fluorocarbon phase는 서로 붙게 되어 필름은 용매에 대하여 불용성을 나타나게 된다. Nafion®의 phase inversion에 대한 모식도를 그림 7-43에 나타냈다.

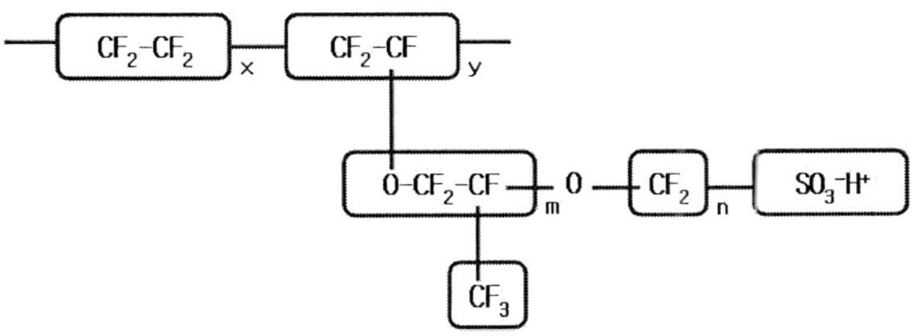

그림 7-43 Electrolyte structure of Nafion®

7.6 연료전지 자동차 개발의 문제점

연료전지 자동차의 실용화를 위해서 극복해야 할 과제들은 다음과 같다. 첫째. 안정적인 저온시동 문제이다. 스택 속에는 물이 있고, 이온교환막은 적절한 습도가 없으면 작동되지 않는다. 이 수분은 한랭지에서는 동결하는데, 이온교환막에 부찬 된 얼음은 시동 후에는 녹으나, 짧은 시간에 원활하게 스택 내부가 80℃의 동작온도로 이행해야 하나, 온도가 낮으면 출력이 낮아진다. 둘째는 진동문제로 연료전지는 200~400장의 셀을 적층한 구조이며, 이를 볼트와 너트로 조여 고정하고 있고, 셀 한 장의 두께는 2mm 정도이다. 자동차의 주행 중에 진동은 피할 수 없다. 진동으로 나사가 풀리는 일이 없어도 볼트/너트로 조여 고정된 셀이 어긋나거나, 적층된 층간에서 수소, 공기 그리고 냉각수가 새어나오지 않도록 해야 한다. 세 번째는 전기적 건전성이다. 0.7V 출력의 셀 400장이 직렬로 연결된 적층 구조인 연료전지스택은 한 장의 이온교환막이 찢어지거나, 공기 속에 먼지가 셀을 막게 되면 셀의 동작이 정지되고, 하나의 셀이 동작되지 않으면 스택에 전류가 흐르지 못하게 된다. 따라서 이를 사전에 검지하고 대책이 강구되어야 한다. 네 번째는 스택 내 습도 제어로 습도가 부족하면 이온교환막의 전도성이 저하하여 출력이 작아진다. 습도가 과잉이면 세페레이터 내부의 수소, 공기 등 유로가 막혀 출력이 저하할 뿐만 아니라 팽창하여 물리적 크기도 변한다. 습도 제어를 위하여 수분을 수소와 공기에 부여하는데, 이 수분은 스택 내에서의 반응생성물로 생긴 수분을 회수하여 이용한다. 이를 위해서는 섬세한 제어가 필요하다. 다섯 번째는 냉각문제이다. 냉각수는 세퍼레이터 내에 만든 통로를 이용하여 적층된 스택 전체에 흐른다. 냉각수는 에틸렌글리콜과 같은 전기전도도가 낮은 액체를 만들어 이용한다. 매우 큰 전류가 흐르는 곳에 냉각수를 흐르게 하는 대단히 위험한 구조이다. 또한 적층 구조이기 때문에 냉각제가 새지 않는 신뢰성이 높고 양산이 가능한 시일기술이 필요하다. 발열량이 크기 때문에 공기냉각으로는 부족하며, 연료전지의 동작온도는 80℃ 정도이기 때문에 대기온도와의 차이가 크지 않아 대량의 냉각수를 순환시켜야 한다. 방열기의 크기가 자동차용의 것에 두 배 이상인 설계예도 있다. 마지막으로 미반응수소의 회수처리문제로 수소가 완전히 소모될 때까지 기다리면 출력이 저하된다. 수소는 적당한 압력으로 스택 내에 주입한다. 그러면 미처 반응하지 못한 수소가 외부로 배출된다. 이 수소를 회수하여 다시 연료로 사용되도록 하는 회생기능을 갖추어야 수소 소모량을 줄여 에너지효율을 향상시킬 수 있다. 130년간에 걸쳐 무수한 기술적 과제를 극복하면서 현재의 내연기관자동차가 개발되어 왔다. 이 내연기관이 갖는 편이성과 쾌적성을 연료전지 자동차도 구비하여야 진정한 의미의 연료전지 자동차 시대가 오는 것이고, 이를 위해서는 위에 기술한 기술적 과제들을 극복해 나가야 한다. 뿐만 아니라 내연기관 자동차는 지금도, 교통안정성, 지능화 주차 지원시스템 등으로 진화하고 있다는 사실도 인지해야 한다. 친환경성에 지능화, 고도안전화기능 등이 첨가된 첨단 지능자동차이면서 저소음, 편이성 등이 구비되어야 내연기관에 익숙해진 시장에 진입할 수 있다.

제 8 장 연료전지 시스템의 성능모사

8.1 개 요

연료전지는 촉매로 백금 등의 고가의 재료를 사용하기 때문에 제작 실험에 경제적인 부담이 크다. 따라서 성능모사를 통하여 사전에 충분한 검토를 하면, 이를 바탕으로 실제 PEMFC 제작 시에 경제적인 문제뿐만 아니라 PEMFC의 성능곡선과 전류밀도, MEA 온도변화에 따른 결과를 예측하여 이에 따른 상황을 이론적인 측면에서 충분히 고찰하여 연료전지의 성능향상 방안을 모색할 수 있다. 또한 연료전지의 최적운전 조건을 예측함으르써 PEMFC가 연료전지 자동차에 장치되었을 때, 예를 들면 산소나 수소의 공급량, 유량, 입 · 출구의 압력, 온도설정, 가습효과 등의 주변 장치의 운전조건에 따른 연료전지의 출력결과를 성능모사를 통하여 예측함으로써 경제성이 우수하며, 에너지 효율이 높은 고출력의 연료전지 자동차를 기대할 수 있다. 또한 성능모사를 통하여 추후 제작 될 MEA 개발에 상당한 효과를 기대할 수 있다. 따라서 이 번장에서는 고분자 전해질막 연료전지(PEMFC)를 실제 제작하기에 앞서 연료전지 내에 작용하는 유체역학적, 화학적 지배방정식과 경계조건을 정립하고 COMSOL이라는 상용 유한요소해석 프로그램을 사용하여 성능모사를 실시하였다. 연료전지의 성능모사는 일반적으로 그림 8-1과 같다.

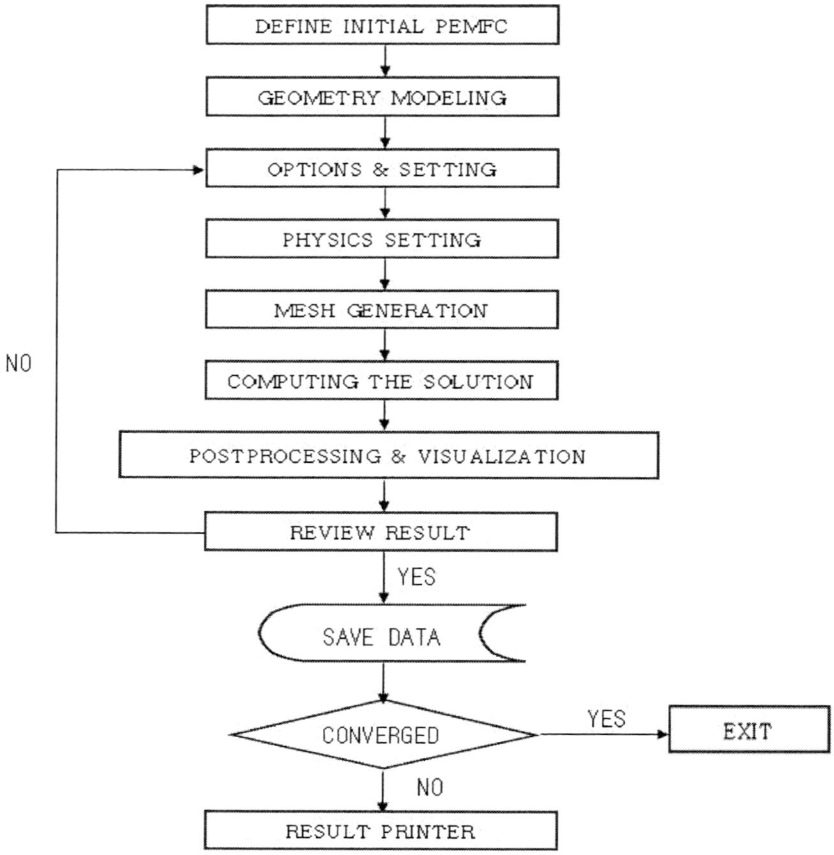

그림 8-1 Schematic flow chart of the PEMFC system analysis.

8.2 고분자 전해질형 연료전지(PEMFC)의 모델링

고분자 전해질 연료전지(PEMFC)의 성능모사를 위하여 공기호흡형 단위전지를 전극, 전해질 막, 집전소자로 분류하여 모델링을 실시하였다. 그림 8-2는 일반적으로 사용되는 고분자 전해질형 연료전지의 작동원리를 나타내고 있으며, Anode 측에서 수소를 질료로 하여 공급하고, Cathode 측에서는 공기를 자연대류를 통하여 공급하는 방법으로 산소를 공급하였다. 아래의 그림 8-3는 자체 제작한 연료전지의 Interdigitated fuel/air(O_2) 분배기로 단면을 보면 그림 8-4와 같다. 여기서 실험에 사용될 실제 크기로 소면적($5cm^2$) 고분자 전해질 연료전지에서 막-전극접합체(MEA)와 집전소자(Current collector)의 유한요소법을 적용하기 위하여 그림 8-5와 같이 모델링하였다.

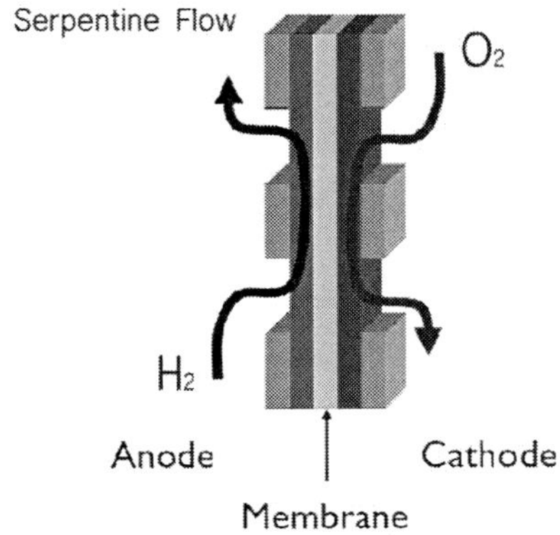

그림 8-2 Schematic operating priciple of PEMFC

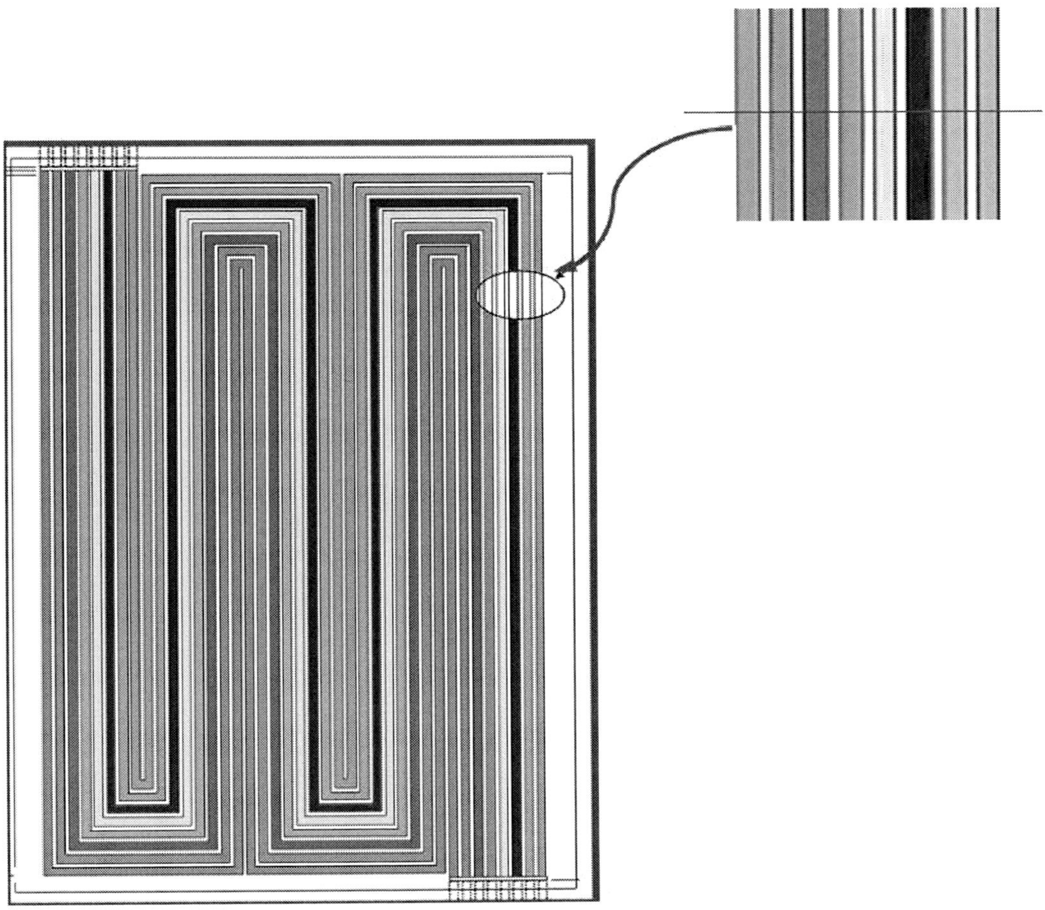

그림 8-3 A schematic of an interdigitated fuel/air(O_2) distributor.

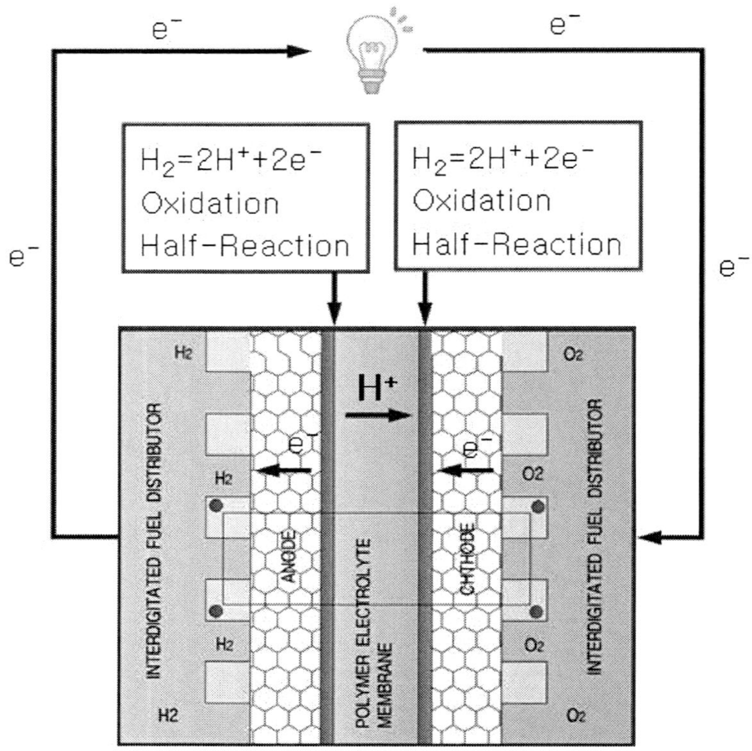

그림 8-4 Schematic of a PEM fuel cell

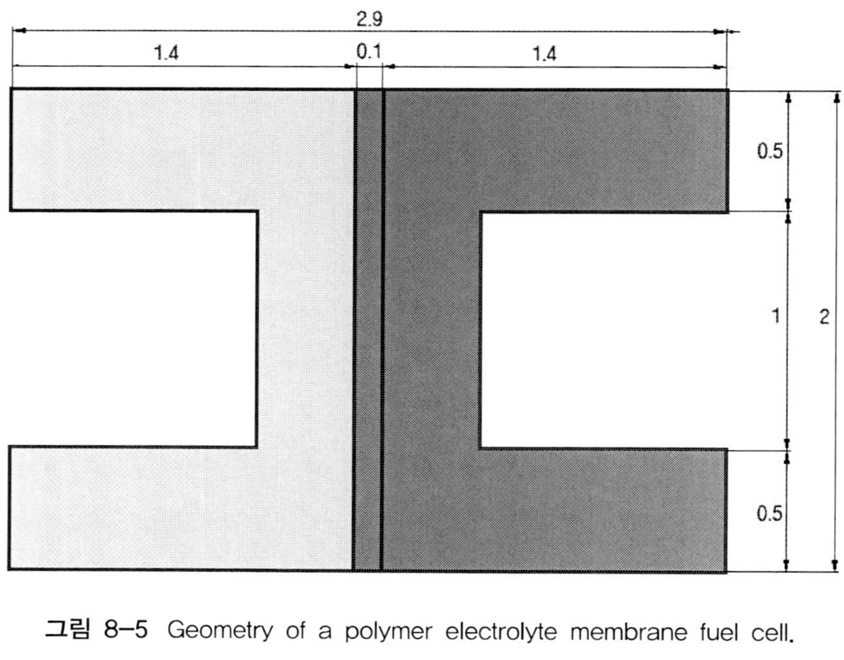

그림 8-5 Geometry of a polymer electrolyte membrane fuel cell.

8.3 고분자 전해질 막 연료전지의 경계조건의 설정

그림 8-6에서는 성능모사를 위하여 막-전극접합체(MEA)와 집전소자(Current collector)를 유한요소법을 적용하기 위하여 간략하게 기하모델을 하고, 그 기하므델의 각 영역에 경계조건 및 속성을 부여하였다. 즉 PEMFC 내의 전체 평형을 고려하여 Anode 측의 입·출구 측 연료유입 방향을 고려하여 평형식과 경계조건을 수립하였고, Cathode 측에서도 마찬가지로 적용하였다. 고분자 전해질 막은 다공성(Porosity)임을 고려하여 평형 식을 사용할 때 양의 상수를 주었으며 막 주위는 절연상태임을 적용하였다. 마지막으로 집전소자에서는 발생하는 전압은 0.7V를 주었으며, Anode와 Cathode에 각각 전류 평형 식을 적용하였다.

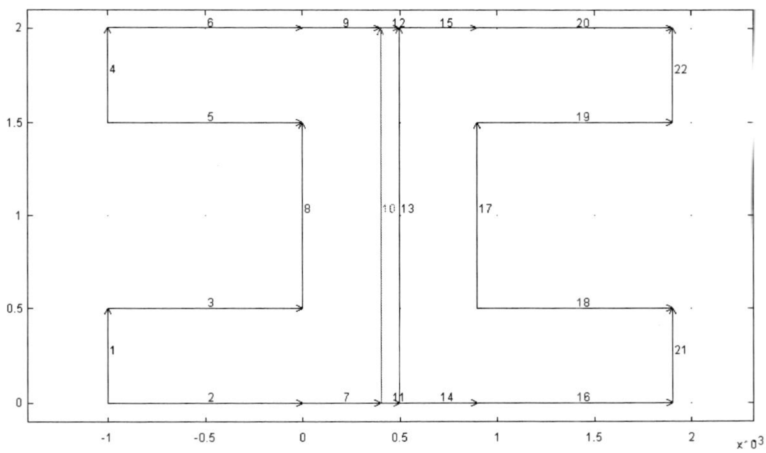

그림 8-6 Boundary numbers of the PEM fuel cell.

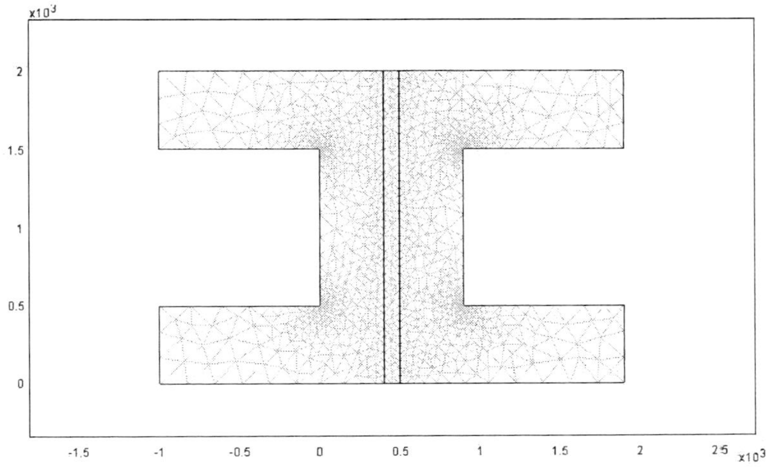

그림 8-7 Mesh of the PEM fuel cell model.

또한 그림 8-6, 8-7에서는 유한요소법을 활용하기 위한 성능모사를 위하여 막-전극접합체(MEA)와 집전소자(Current collector)를 경계조건을 부여한 기하모델에 대하여 경계요소 수는 228개로 요소는 2,254개로 요소망을 생성하였으며 자유도 수는 15,611개이다.

또한 PEMFC의 성능모사를 위하여 사용된 평형 방정식은 전류 평형 방정식, 모멘트 평형 방정식과 질량 평형 방정식을 사용하였으며, PEMFC 내에 연료공급량에 대한 전류밀도분포, 속도장 분포, 질량분율, 몰분율 및 Anode와 Cathode에서의 유량을 산출하였다.

또한 Anode와 Cathode에 대하여 각각의 전류평형 방정식을 적용하였다. 각각의 경계에 부여한 평형 방정식은 그림 8-8과 같다.

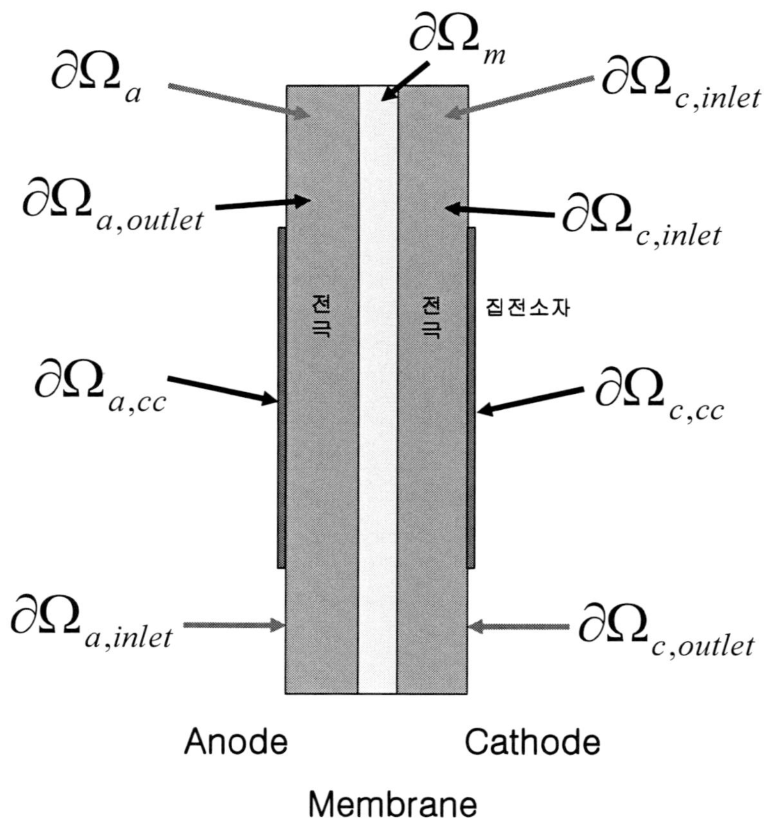

그림 8-8 Finite Element Model for the simulation of PEM fuel cell.

제 9 장 연료전지의 제작 및 실험

9.1 연료전지 시스템의 구성

9.1.1 단위전지 및 스택 제작

전해질 막의 전처리는 양이온 교환 막으로 사용된 것은 시판용 Nafion® 각으로 Nafion® 특성상 손상을 방지하기 위하여 나트륨염의 형태로 공급된다. 따라서 실제로 사용하기 위해서는 나트륨 염으로 공급되는 Nafion® 형태를 양 이온를 갖는 양성자의 형태로 변환하여야 하고 이를 위해서 전해질 막의 전처리가 과정이 필요하다. 그림 9-1은 Nafion® 112, 115의 실물 사진을 보여주고 있다. 고분자 전해질 막의 불순물을 처리하지 않으면 잔존해 있는 유기물 및 금속 불순물들이 수소이온의 이동을 방해하기 때문에 저항 과전압 영역에서 전지의 성능은 저하된다. Nafion®의 전처리 방법은 다음과 같다.

그림 9-1 Nafion® 112 and Nafion® 115 using the positive ion exchange membrane.

전해질 막을 증류수에서 2시간 정도 끓인 다음 과산화수소에 넣어 2시간 정도 끓여 유기물을 제거하고 증류수에 2시간 정도 끓여 세척한다. 황산용액에 2시간동안 넣어서 나트륨 양이온을 수소이온으로 변환하고 무기물을 제거한다. 본 실험에 사용한 전해질 막은 Nafion ®115이며 크기는 약 127μm이다.

전극/전해질 막의 접합체의 제조의 제조과정은 다음과 같다. 전극은 면적 $5cm^2$로 Ballard 사의 카본종이에 백금촉매를 사용하였다. 백금의 양은 $0.4mg/cm^2$이고 카본에 백금이 담지 되어 있다. 전극에 용액을 백금과 나피온 용액을 함량이 7:3이 되도록 그림 9-2와 같이 도포하였다. 전극에 도포된 용액의 용매와 물을 제거하기 위해 오븐 속에서 약 2시간 정도 건조시킨다. 전처리한 전해질막과 전극을 200기압에서 3분 동안 그림 9-3과 같이 열압착하여 MEA를 제조하였다.

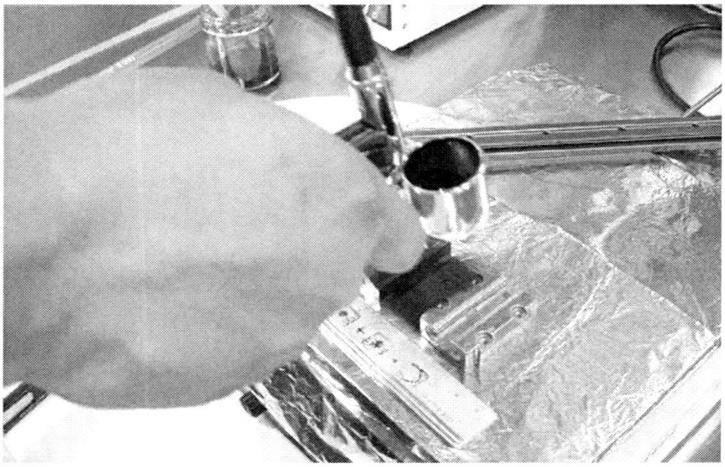

그림 9-2 Pt and Nafion spraying process on the carbon paper.

그림 9-3 Hot pressing process of the pre-treated proton exchange membrane and electrode at 200atm.

Bipolar plate의 제작은 단위전지를 적층시켜 용량을 확대하기 위해서는 단위전지 사이의 가스 혼합을 방지하고 전기적 회로의 연결을 위하여 판을 사용한다. 판이 갖추어야 할 조건은 다음과 같다.

- 낮은 전기적 저항
- 전해질에 대한 안정도(부식이 적어야 한다)
- 기계적 강도가 커야 한다.
- 가스가 전체 유로에 고르게 흘러야 한다.
- 수분이 가스관 내에서 응결되거나 가스 흐름을 방해하지 않아야 한다.
- 물에 젖지 말아야 한다.
- 가스가 새지 말아야 한다.
- 가볍고 저가이어야 한다.
- 화학적으로 안정되어야 한다.
- 대량생산이 가능한 구조

그림 9-4는 본 실험에 사용되는 PEMFC Bipolar plate를 나타내고 있으며 Bipolar plate로 가장 많이 사용 되어지는 graphite는 전기전도성이 좋고 내식성이 강하나 값이 비싸고 취성이 강하다는 단점을 가지고 있다. 그림 9-4, 9-5는 가스와 Coolant의 유로판 설계로 각각의 재질은 수지 함침 그라파이트를 사용하였다. 그림 9-7은 Current collector의 설계를 보여주며, 그림 9-8은 End plate의 설계를 나타내고 있다. 수소 극은 입구와 출구의 압력차를 위하여 유로의 길이를 길게 하였다. 수소 이온화의 운동역학은 산소 보다 훨씬 좋다. 수소-산소 연료전지에서 전압 손실은 주로 Cathode에서의 손실이다. 연료전지의 성능은 전기화학적 반응속도에 달려있다. 이것은 특히 촉매 층에서 유용한 산소의양에 의해 결정된다. 산소의 이동은 고분자 전해질형 연료전지 성능의 주요한 과제이다. 고전류밀도에서 공급된 기체의 소모량은 유로를 따라 균일하지 않으며 유로의 먼 곳은 전체적인 전류의 생성에 기여하는 바가 매우 적다. 유로를 따라 산소를 공급하는 것이 셀의 전체적인 성능의 향상에 중요한 과제이다. 유로의 길이를 감소시키면 한계 전류밀도를 높일 수 있고, 전체 전류밀도 범위에서 셀의 성능을 높일 수 있다. 또 전압 손실을 줄일 수 있다. 물리적으로는 짧은 길이의 유로에서 산소의 농도가 보다 균일하고 전극 면적 전체에서 셀의 성능이 올라간다.

그림 9-4 PEMFC flow field plate_Coolant

그림 9-5 PEMFC flow field plate_Gas

단위전지의 구성은 단위전지의 전극 양쪽에 히터를 설치하였다. 전류의 집전 판으로는 금으로 도금된판을 사용하였다. 가스의 공급 입구 측에는 가습기를 장착하였고 수소와 산소 입구, 출구의 방향은 서로 반대 방향으로 흐르도록 하였다. 셀 내에서 가스의 누설을 방지하기 위해 그림 9-6은 가스의 누설을 막기 위해 사용 된 테프론 가스켓을 보여주고 있으며 전지를 고정하기 위한 end plate는 알루미늄 판과 볼트를 사용하였다. 그림 9-7은 대면적($200cm^2$) 연료전지로 단위전지를 나타내고 있다.

그림 9-6 Teflon gasket of PEM fuel cell.

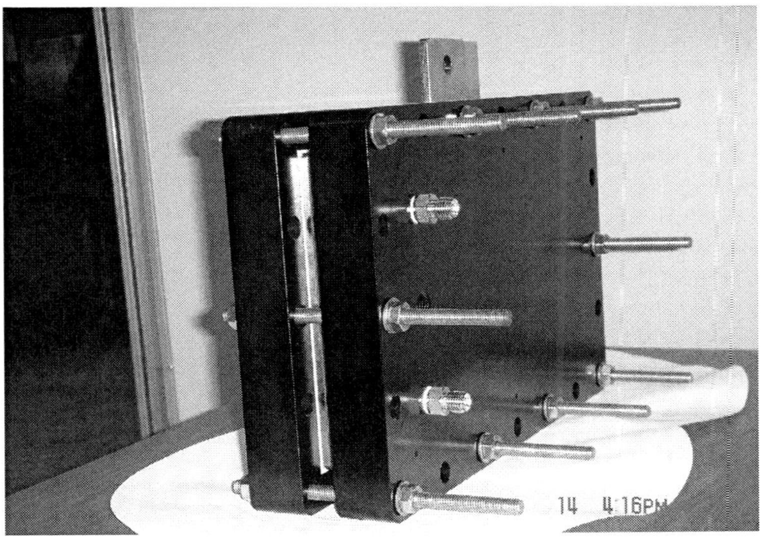

그림 9-7 Unit PEM fuel cell structure.

스택의 구성은 그림 9-6은 간략한 스택의 구성도이고 그림 9-7은 제작한 연료전지 스택 사진이다. 유체 흐름의 방향은 단위 전지와 동일한 구조이다. 각 전지의 양쪽에서 냉각 셀을 설치하여 냉각을 할 수 있게 하였다. 전체 스택은 10개 셀로 구성하였다. 알루미늄 판과 전지 집전체인 구리판과의 절연을 위해 실리콘 시트를 중간에 삽입하였다. 각 셀의 온도 측정을 위해 cathode 측면에 유로의 형상과 가공을 고려하여 1cm 깊이의 구멍을 뚫어 thermocouple을 심을 수 있게 하였다. 냉각수 온도 조절을 통해 스택의 온도를 조절 할 수 있게 하였는데 스택의 온도를 상승시키기 위해서는 냉각수를 가열하고 스택의 온도가 높게 상승할 경우 스택에서 나오는 냉각수를 순환시키지 한고 bypass 시킬 수 있게 하였다.

9.1.2 연료전지 시스템의 구성

그림 9-9는 일반적인 연료전지 시스템의 구성이다. 연료인 수소를 공급하는 시스템과 외부의 공기를 공급하는 압축기나 bolwer를 사용하는 공기 공급 시스템, 스택에서 발생하는 열을 제거하고 열교환을 통해 가습 온도를 조절하는 열관리 시스템, 연료전지의 효율적인 작동을 위한 수소와 공기를 가습하고 발생된 수분을 회수하여 가습기에 공급하는 물관리 가습 시스템, 사용되지 않고 나오는 수로를 재사용 할 수 있게 하는 시스템 등으로 구성된다.

가습기의 물 조절은 연료전지에서 시스템의 성능, 가격, 효율 및 제어에 주된 영향을 미치게 된다. 물의 생성, 수증기에 희한 반응 가스의 희석, 고분자 전해질 막의 탈수 등이 물 조정과 관련되어 연료전지의 성능에 영향을 미치게 된다. 그림 9-8은 본 실험에 사용되는 가습기를 보여주고 있으며, 그림 9-9는 고분자 전해질형 연료전지(PEMFC)의 설계 구성도이며, 그림 9-10은 연료전지 측정을 위한 실험장치 구성도이다.

그림 9-8 Humidifier system.

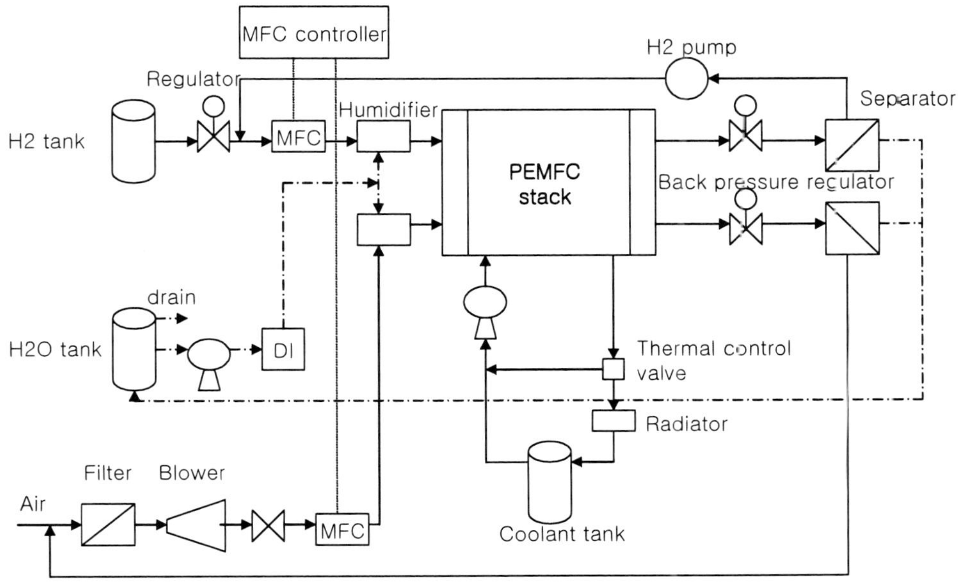

그림 9-9 Schematic diagram of unit PEM fuel cell.

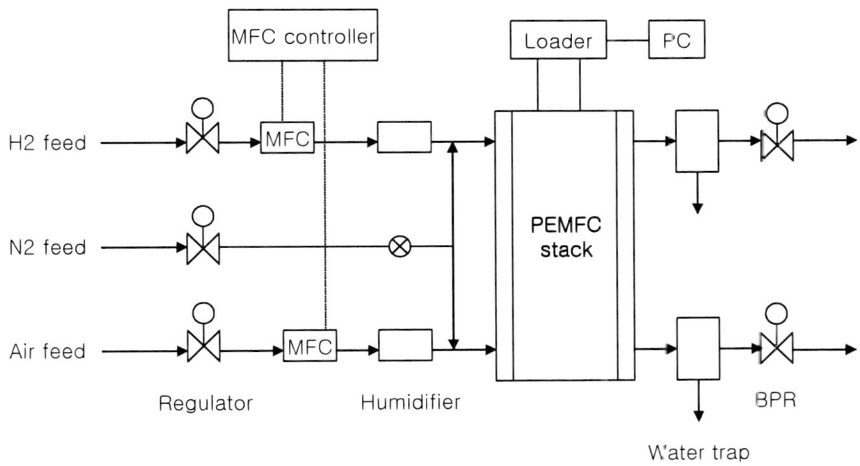

그림 9-10 Test station schematic diagram of unit PEM fuel cell measurement.

연료전지의 성능을 향상시키는 전형적인 방법은 양전극에서 생성된 물을 조정, 제거하는 것이다. 물이 응축되어 다공성 전극을 통한 산소의 이동을 억제시키고 촉매 위치로 물이 흘러 들어가서 물질이동을 제한시킨다. 물이 전극이나 가스 유동채널 내에 과량으로 존재하면 전극 활성부와 스택 내의 셀들 사이에서 가스분산이 불균일하게 될 수 있다. 이로 인해 셀의 성능이 낮아질 뿐만 아니라 스택 내의 셀과 셀 사이의 전위차가 발생하게 된다.

수증기의 압력이 특히 고온 또는 저 가스 압에서 높아지면 반응 가스는 매우 희박해진다. 어떤 압력에서 물의 끓는점에 도달하면 연료전지의 성능이 빨리 떨어진다.

상대습도가 낮아지면 고분자 전해질의 탈수가 일어나서 막의 이온저항이 높아져 성능이 하락한다. 물 조절의 방법으로는 다공성막을 사용하는 막가습 방법, 분사 방법과 bubble type이 있다. 가습기 내부에 온도 센서를 설치하였다. 가습기 내부의 온도를 상승시키기 위해 히터를 사용하였다. 가습기 내의 더미스터와 연료전지 스택 입구의 온도 센서로 측정한 온도와 온도조절기를 사용하여 히터에 공급하는 전기를 조절하여 가습 온도를 조절하였다. Level 센서 신호에 의해 물 펌프, 솔레노이드 밸브를 작동하여 가습기의 수위를 조절하였다. 수소와 산소의 가습은 bubble type을 사용하였다.

그림 9-11 Gas(H_2, O, N) supply system.

가스 공급 시스템은 그림 9-11과 같이 수소와 산소 그리고 질소의 공급 시스템을 나타낸 것이다. 수소의 출구에 압력 조절기를 설치하여 수소 탱크에서 나오는 압력을 사용 압력으로 조절하였으며 그림 9-12와 같이 안전을 위해 수소센서를 실험실 상부와 연료전지 스택에 설치하여 수소의 누설을 감지하고 safety solenoid valve를 작동하게 하였다. MFC를 이용하여 유량의 측정과 제어를 하였다. 가습기의 효과를 살펴보기 위해 3-Way solenoid valve 설치하여 정상상태에서 도달할 때가지 bypass 시켰다. 공급 가스의 입구에는 온도 센서를 출구에는 온도와 압력센서를 설치하였다. 연료전지의 작동 후 연료전지 내부에 남아 있는 수소와 산소를 제거하기 위해 질소를 퍼지 시킬 수 있도록 시스템을 구성하였다.

그림 9-12 Hydrogen gas leak detector.

측정 장치는 연료전지 시스템의 출력 실험을 하기 위해서 그림 9-13에서 보이는 바와 같이 대길전자사의 electronic load model EL-1000P를 사용하였다. 최대 출력은 1000W, 최대전류는 100A이며, 최대전압은 60 V이고, 일정전류, 일정전압, 일정저항의 측정실험이 가능하다. 후면의 BCN 단자를 통하여 load 전류의 조절이 가능하다. Accuracy는 ±0.3%이다. 외부 신호를 이용하여 연료전지, 하이브리드 시스템의 응답 특성, 출력 특성, simulation이 가능하다. 온도측정을 위해서는 그림 9-14와 같이 K type thermocouple를 사용하였다.

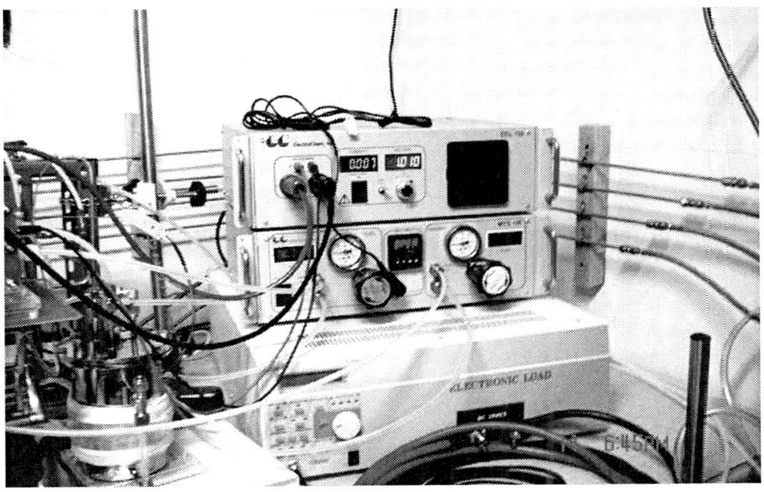

그림 9-13 Electronic load model EL-1000P mate of Daegil co.

그림 9-14 Temperature setting and measurement system.

9.2 MEA 제작

9.2.1 소면적 MEA 제작

8장에서 성능모사를 통하여 해석한 MEA와 동일하게 소면적 MEA의 크기는 $5cm^2$으로 제작하였고, 전극에서의 촉매 물질로는 carbon black 담체(Vulcan XC-72R, Cabot)에 Pt가 20wt% 담지 된 Pt/C 분말(Johnson Matthey)을 $0.4mgPt/cm^2$사용하였다. 촉매 슬러리는 iso-propyl alcohol(IPA) 용매에 촉매를 넣고, 그림 9-16의 초음파 교반기를 사용하여 용매 내에 촉매를 균일하게 분산시키면서 여기에 Pt/C 무게 1/3량의 나피온 이오노머를 첨가하여 슬러리를 만들었다. 제조된 슬러리를 확산층 즉 carbon paper 위에 spray 법을 사용하여 도포한 후, 이 촉매층 표면에 Pt/C 무게의 1/3량의 나피온 이오노머를 도포함으로써 전극을 제조하였다. 이때 Pt의 담지량은 애노드와 캐소드 각각 $0.4mg/cm^2$로 하였다. 촉매 층과 촉매 층 표면에 포함되는 나피온 이오노머는 EW 1100을 기준으로 사용하면서 전극을 제조하였다. 제조 된 전극을 미리 전 처리된 Nafion 115 고분자 전해질 막 양쪽에 놓은 후 140℃, 200atm 하에서 3분간 Hot-pressing하여 MEA를 제조하였다. 단위전지는 조립시 토크압 은 15 Kgfcm으로 나사를 조였다. 이에 대한 MEA 구조와 제조 공정도에 대하여 그림 9-18에 나타냈다.

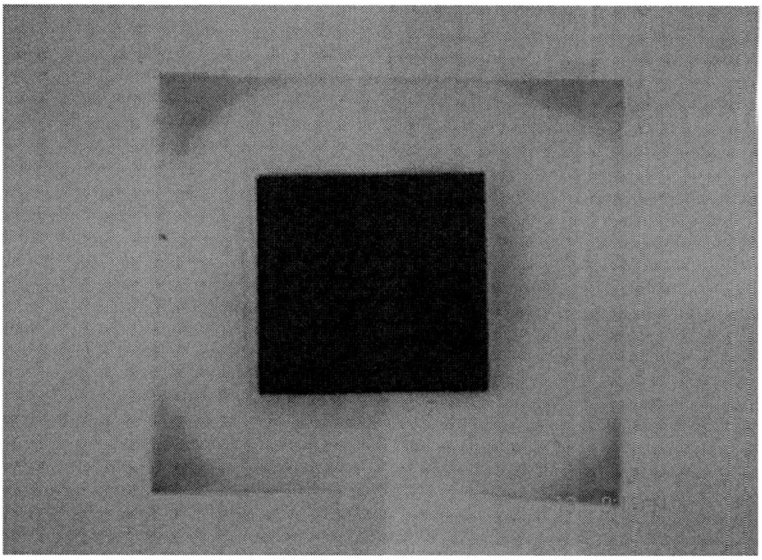

그림 9-15 Small capacity MEA for 5cm^2.

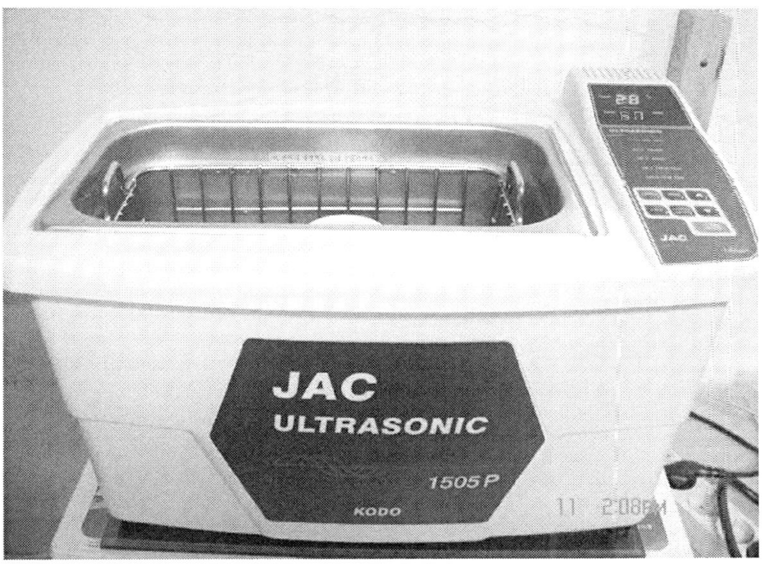

그림 9-16 Ultrasonification.

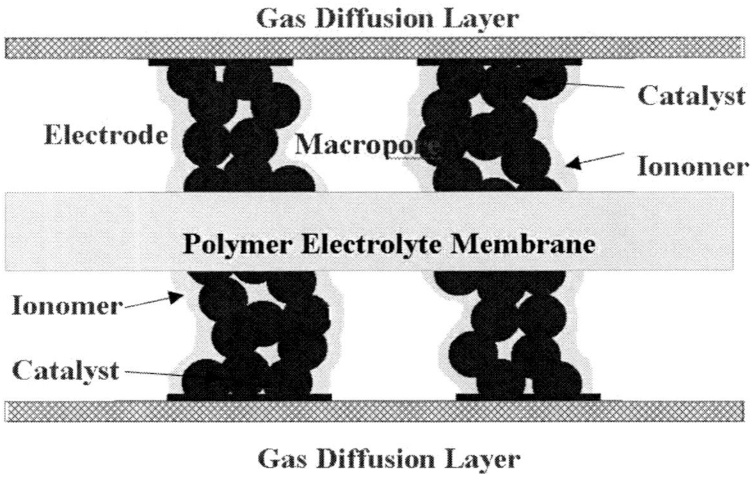

그림 9-17 Schematic configuration of the MEA.

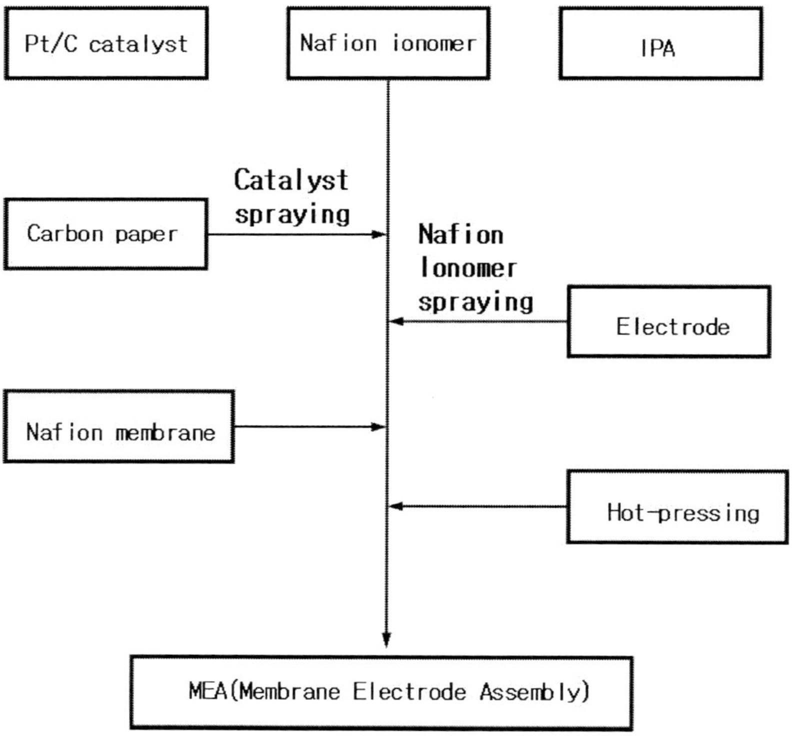

그림 9-18 MEA fabrication process for PEM feul cell unit cell.

9.2.2 대면적(200cm^2) MEA 제작

일반적으로 자동차에 사용되는 스택의 크기로, 대면적 MEA의 크기는 200cm^{2}으로 제작하였고, 전극에서의 촉매 물질로는 carbon black 담체(Vulcan XC-72R, Cabot)에 Pt가 20wt% 담지 된 Pt/C 분말(Johnson Matthey)을 사용하였다. 촉매 슬러리는 iso-propyl alcohol(IPA) 용매에 촉매를 넣고, 그림 9-16의 초음파 교반기를 사용하여 용매 내에 촉매를 균일하게 분산시키면서 여기에 Pt/C 무게 1/3량의 나피온 이오노머를 첨가하여 슬러리를 만들었다. 제조된 슬러리를 확산층 즉 carbon paper 위에 spray 법을 사용하여 도포한 후, 이 촉매 층 표면에 Pt/C 무게의 1/3량의 나피온 이오노머를 도포함으로써 전극을 제조하였다. 이때 Pt의 담지량은 초기에는 4mg/cm^{2}으로 많이 사용하였으나 담지된 Pt/C 촉매를 사용함으로써 Pt 함량을 일반적으로 Anode와 cathode 각각 0.4mg/cm^{2}로 사용하고 있으나 본 실험에서는 Pt의 담지량은 촉매에 의한 전기를 생산하는 Cathode 측에는 0.4mg/cm^{2}을 사용하고 Anode측에는 0.25mg/cm^{2}를 사용하였다. Pt의 양은 Anode 측에서 기존에 비하여 약 40배정도 절약하였다. 촉매 층과 촉매 층 표면에 포함되는 나피온 이오노머는 EW 1100을 기준으로 사용하면서 전극을 제조하였다. 제조 된 전극을 미리 전 처리된 Nafion 112 고분자 전해질 막 양쪽에 놓은 후 130℃, 400atm 하에서 2분간 Hot-pressing하여 MEA를 제조하였다. 소면적에 비해서 대면적은 잘 붙지 않기 때문에 Hot-pressing 시간을 1분 30초에서 2분으로 늘려서 제작하였다. 그러나 나피온이 잘 붙는 대신 쇼트 될 가능성이 높다. 대면적의 단위전지는 조립 시 토크압은 100 kg · cm으로 나사를 조였다. 이에 대한 MEA 구조와 제조 공정도에 대하여 그림 9-17과 9-18에 나타냈다.

그림 9-19 Large capacity MEA for 200cm^2.

9.3 실험방법

단위 전지 및 스택의 성능실험은 첫째 조건은 산소를 직접 주입하는 방법과 공기를 주입하는 방법을 통하여 단위전지의 성능실험을 하였다. 둘째 조건은 Anode/Cell/Cathode의 기본 온도 조건을 3장의 성능모사와 같이 90℃/80℃/85℃, 즉 T+10℃/T℃/T+5℃를 바탕으로 하여 각각의 온도의 변화에 따른 연료전지의 성능 변화를 측정하였다. 세 번째 조건은 H2/O2/Air의 압력조건을 1atm을 기준으로 하여 압력 변화에 따른 연료전지의 성능 변화를 측정하였다. 특히 Air를 사용할 경우는 압력을 더 올려서 실험하였다. 다음으로 유량은 Stoichiometry 기준으로 수소 유량은 1.2배, 산소 유량은 1.5배, 공기 유량은 2배를 기준으로 하고 각기 변화를 주어 연료전지의 성능 변화를 측정하였다.

연료전지 자동차에 사용되는 대면적 연료전지는 가능하면 주변장치를 적게 하여 경량화 함으로써 자동차의 출력을 높일 수 있기 때문에 주변장치는 실험에서는 적게 사용하였다. 또한 물이 상당히 많이 배출되기 때문에 대면적에서는 가습장치 없이 자기 가습형으로 실험하였다. 가스의 온도가 일정하게 될 때까지 bypass시켜서 공급하였으며 스택의 온도 상승은 연료전지 자체의 발열과 냉각수를 가열하는 방법으로 하였다. 스택의 온도가 상승하면 일정 유량의 수소와 산소를 공급한 후 전류의 변화에 따른 스택의 전위를 측정하였다. 연료전지의 성능은 측정 전의 작동 조건에 영향을 받는다. 특히 membrane과 전극의 수분 변화가 주요한 원인이 된다. 스택의 가습조건 변화 실험은 연료전지 작동 정지 12시간 후에 재가동하여 실험하였다.

연료전지의 작동 전과 작동 후에는 잔류하는 수소와 산소를 제거하기 위해 질소를 공급하여 퍼지하였다.

9.4 MEA의 성분분석

그림 9-20은 고분자 전해질 연료전지의 소면적 MEA의 스펙트럼을 보여주고 있다. A부분은 가스 확산층의 단면을 보여주고 있으며, B부분은 촉매층의 범위를 나타내고 있으며 특히 이 부분은 탄소종이가 없다. C부분은 polymer membrane으로 구성되어 있다.

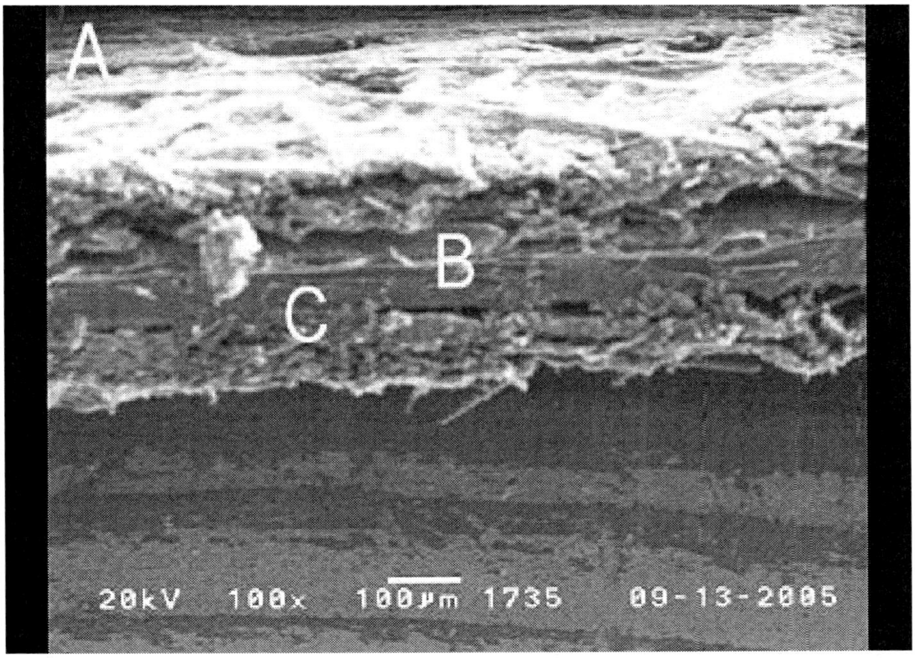

그림 9-20 Freeze cut cross section of ElectroChem MEA(magnification : 100x).

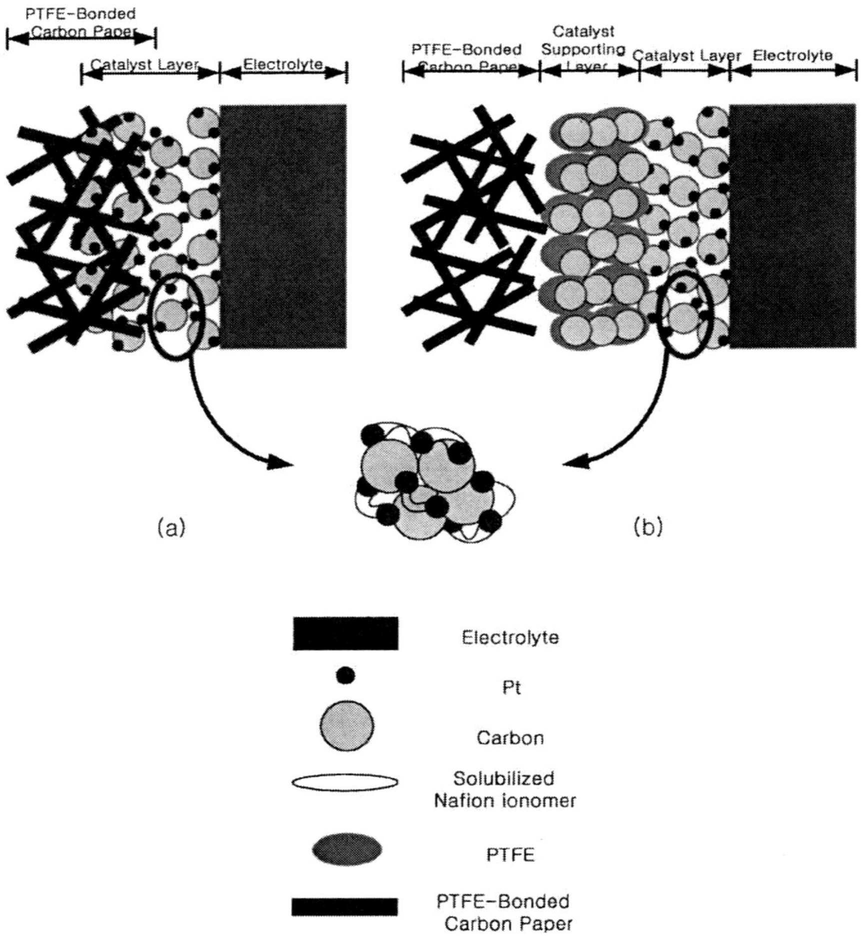

그림 9-21 Schematics depicting the electrode(a) without the catalyst-supporting layer : (b) with the catalyst-supporting layer.92)

그림 9-22는 고분자 전해질 연료전지의 소면적 MEA를 절단하여 단면적을 SEM으로 촬영한 사진으로 단면적은 700배 정도에서 가장 좋은 사진을 얻을 수 있었다. 소면적 MEA의 중간부위를 촬영하고 5부분의 성분을 각각 분석하여 보았다. 여기서 C는 $CaCO_3$를 의미하고, O는 SiO_2를 F는 MgF, 그리고 Ag는 Ag을 Pt는 Pt을 나타낸다. 분석결과는 그래프에서 보여 주듯이 그림 9-22에서는 C는 80.3 wt%를 O는 3.18wt%를 F는 11.59wt%, 그리고 Ag는 0.48wt%를 Pt는 4.44wt%로 구성되었으며, 그림 9-23에서는 C는 91.68wt%를 F는 8.32wt%로 구성되었다. 그림 9-24에서는 C는 92.32wt%를 O는 6.82wt%를 F는 0.86으로 구성되었으며, 그림 9-25에서는 C는 95.49wt%를 O는 1.25wt%를 F는 3.25wt%로 구성되었다. 그림에서는 C는 85.86wt%를 O는 3.6wt%를 F는 10.54wt%로 구성되어진 것을 알 수 있었다.

그림 9-22 SEM micrographs and constituent analysis(magnification : 700x) of MEA cross section spectrum 1.

그림 9-23 SEM micrographs and constituent analysis(magnification : 700x) of MEA cross section spectrum 2.

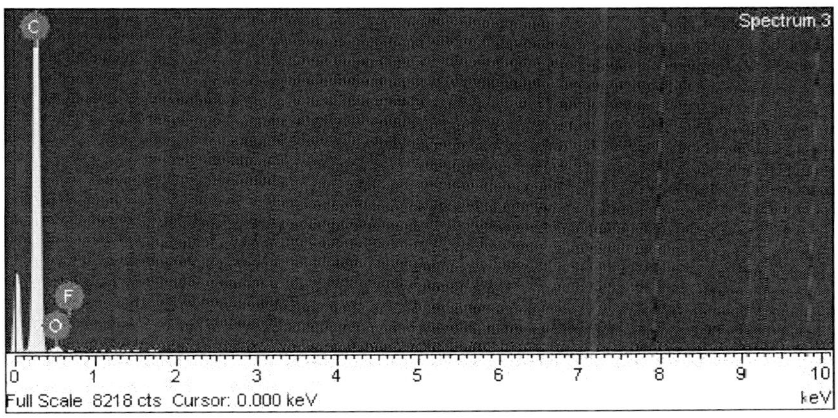

그림 9-24 SEM micrographs and constituent analysis(magnification : 700x) of MEA cross section spectrum 3.

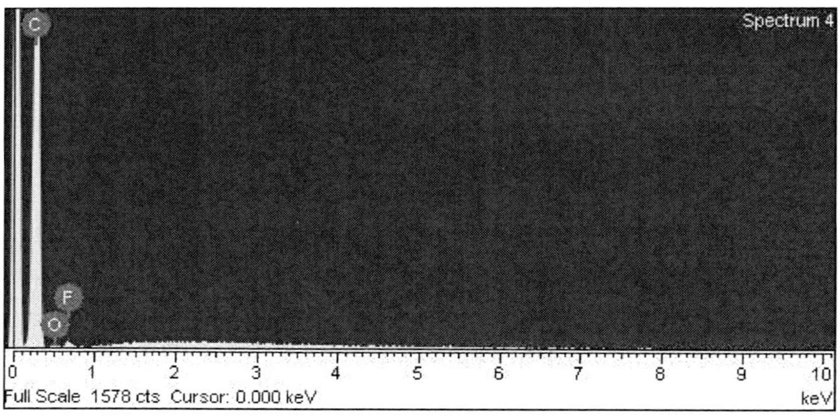

그림 9-25 SEM micrographs and constituent analysis(magnification : 700x) of MEA cross section spectrum 4.

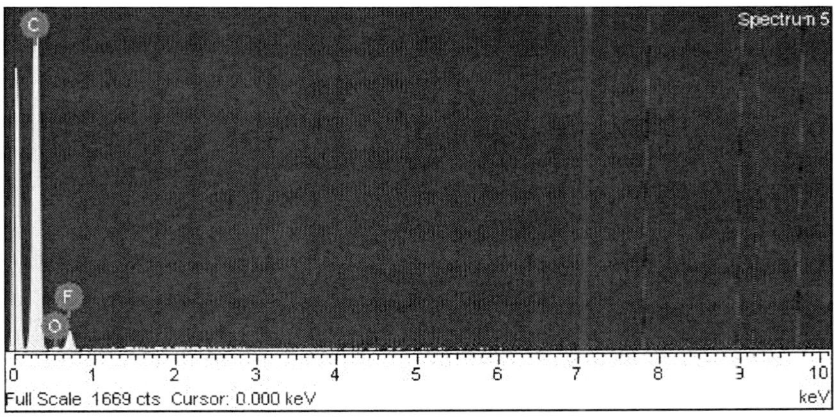

그림 9-26 SEM micrographs and constituent analysis(magnification : 700×) of MEA cross section spectrum 5.

9.5 단위전지 성능 측정

9.5.1 온도변화에 따른 단위전지의 성능

그림 9-27~9-31은 온도변화, 즉 333K~363K의 온도를 앞서 기술한 3장에서의 조건과 같이 5K씩 증가하면서 그 때의 전압-전류(V-I)와 전압-출력(V-P)의 단위전지의 성능을 측정한 것이다. 그림 9-28에서 같이 343K와 348K에서 현저하게 좋은 출력 결과를 얻을 수 있음을 알 수 있다. 그러다가 그림 9-29와 같이 358K에서 서서히 출력이 떨어지다가 그림 9-36에서는 현저하게 출력이 떨어지는 것을 나타내고 있다. 최대출력은 그림 9-31에서 보여주듯이 0.9 V 정도에서 전류밀도는 1 A/cm^{2}로 최대전력이 나타나는 것을 알 수 있다.

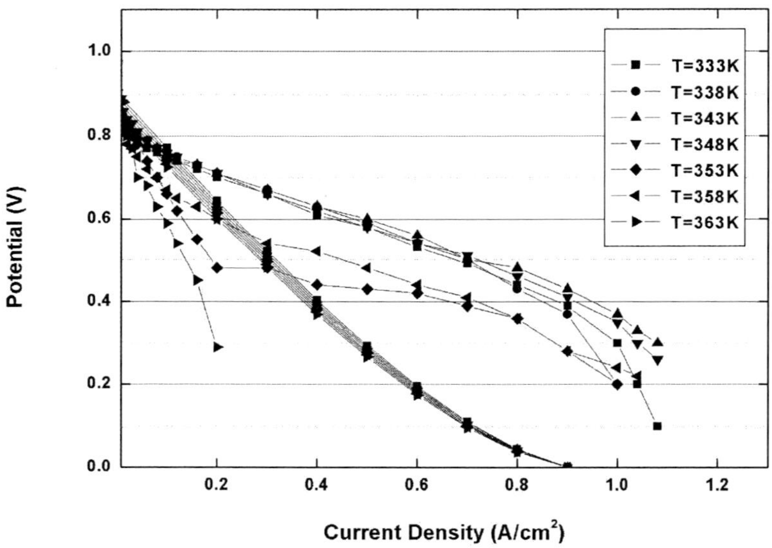

그림 9-27 I-V performance curve of PEM fuel cell(T=333~363K).

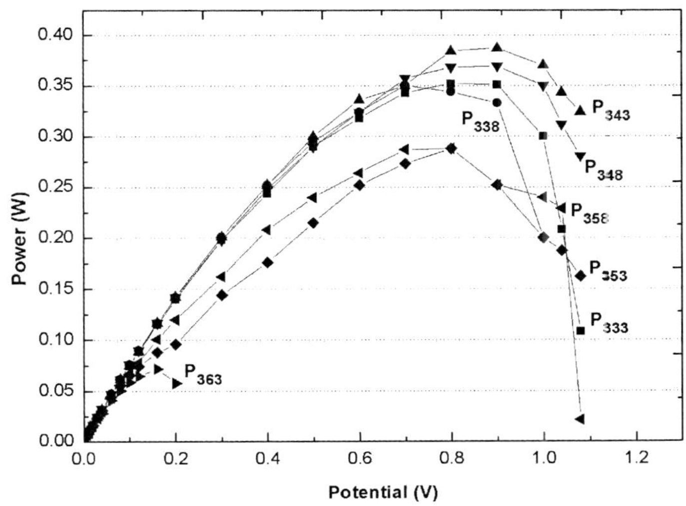

그림 9-28 V-P performance curve of PEM fuel cell(T=333~363K).

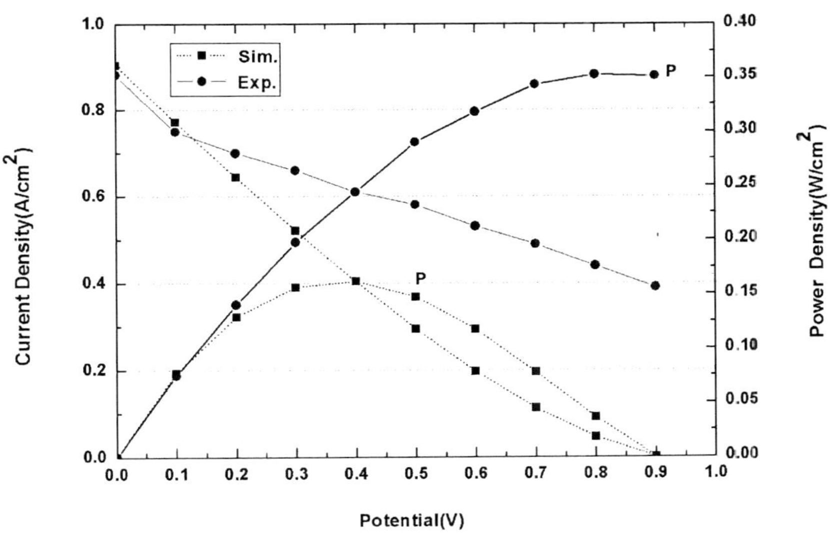

그림 9-29 V-I and V-P performance curve of PEM fuel cell(T=333K).

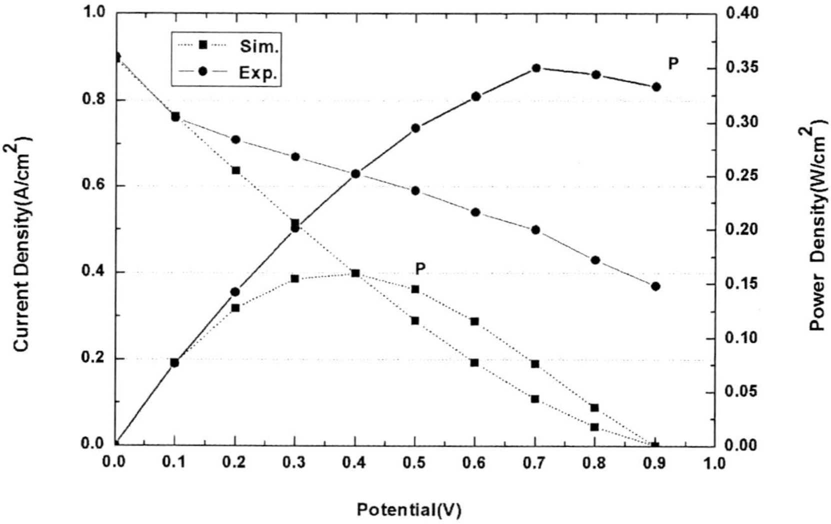

그림 9-30 V-I and V-P performance curve of PEM fuel cell(T=338K).

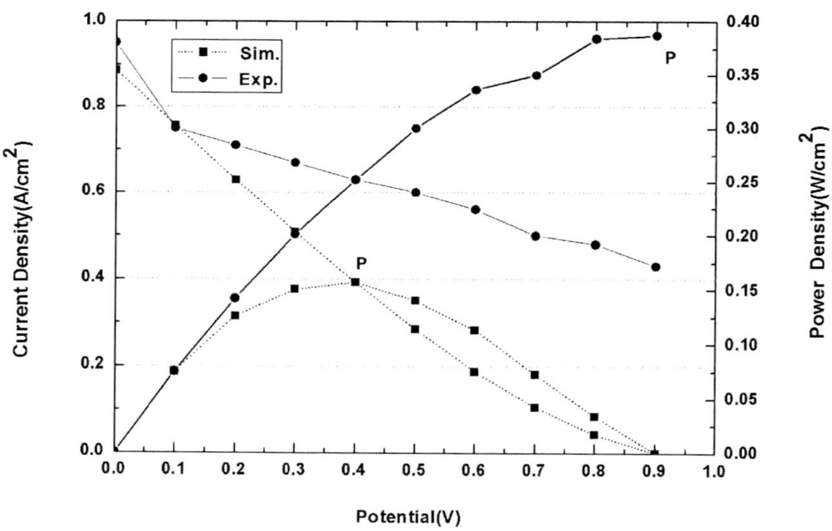

그림 9-31 V-I and V-P performance curve of PEM fuel cell(T=343K).

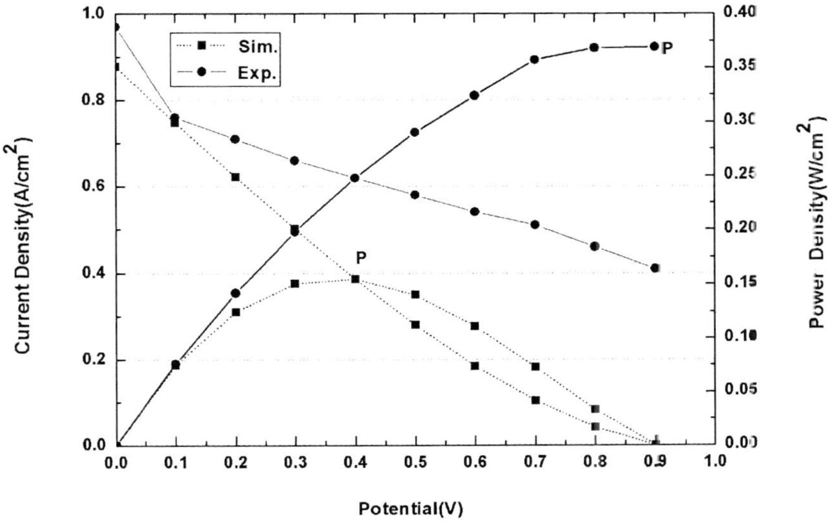

그림 9-32 V-I and V-P performance curve of PEM fuel cell(T=348K).

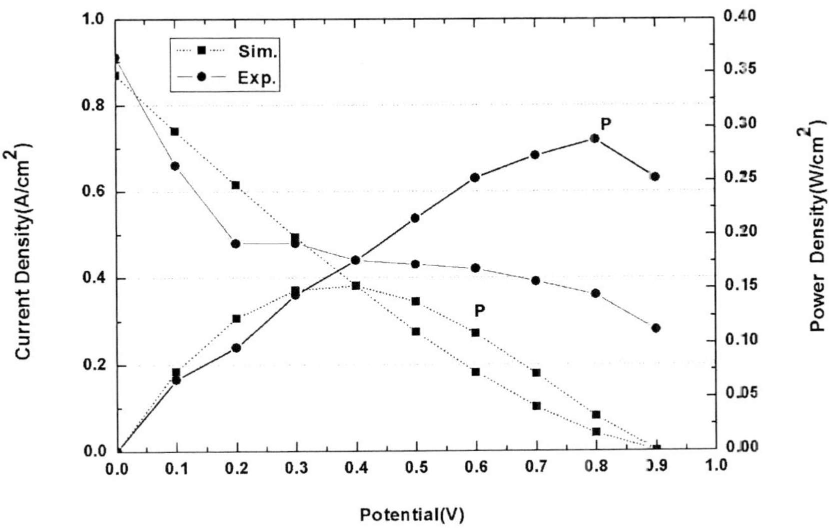

그림 9-33 V-I and V-P performance curve of PEM fuel cell(T=353K).

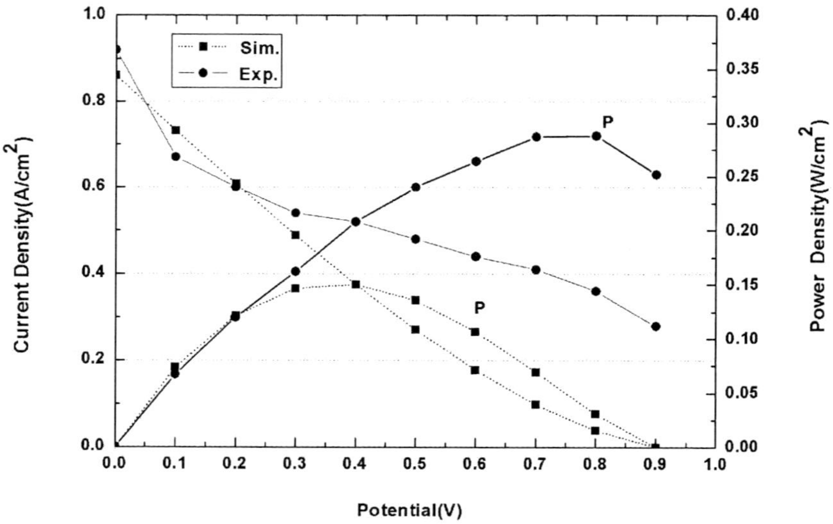

그림 9-34 V-I and V-P performance curve of PEM fuel cell(T=358K).

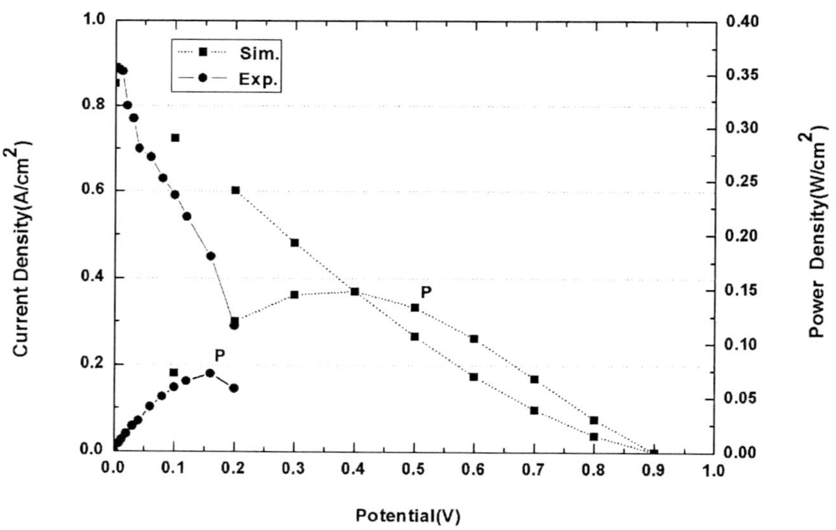

그림 9-35 V-I and V-P performance curve of PEM fuel cell(T=363K).

9.5.2 압력변화에 따른 단위전지의 성능

그림 9-39, 9-40은 산소의 공급압력을 1, 2, 3 atm으로 조절하였을 때의 전압-전류(V-I)와 전압-출력(V-P)의 성능곡선을 나타내고 있다. 그림 9-39를 통하여 알 수 있듯이 2, 3 atm에서는 비교적 안정적인 곡선을 나타내고 있으나 1 atm에서는 낮은 출력을 나타내고 있는 것을 알 수 있다. 최대전력은 약 0.5V 근처에서 나타났으며 그 때의 전류밀도는 약 1,100 mA/cm^{2}를 나타내었다. 그림 9-40은 공기 흡입형으로 공급압력을 1, 2, 3 atm으로 조절하였을 때의 전압-전류(V-I)와 전압-출력(V-P)의 성능곡선을 나타내고 있다. 그림 9-40을 통하여 알 수 있듯이 공기흡입형에서는 1, 2 atm에 비하여 3 atm에서는 상대적으로 높은 출력을 나타내고 있으나 직접 산소를 주입하는 것과 비교하면 2배 정도의 낮은 출력을 나타내고 있는 것을 알 수 있다. 따라서 공기를 주입 시에는 가능한 한 높은 압력으로 주입하는 것이 유리하다. 연료전지 자동차에서도 높은 출력을 얻기 위해서는 직접 수소법을 이용하는 것이 자동차의 출력을 높일 수 있다. 3 atm에서의 최대전력은 약 0.6 V 근처에서 나타났으며 그 때의 전류밀도는 약 580 mA/cm^{2}를 나타내었다.

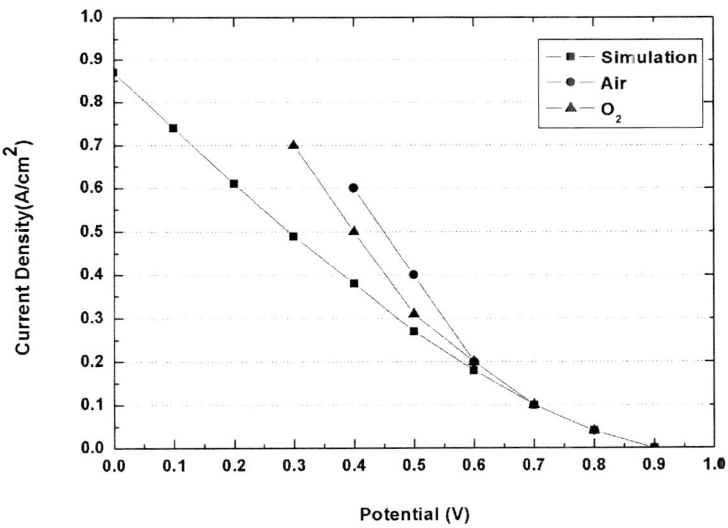

그림 9-36 V-I performance curve of PEM fuel cell(1 atm).

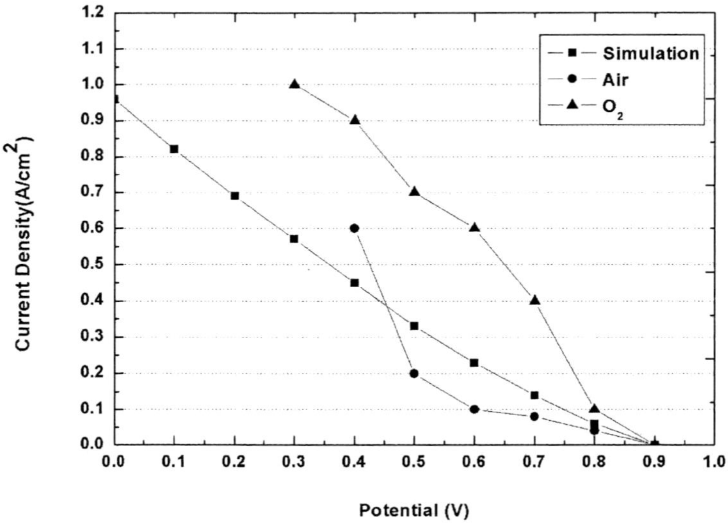

그림 9-37 V-I performance curve of PEM fuel cell(2 atm).

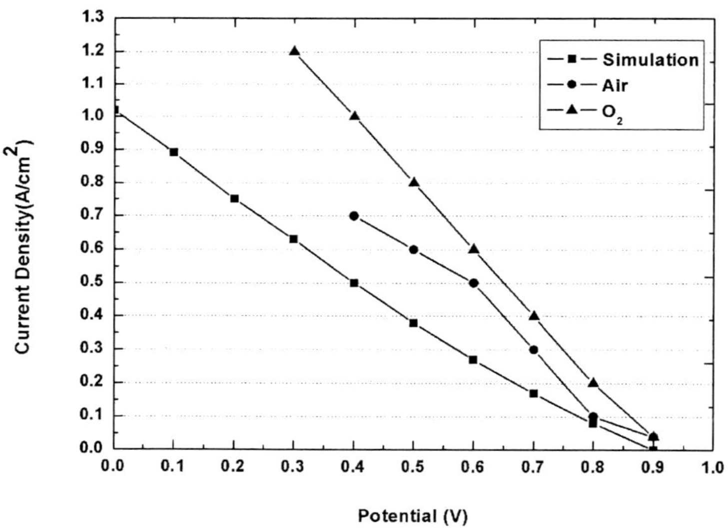

그림 9-38 V-I performance curve of PEM fuel cell(3 atm).

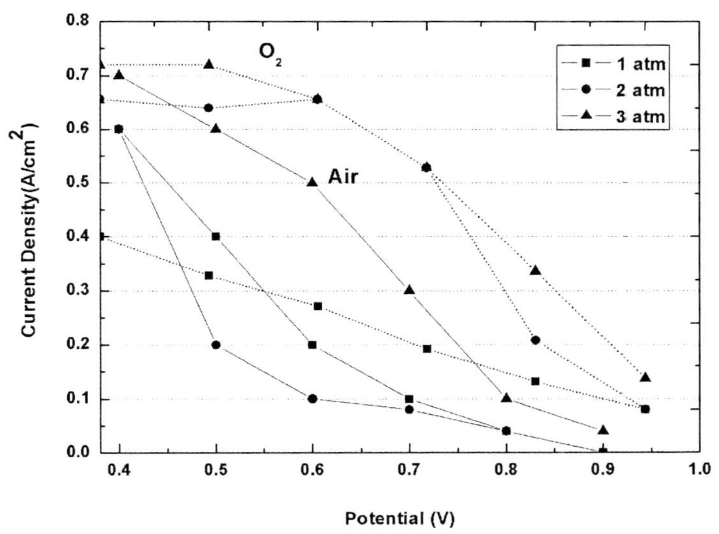

그림 9-39 V-I performance curve of PEM fuel cell(1, 2, 3 atm).

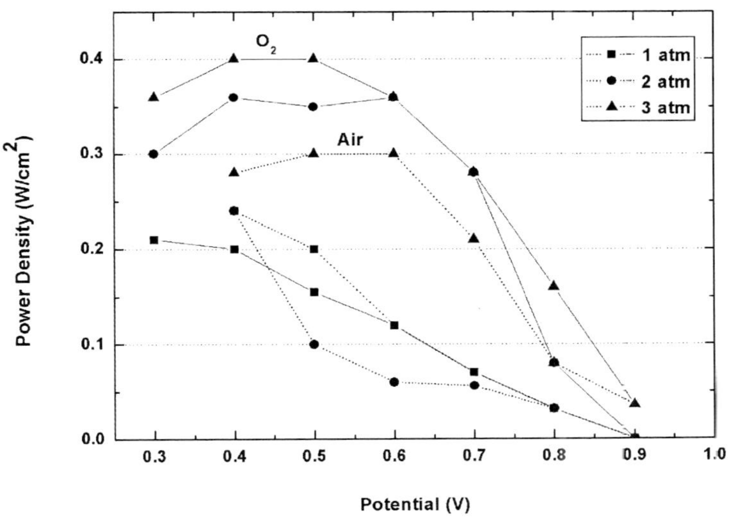

그림 9-40 V-P performance curve of PEM fuel cel(1, 2, 3 atm).

9.5.3 질량분율에 따른 단위전지의 성능

그림 9-41, 9-42는 물의 질량분율을 각각 1, 1.5, 2로 변화를 주어서 성능모사를 한 결과를 보여주고 있다. 그림을 통하여 알 수 있듯이 질량분율에 따른 전압-전류(V-I)와 전압-출력(V-P)의 성능은 wH2O_1, 2에서는 거의 변화가 없다 wH2O_1.5에서는 다소 출력이 떨어진다. 질량분율에 출력에서도 앞의 온도, 압력변화에서와 마찬가지로 0.5 V 근처에서 나타났으며 그 때의 전류밀도는 약 5,500 mA/cm^{2}로 최대전력이 나타나는 것을 알 수 있다.

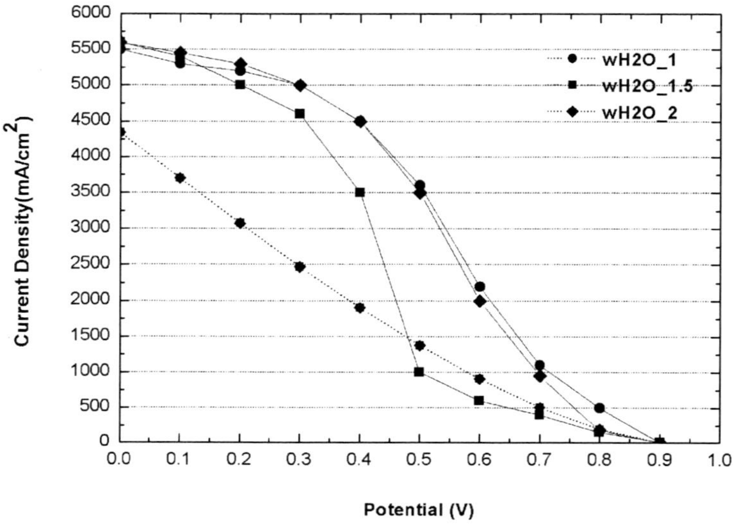

그림 9-41 V-I performance curve of PEM fuel cell(wH_2O_1, 1.5, 2).

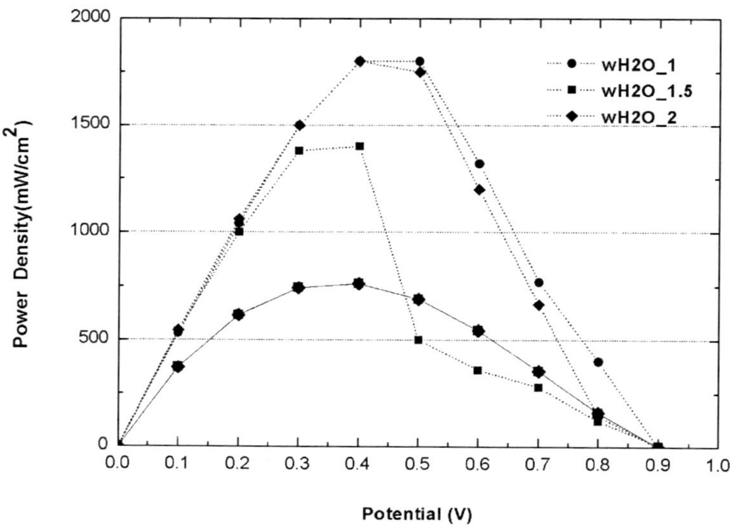

그림 9-42 V-P performance curve of PEM fuel cell(wH_2O_1, 1.5, 2).

9.5.4 유량비에 따른 단위전지의 성능

그림 9-43은 유량비를 각각 0.1, 0.2로 하여 성능모사를 한 결과를 보여주고 있다. 그림을 통하여 알 수 있듯이 유량비에 따른 전압-전류(V-i)와 전압-출력(V-P)의 연료전지의 성능은 거의 변화가 없는 것을 알 수 있다. 유량비에 따른 최대출력은 0.4 V 근처에서 나타났으며 그 때의 전류밀도는 약 0.8 mA/cm^2로 나타나는 것을 알 수 있다.

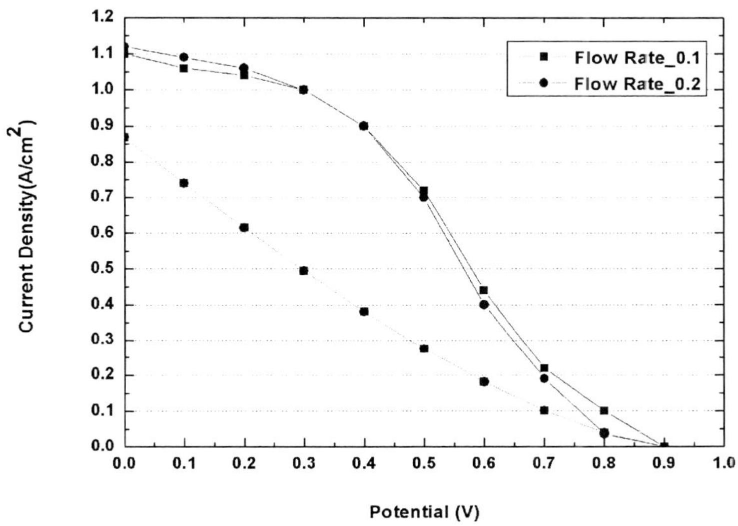

그림 9-43 V-I performance curve of PEM fuel cell(Flow rate 0.1, 0.2).

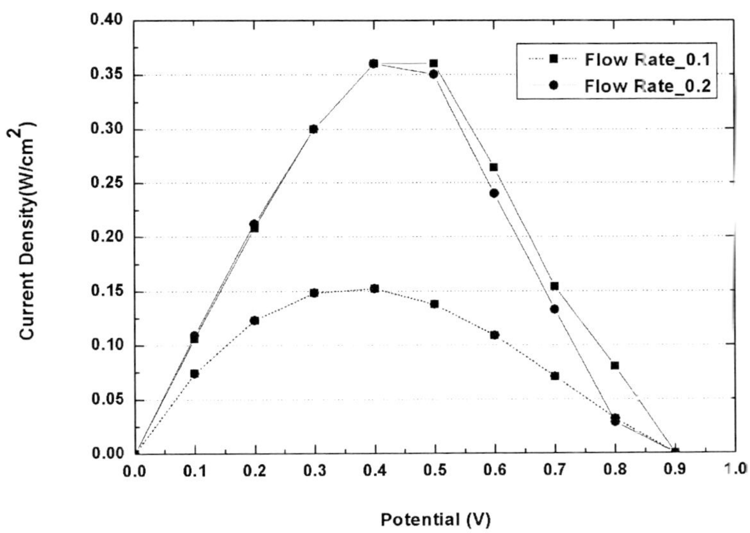

그림 9-44 V-P performance curve of PEM fuel cell(Flow rate 0.1, 0.2).

9.5.5 막가습에 따른 단위전지의 성능

그림 9-45는 단위 연료전지의 압력은 한쪽이 눌려서 찢어지는 경우가 있기 때문에 각각 1 atm으로 주었으며, Anode/Cathode의 온도는 60℃/40℃로 하여 측정한 단위전지의 성능 곡선이다. 그림에서 보여주듯이 가습을 하였을 때가 가습을 하지 않았을 때 보다 좋은 출력을 얻을 수 있음을 알 수 있다. 그러나 연료전지의 작동 온도가 낮은 경우 가습이 오히려 연료전지의 성능을 감소시키는 요인으로 작용할 수 있다.

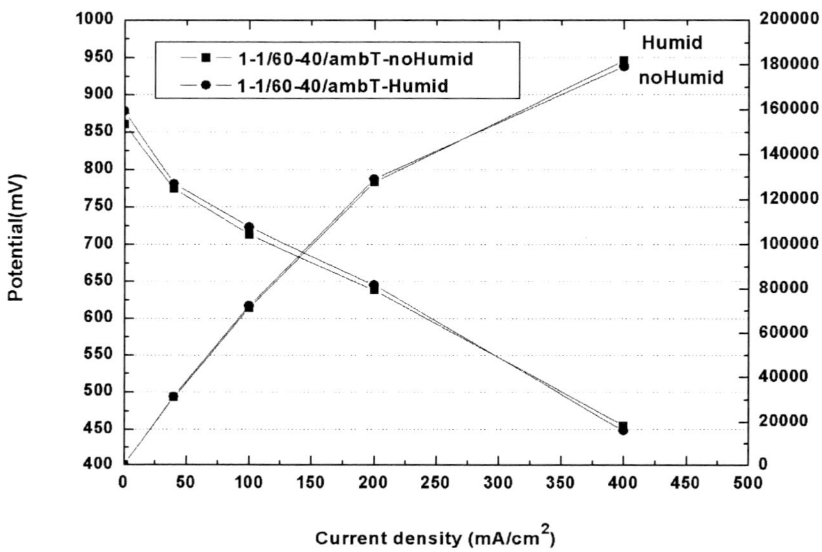

그림 9-45 Performance curve of humidifier.

9.6 대면적(200cm^2) 단위전지의 성능 평가

그림 9-46과 그림 9-47은 대면적 단위전지의 전압-전류(V-I)와 전압-출력(V-P)의 성능 곡선을 나타내고 있다. 그림을 통하여 알 수 있듯이 대면적 1번 단위전지와 2번 단위전지는 거의 비슷한 출력을 나타내고 있는 것을 알 수 있다. 우선 1번 단위전지와 2번 단위전지 모두 소면적 단위전지에 비하여 상당히 안정적인 높은 출력을 나타내었다. Cathod 측에 직접 산소를 주입하였을 때와 공기를 주입하였을 때의 출력을 실험한 결과 산소를 직접 주입하였을 때가 훨씬 좋은 출력을 나타내는 것을 알 수 있다. 최대전력은 약 100 A에서 35 W 정도의 높은 출력을 나타내었다.

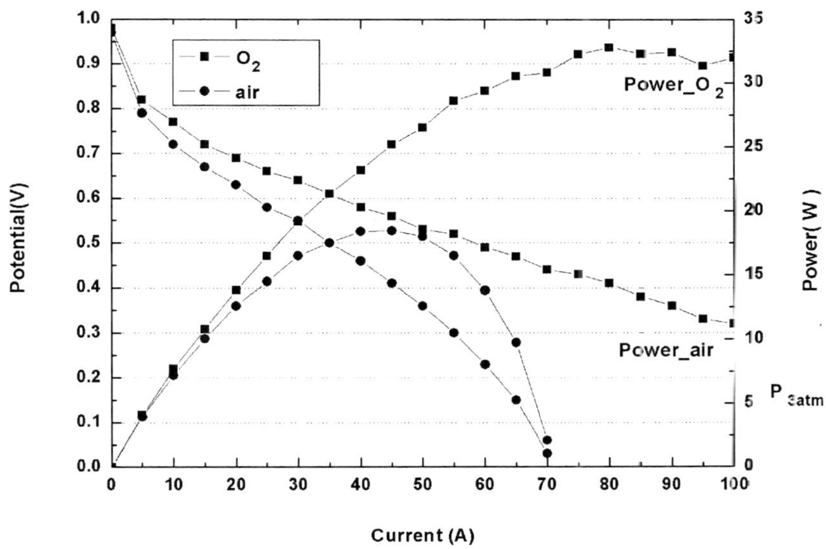

그림 9-46 V-I and V-P performance curve of PEM fuel cell(MEA 1).

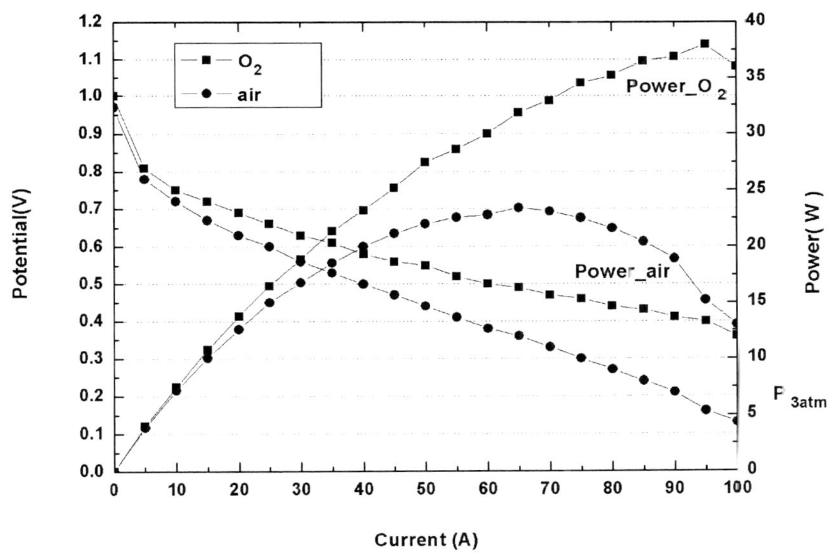

그림 9-47 V-I and V-P performance curve of PEM fuel cell(MEA 2).

9.7 스택의 성능 평가

그림 9-48은 두 장의 단위전지를 쌓은 스택을 제작하여 실험한 결과를 나타내고 있다. 대면적 스택의 전압-전류(V-I)와 전압-출력(V-P)의 성능곡선을 나타내고 있다. 그림을 통하여 알 수 있듯이 1번 단위전지와 2번 단위전지를 쌓아서 실험하였을 때가 단위전지 각각의 출력을 실험하였을 때보다 고출력을 나타내고 있다. Cathod 측에는 직접 산소를 주입하였다. 최대전력은 약 100A에서 100W 정도의 높은 출력을 나타내었다.

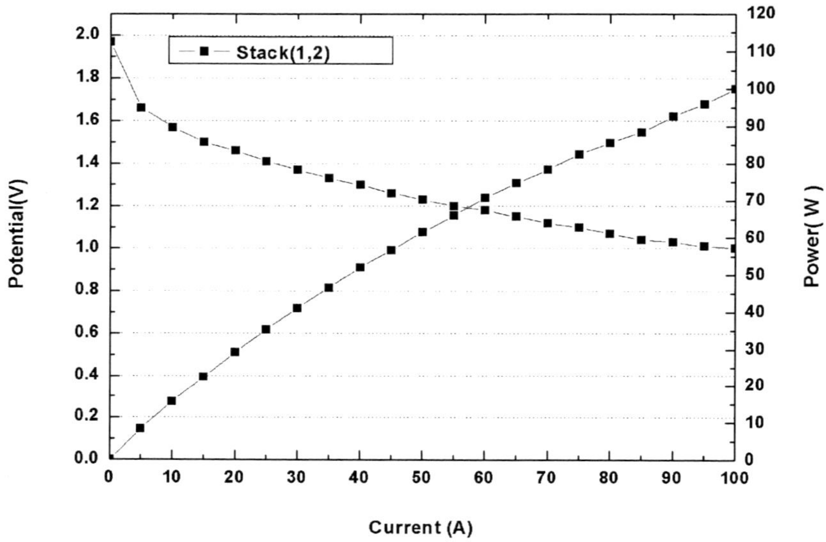

그림 9-48 V-I and V-P performance curve of PEM fuel cell(stack).

9.8 맺음말

연료전지 자동차에 사용되는 소면적($5cm^2$) 및 대면적($200cm^2$) PEMFC 단위전지와 대면적 스택을 제작하였으며, 연료전지 자동차에서의 운전 시스템을 구성하였다. 또한 연료전지 자동차의 운전조건에 따른 단위전지의 성능 및 각 셀의 온도조건, 압력조건, 질량분율, 유량 비, 가습 조건 및 대면적 스택의 성능 결과를 실험을 통하여 다음과 같은 결론을 얻었다.

① 단위 전지의 성능모사에서의 결과보다 실험에 의한 연료전지의 출력이 전반적으로 높은 결과를 보였으나 연료전지의 성능결과는 비슷한 성능곡선의 경향을 나타내었다.

② 온도변화에 따른 실험에서는 성능모사와 다르게 343~348 K의 범위에서 가장 높은 출력밀도 결과를 나타내었다.

③ 압력변화에 따른 실험에서는 공기를 주입하였을 때보다 산소를 직접 주입하였을 때가 훨씬 좋은 결과를 보였으며, 1기압에서 보다는 2, 3기압에서 높은 성능곡선을 나타내었다.

④ 질량분율에 따른 실험에서는 wH_2O가 0.1, 0.15, 0.2 일 때 거의 비슷한 성능결과를 나타내었으나 0.1 일 때 다소 안정적인 결과를 보였다.

⑤ 유량 비가 0.1, 0.2 일 때에도 질량분율의 변화에서와 같이 거의 유사한 성능결과를 나타내었으며 성능모사와 유사하게 크게 출력에는 영향을 끼치지 않는 다는 것을 알 수 있다.

⑥ 막 가습에 따른 실험에서는 동일한 운전조건에서는 가습을 하였을 때가 하지 않았을 때보다 다소 높은 출력밀도 결과를 나타내었다.

⑦ 대면적 단위전지의 성능평가에서는 약 35W 이상의 높은 출력을 얻을 수 있었으며, 공기를 투여했을 때보다 산소를 직접 투여했을 때가 현저하게 좋은 결과를 나타내었다.

⑧ 대면적 스택의 실험에서는 약 100W의 높은 출력으로 단위전지에서 보다 좋은 성능 결과를 나타내었다.

전/문/용/어

AFC : Alkaline Fuel Cell

Ah : Ampere−Hour

AI : Artificial Intelligence

B/C : Benefit Cost Ratio

bat : Battery

BAU : Business as Usual

BoP : Balance of Plant

B_t : Benefit Occurred during t Period

ch : Charging

C_{inv} : Initial Capital Investment Cost

COM : Operation and Management Cost

$C_{operator}$: Operator Cost

C_p : Productive Cost

C_r : Replacement Cost

C_t : Cost Occurred during t Period

$C_{t,bat}$: Total Cost in t Year for Battery

$C_{t,FC}$: Total Cost in t Year for Fuel Cell

DC : Direct Current

dch : Discharging

DI : Distilled

DMFC : Direct Methanol Fuel Cell

DOD : Depth of Discharge

DOE : Department of Energy

FC : Direct Methanol Fuel Cell

GDL : Gas Diffusion Layer

GHG	: Green House Gas
h	: Hour
h_{loss}	: Time Loss during Battery Change-Out or Refueling Operation
I	: Initial Capital Investment
I_{bat}	: Battery Intial Capital Investment
ICE	: Internal Combustion Engine
I_{FC}	: DMFC Intial Capital Investment
IRR	: Internal Rate of Return
KIER	: Korea Institute of Energy Research
km	: Kilometer
kWh	: Kilo Watt Hour
ℓ	: Liter
M	: Mol
MCFC	: Molten Carbonate Fuel Cell
MEA	: Membrane Electrode Assembly
MeOH	: Methanol
min	: Minute
MJ	: Megajoule
MOR	: Methanol Oxidation Reaction
MPa	: Mega Pascal
$MtCO_2$	: Metric Tons of Carbon Dioxide Equivalent
n	: Total Project Period
NOx	: Nitrogen Oxide
NPV	: Net Present Value
NREL	: National Renewable Energy Laboratory
O	: Operation Cost
O_{bat}	: Battery Operation Cost

O_{FC}	: DMFC Operation Cost
PAFC	: Phosphoric Acid Fuel Cell
PEMFC	: Polymer Electrolyte Membrane Fuel Cell
PM	: Particulate Matter
Pt	: Platinum
r	: Discount Rate
R	: Residual Value
R_{FC}	: DMFC Residual Value
SOFC	: Solid Oxide Fuel Cell
SOx	: Sulfur Oxides
T	: Total Cost of Ownership
t	: Project Period
TCO	: Total Cost of Ownership
T_n	: Total Cost of Ownership in n Year
UPS	: Uninterruptible Power Supply System
V	: Voltage
VDC	: Voltage Direct Current
w/o	: Without
Wh	: Watt Hour

부록

지게차용 DMFC-배터리 하이브리드 시스템 경제성 분석

A1 서 론

A1.1 연구배경

지구온난화(Global Warming)로 인한 기후변화(Climate Change)로 세계 각국에서 폭염, 폭설, 산불 등의 기후재난(Climate Disaster)이 지속되고 있으며, 이러한 지구온도 상승에 따른 지구온난화 현상이 가속화될 경우 UN환경계획(UNEP)은 기후적응비용으로 매년 5000억달러(약 550조원) 이상 지출될 것으로 경고하고 나섰다.

세계 각국은 지구온난화 현상 해결을 위한 방안으로 파리기후변화협약(Paris Climate Change Accord)을 통해 온실가스 배출기준 등 환경규제를 강화하고 있다. 온실가스 배출주범으로 인식되고 있는 자동차시장에서도 온실가스 저감을 위한 방안으로 기존의 내연기관(Internal Combustion Engine) 중심에서 친환경차량(전기자동차, 수소자동차)으로 전환이 빠르게 전개되어 가고 있다.

수송 전체부문(자동차, 철도, 항공, 해운)의 연간 탄소배출량의 22%에 해당하는 약 23.3 MtCO2 를 배출하고 있는 건설기계부문도 내연기관에서 친환경차량으로 점차적으로 대체되어 가고 있으며, NOx, SOx 등 미세먼지 발생과 엔진 소음문제로 인한 작업자 건강문제 발생 등으로 인해 실내에서는 엔진지게차 사용이 법적으로 금지되어 있다.

실내 물류현장에서는 납축배터리(Lead Acid Battery)를 장착한 전동지게차가 주로 사용되고 있으나 배터리 충전시간이 8시간으로 매우 길고 사용시간은 2~3시간으로 매우 짧아 1교대 8시간 작업기준 1~2개 여분의 배터리가 필요하다.

또한, 증류수 보충 등 배터리 관리문제, 배터리 교체 소요시간, 사용에 따른 배터리 출력저하로 인한 생산성 하락, 여분의 배터리 보관장소, 운영인력 등 배터리 전동지게차가 지닌 다양한 문제를 해결할 수 있는 대안으로 수소연료전지(PEMFC, Polymer Electrolyte Membrane Fuel Cell) 지게차 적용이 활발히 진행되고 있다.

캐나다 연료전지 회사인 Hydrogenics사가 2005년 GM공장(캐나다)에서 PEMFC 지게차 실증(Field Test)을 성공리에 마친 후 많은 연료전지 회사들이 연료전지를 지게차에 적용하는 시도를 진행하여 왔다. 일본의 Toyota Industries는 10kW PEMFC 시스템을 지게차에 적용하여 간사이공항(일본 오사카)에서 Field Test를 진행하고 있으며, 미국의 Plug Power사는 2008년 Walmart 등에 PEMFC 시스템 공급을 시작으로 1.5kW~12kW급 PEMFC 시스템 GenDrive® 모델을 대형 유통물류센터, 자동차 공장을 중심으로 공급을 확대해 나가면서 기존 납축배터리 전동지게차시장을 대체해 나가고 있다.

배터리 전동지게차와 달리 PEMFC 지게차는 환경오염물질 배출이 전혀 없고 장시간 배터리 충전도 필요 없으며 수소 연료 충전시간이 5분 이내로 매우 짧다. 1회 충전으로 8시간 연속사용이 가능하고 여분의 배터리 충전 및 보관하는 별도공간도 필요하지 않아 배터리 전동지게차에 비해 많은 장점을 지니고 있다.

그러나, PEMFC 지게차는 연료인 수소가스 충전(Hydrogen Refueling)을 위한 인프라 구축이 쉽지 않고 많은 비용이 소요된다는 것이 보급 활성화에 걸림돌로 작용되고 있다. 덧붙여, 수소충전 인프라 구축에 따른 비용증가로 인해 한 사업장내에서 지게차 사용대수가 50대 이상으로 많지 않을 경우 경제성 확보가 쉽지 않아 적용에 제한이 뒤따른다.

메탄올 연료를 사용하는 DMFC의 경우 PEMFC에 비해 시스템 출력이 낮아 주로 kW급 미만에 적용되는 것으로 인식되어 왔다. 2000년대초 미국의 JPL, ERD, LANL(Los Alamos National Laboratory) 등은 소형 모바일 기기 적용에 대한 연구개발을 진행하였으며, 우리나라 삼성 및 LG를 비롯해 일본의 도시바, 산요, 히다찌 등은 노트북 충전용에 대한 DMFC 연구를 진행하였다.

일반적으로 연료전지 시스템을 구성하는데 있어 열관리, 물관리가 중요한 이슈이며 액체 메탄올 연료를 사용하는 DMFC 경우 PEMFC에 비해 대면적 스택(Stack-단위 셀이 적층된 형태) 제작에 어려움이 있다.

PEMFC 지게차의 수소충전 인프라 구축문제를 극복하기 위한 대안으로 독일 Julich GmbH 회사가 1kW DMFC 시스템과 45Ah 리튬배터리의 하이브리드 시스템을 Class III 지게차(Pallet Type)에 적용하였으며, 미국 Oorja Protonics 회사도 1kW DMFC 시스템을 Class III 지게차(Pallet Type)에 적용하여 실증을 진행하였다.

그러나, 연료전지 시스템 출력이 낮아 실내에서 주로 사용되는 Reach Type, Counter Balance Type의 1.0톤~2.5톤 지게차에는 적용이 어려웠다. 우리나라에서는 DMFC 시스템 기술을 선도하고 있는 G사가 1.5kW DMFC 시스템과 3.6kWh 리튬배터리 하이브리드 시스템을 Class III 1.5톤 지게차에 적용하였다.

DMFC 지게차는 수소충전 인프라 구축이 필요하지 않는 연료 공급 용이성의 장점이 있으나 기존의 납축배터리와 PEMFC 지게차의 실질적인 대안으로 부상되기 위해서는 시스템 출력증가가 요구된다.

DMFC 시스템이 PEMFC 시스템에 비해 백금 촉매 로딩량이 많이 소요되지만 백금 촉매 회수를 통해 내구연한에 따른 핵심부품 교체시 가격을 대폭 낮출 수 있는 장점을 적용해 기존 납축배터리를 대체할 수 있는 에너지원으로 부상할 수 있는지 수익성 분석과 경제성 분석 기법을 활용하여 경제적 타당성에 대해 살펴보고자 한다.

A1.2 연구목표

DMFC의 경우 PEMFC에 비해 연료공급의 용이하다는 장점이 있으나 PEMFC에 비해 출력밀도(Power Density)가 낮고 Methanol Crossover 현상이 발생됨에 따른 낮은 전류밀도 면적으로 DMFC는 5W 미만의 마이크로나 Light Traction 전원용으로 적용이 제한되는 것으로 인식되어왔다.

Industrial Truck Association에 의하면 지게차는 실내에서 사용되는 배터리가 장착된 전동지게차와 엔진지게차로 분류되며, Class I, Class II, Class III가 전동지게차에 해당되고 Class IV, Class V가 엔진지게차에 해당되는 것으로 분류되고 있다.

일반적으로 실내에서 사용되는 배터리 전동지게차는 주행을 담당하는 주행모터(Drive Motor)와 리프트를 상승시키거나 하강시킬때 사용하는 유압모터(Pump Motor)로 구성되어 있다. 산업현장에서 포크상승, 포크하강, 차량후진, 대기모드 등 부하, 무부하에 따른 리프팅 및 주행 등에 대한 실측 데이터를 통해 실내에서 주로 사용되는 Class III 1.5톤급 전동지게차에 1.5kW DMFC 시스템과 3.6kWh 리튬배터리 하이브리드 시스템으로 적용이 가능함이 확인되었다.

본 연구에서는 물류현장에서 주로 사용하는 1.5톤급 Class III 전동지게차의 280Ah, 48V 납축배터리를 탈거하고 동일한 부피에 지속적인 발전이 가능한 1.5kW DMFC 시스템과 순간 최대 출력특성을 지닌 리튬배터리 하이브리드 시스템으로 대체할 경우 기존 전동지게차 납축배터리와 수소충전 인프라 구축문제가 있는 PEMFC 지게차 대안으로 적용가능한지 경제적 타당성을 분석하고자 한다.

기존 납축배터리와 DMFC 시스템의 경제적 타당성 분석을 수행함에 있어 내구연한, 지게차 운영규모, 잔존가, 할인율 등 평가기준을 설정하여 수행하였다. 그리고, 3kW DMFC 시스템이 지게차에 적용된 사례가 없고 본격적인 상용화가 이루어지지 않는 상태여서 시스템 가격산출 등에 어려움이 있어 몇가지 가정(assumption)을 전제로 하여 경제적 타당성 분석을 수행하였다. 1.5kW급에서 3kW급으로 시스템 출력을 증가시켜 Class II 2톤 지게차에 적용할 때 백금을 제외한 나머지 부품 비용은 크게 상승하지 않을 것으로 가정하여 비용을 산출하였다.

덧붙여, DMFC 핵심부품인 스택수명 10,000시간 이후 스택이 교체될 때 백금의 Recycle를 가정하여 교체비용을 산출하였으며, 마지막 내구연한 종료년도에는 백금로딩량을 잔존가치로 산정하여 경제적 타당성 분석을 실행하였다.

경제적 타당성 분석기법으로는 수익성 분석을 위해 내구연한 기간 동안 총소유비용(TCO, Total Cost of Ownership)에서 잔존가를 차감하는 TCO 분석기법과 경제성 분석을 위해 미래의 발생할 편익과 비용에 대해 할인율을 적용하여 현재가치로 환산하는 순현재가치법(NPV, Net Present Value)를 채택해 수행하였다.

납축배터리 전동지게차와 DMFC 지게차의 경제적 타당성 비교를 수행함에 있어 결과에 영향을 미치는 민감도 요인(운영대수, 메탄올 연료비 변동, DMFC 시스템 가격 상승, DMFC 핵심부품 스택수명 연장)에 대해서도 경제적 타당성 분석을 수행하였다.

본 연구는 연료전지 중 메탄올을 연료로 사용하는 DMFC 시스템이 초기투자비용은 높지만 97% 백금 촉매 회수를 통해 내구연한 기간 동안 총소유비용이 기존 납축배터리에 비해 작아 수익성 측면에서 경제적 타당성이 확보되고, 총소유비용에 할인율을 적용하여 순현재가치로 환산할 경우에도 경제성이 확보되어 장시간 충전 및 사용시간이 짧은 납축배터리 대체 에너지원으로 부상될 수 있는지 살펴보고자 한다.

A2 지게차용 수소 연료전지 시스템 적용 및 한계

A2.1 수소 연료전지 지게차 환경 분석

지구온난화로 인한 세계 각국에서 기후재난이 지속적으로 발생하고 있는 가운데 기후변화에 대응하기 위해 전 세계는'파리기후변화협약'을 통해 온실가스 배출량을 배출전망(BAU) 대비 2030년까지 37% 감축하는데 합의하였다. 온실가스 배출 주범으로 인식되고 있는 수송 전체부문(자동차, 항공, 철도, 해운)에서 건설기계 부문은 연간 탄소배출량의 22%에 해당하는 약 23.3 MtCO2 를 배출하고 있다.

이산화탄소 배출 외에도 우리 일상생활에 심각한 영향을 끼치고 있는 미세먼지 발생관련 국립과학연구원의 미세먼지 부문별 발생현황과 국토교통부의 자동차 및 건설기계 등록 통계 분석에 따르면 2015년 기준 전국 자동차 등록 2099만대가 배출한 미세먼지(PM2.5)는 8817t이었다. 자동차 1만대 당 4.2t을 배출하였다면 전국 건설기계 등록 44만5700여대 배출한 미세먼지(PM2.5)는 1만4106t으로 건설기계 1만대 당 316.5t을 배출하였다.

건설기계 1대 미세먼지 배출량이 무려 자동차 75대분의 배출량을 배출하고 있다. 지게차가 포함된 건설기계부문도 내연기관에서 친환경차량으로 점차적으로 대체되어 가고 있으며, NOx, SOx 등 미세먼지 발생과 엔진 소음문제로 인한 작업자 건강문제 발생 등으로 인해 실내에서 엔진지게차 사용은 법적으로 금지되어 있다. 산업용 디젤엔진에 대하여 배기규제는 1996년부터 미국 환경부에서 도입하여 시행되고 있으며, 이 규제에는 건설기계, 발전기 등 모든 Off-Road 디젤엔진에 적용되고 있다. 2020년 CO2 규제를 포함한 배출가스를 규제한 Tier V가 발표되었으며, 유럽에서도 2020년부터 STAGE-V가 시행되고 있다. 우리나라에서도 2004년부터 환경부에서 건설기계에 대한 배기규제를 적용하였으며 현재는 Tier IV기준으로 적용되고 있는 실정이다.

그림 A2-1에서와 같이 국제청정교통위원회(ICCT, The International Council on Clean Transportation)에서 국가별로 연도에 따른 준수해야할 경형 트럭 이산화탄소 배출값에 관한 것을 보여주고 있다. 우리나라의 경우 CO2 배출량을 2020년 기준 181g/km를 목표로 하고 있으며, 미국은 2026년 기준 169g/km, EU는 2030년 기준 101g/km CO2 배출량 을 목표로 추진하고 있다.

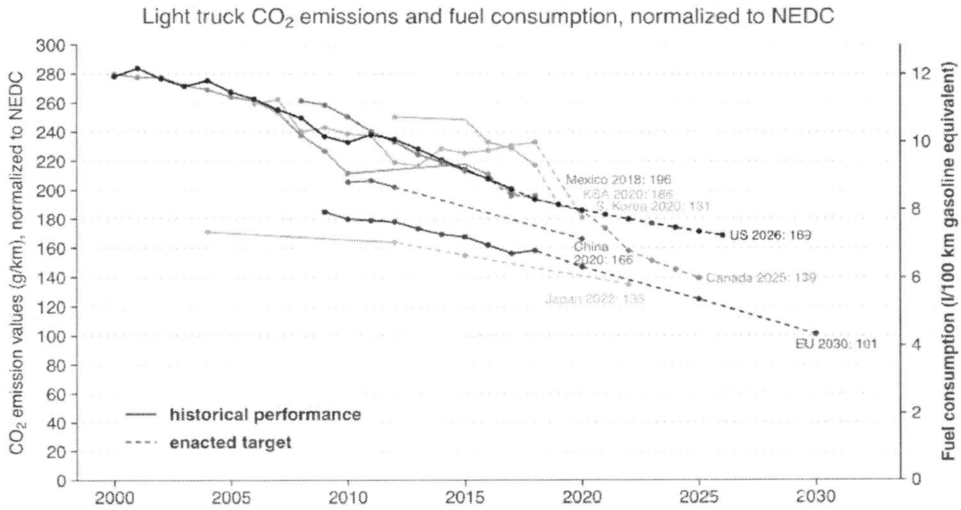

그림 A2-1 CO2 Emission Values (g/km) (ICCT)

A2.2 전동지게차와 수소 연료전지 지게차 비교

A2.2.1 수소 연료전지 지게차의 장점

실내 물류현장에서는 납축배터리를 장착한 전동지게차가 주로 사용되고 있으나 배터리 충전시간이 8시간으로 매우 길고 사용시간은 2~3시간으로 매우 짧아 1교대 8시간 작업기준 1~2개 여분의 배터리가 필요하다.

또한, 증류수 보충 등 배터리 관리문제, 과충전시 수소가스 배출, 배터리 교체 소요시간, 지게차 사용에 따른 배터리 출력저하로 인한 생산성 하락, 여분의 배터리 보관장소 확보, 배터리 관리인력 필요 등 배터리 전동지게차가 지닌 다양한 문제를 해결할 수 있는 대안으로 수소 연료전지 지게차 적용이 활발히 진행되고 있다.

표 A2-1에서와 같이 수소 연료전지 지게차는 납축배터리가 장착된 전동지게차와 여러 면에서 비교되고 있다. 전동지게차와 달리 수소 연료전지 지게차는 장시간 배터리 충전이 필요 없고, 수소 연료충전시간이 5분 이내로 매우 짧다. 여분의 배터리 구입도 필요하지 않으며 배터리 충전 및 보관을 위한 별도의 공간 확보도 필요하지 않다.

지게차용 수소 연료전지 시스템 제조업체인 Plug Power사는 납축배터리 전동지게차의 경우 1일 8시간 작업시간 중 두 번째 작업시간 중에 배터리 전압이 7.5% 낮아져 출력저하가 나타나지만, 수소 연료전지 지게차는 지속적인 발전으로 출력저하 현상이 나타나지 않는다고 주장하였다.

또한, 수소 연료전지 지게차는 수소 연료충전을 위한 공간 확보가 필요하지만 배터리 충전 공간과 비교하면 작은 면적만 필요하다. 배터리는 8시간 충전 후 올라간 온도를 식혀주기 위해 별도의 8시간이 필요하고, Class III 300kg 부터 Class I 1500kg 까지 배터리 무게가 무거워 배터리교체 및 관리에 숙련된 작업자를 필요로 한다. 냉동 물류센터에서 사용할 경우 배터리 용량이 25% 줄어드는데 비해 수소 연료전지 지게차는 작업환경 온도에 영향을 받지 않는 특징이 있다.

그림 A2-2에서와 같이 지게차에 적용되는 내연기관, 배터리, 연료전지 에너지원별로 온실가스 배출 비교를 살펴보면 kWh당 디젤 및 가솔린 엔진지게차 가장 많이 온실가스를 배출하고 있음을 알 수 있다. 수소 연료전지 지게차의 경우 분산형 천연가스를 개질하여 수소를 얻을 때 가장 많이 온실가스가 배출되고, 풍력에너지를 통한 수소를 연료로 사용시 온실가스 배출이 현저히 적음을 알 수 있다.

A2.2.2 PEMFC 지게차 적용한계

PEMFC 지게차는 기존 납축배터리 전동지게차에 비해 8시간 충전을 필요로 하지 않고, 배터리 교환 및 여분의 배터리를 보관할 장소도 필요하지 않다. 전동지게차는 사용시간에 따른 배터리 용량 감소로 출력이 낮아져 리프팅 하는데 작업시간이 늘어남에 따른 생산성 저하가 나타나고 있다.

납축배터리 전동지게차는 배터리에 저장된 에너지를 사용하는데 비해 PEMFC 지게차는 연료전지에서 지속적인 출력이 발생되어 배터리 전동지게차처럼 사용시간에 따른 출력저하로 인해 생산성이 감소하는 문제가 발생하지 않는 장점이 있다.

그러나, PEMFC 지게차는 납축배터리 전동지게차에 비해 많은 장점에도 불구하고 아래와 같은 몇 가지 이유로 인해 지게차가 사용되는 물류현장에서 PEMFC 지게차 적용을 가로막고 있다.

표 A2-1 The Characteristic Comparison of PEMFC Forklift to Lead Acid Battery Forklift

Characteristics	Lead Acid Forklift	PEMFC Forklift
Battery Charging & Hydrogen Refueling Time	8 hrs	less than 5 min
Battery Cooling Time Required	8 hrs	n/a
Battery Change Losing Time	15~30 min	n/a
Operation Time(after 1 cycle Charging)	2~3 hrs	8 hrs

Characteristics	Lead Acid Forklift	PEMFC Forklift
Extra Battery Numbers(1sht) Required	1~2	n/a
Maintenance Cost	High	Low
Increased Space Availability	No	Yes
Constant Power(Ambient Temp.)	7.5% Voltage Drop	Yes
Higher Performance in Freezing Condition	25% Drop	No
Decreased Handling Complexity (Battery Change)	Skilled Worker Need	Yes
Lower Hazardous Environment	Hydrogen Gas Emission (Overcharged)	Yes

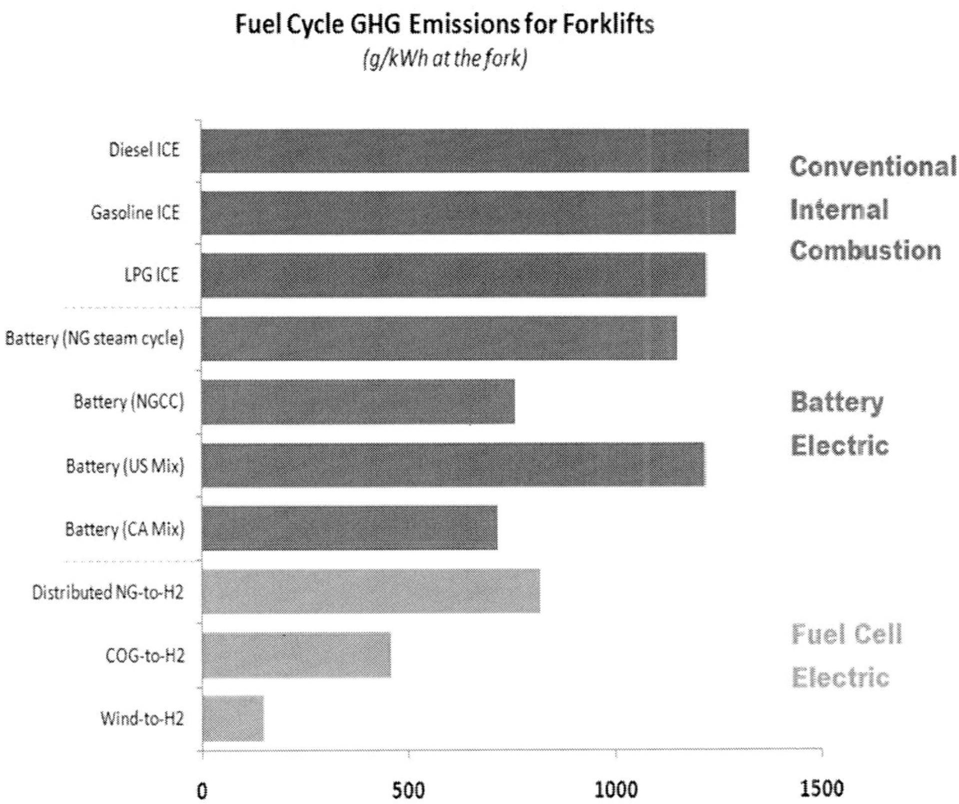

그림 A2-2 Fuel Cycle GHG Emissions for Forklifts

첫째, PEMFC 지게차를 운영할 수 있는 안정적인 수소공급이 이루어져야 한다. 그림 A2-3에서는 수소의 생산, 운반, 저장, 이용에 관한 Hydrogen Supply Chain과 지게차용 Fuel Cell Supply Chain을 나타내고 있다. 수소를 얻는 방법은 크게 부생수소, 천연가스개질, 전기분해를 통해 얻을 수 있으며, On-site에서 수소를 얻을 경우 저장하여 사용할 수 있다. On-site를 통해 수소를 얻는 방법 외에도 태양광, 풍력, grid를 통해 얻은 전기로 물을 전기분해해서 수소를 얻는 방법도 있다. On-site가 아닌 경우에는 생산된 수소를 트레일러를 이용, 운반하여 사용할 수 있다.

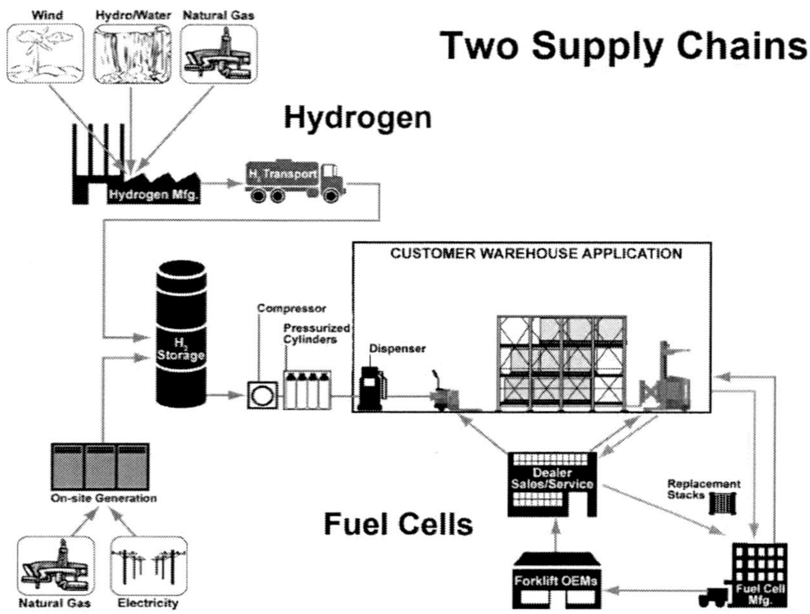

그림 A2-3 Hydrogen & Fuel Cell Supply Chain Structure

둘째, 수소충전을 위한 높은 인프라 구축비용은 PEMFC 지게차를 채택하는데 가장 큰 장벽으로 작용되고 있다. 수소충전 인프라를 구축하는 비용은 수소자동차 수소 충전 인프라 구축비용보다는 낮지만 일반적으로US$1,000,000 이상 비용이 소요된다. PEMFC 지게차는 물류창고 내 충전인프라 차지하는 공간이 배터리 대비 1/10분 수준이나 외부에 별도의 수소 충전 저장공간 확보가 반드시 필요하다.

수소충전소를 구축하기 위해서는 매우 편편하면서 단단한 바닥면적이 필요하고 수소파이프라인을 외부에서 내부로 연결하여야 하며 수소충전관련 허가 및 내부에 수소충전을 위한 충전스테이션을 설치하는 복잡한 과정 및 많은 비용이 소요된다.

그림 A2-4, 그림 A2-5에서와 같이 수소 운송 트레일러가 수소를 운반한 후 외부에 저장하고 내부에 설치된 수소스테이션을 이용하여 디스펜서로 지게차에 연료인 수소를 충전한다.

셋째, 배터리 전기충전에 비해 비싼 수소 충전 비용이다. 한국도로공사가 2021.04.27일 발표한 자료에 따르면 고속도로 휴게소에 건립될 수소충전소 수소 충전 요금은 1kg당 8,800원으로 5kW급 PEMFC 지게차 사용시 시간당 2,600원으로 배터리 충전료 284원 대비 9배 정도 높다. 납축배터리의 경우 유지관리에 인력이 필요하지만 연료비 자체 비교만으로 수소 충전 연료비는 매우 높은 편이라 하겠다.

그림 A2-4 Hydrogen Transportation

그림 A2-5 Hydrogen Indoor Dispenser

A3 친환경 차량 경제성 평가 방법

A3.1 수익성 평가 방법

A3.1.1 수익성 평가의 정의

프로젝트의 타당성을 결정하는 것은 기본적으로 투자사업에서 기대되는 수익성 여부이며, 수익성 평가란 프로젝트에 대한 타당성과 경제적 우열을 찾아내어 가장 적합한 사업을 선택하게 된다. 수익성 평가를 위해서는 초기의 투자비용 및 운영에 소요되는 모든 비용을 평가하는 것으로 프로젝트 기간 동안 총비용이 작을수록 수익성이 높은 것으로 판단한다.

A3.1.2 수익성 평가 방법(TCO)

일반적으로 기존기술을 대체하는 신기술의 투자효과를 평가하는 방법으로는 1987년 미국의 대표적인 컨설팅 회사인 가트너 그룹(Gartner Group)에서 발표한 총소유비용(TCO, Total Cost of Ownership)이 많이 사용된다. TCO는 자본비용과 운영비용으로 구분하여 산정할 수 있으며, 자본비용은 초기투자에 소요되는 투자비용에서 수명이 다한 후 잔존가를 차감한 비용을 뜻한다.

$$T = (I - R) + O \tag{A3.1}$$

T : 내구연한동안의 총소유비용(Total Cost of Ownership)

I : Initial Capital Investment, 초기 투자비용

O : Operation Cost로 운영 및 유지관리비용

R : Residual Value, 잔존가

A3.2 경제성 평가 방법

A3.2.1 경제성 평가의 정의

경제성 평가란 어떤 신규 프로젝트가 경제적으로 얼마나 효용가치가 있는지 여부를 판단하기 위해 대상 프로젝트 기간 동안 발생되는 모든 수익과 비용 데이터를 추정하고 분석 검토하는 일체의 과정을 말한다.

경제성 평가는 경영환경의 변화에 신속히 대응하고 경쟁력을 향상시키기 위하여 기업들이 수행하려는 프로젝트를 기획단계에서부터 성공 가능성을 파악하기 위한 의사결정 프로세스로서 프로젝트의 목표 달성 가능성을 여러 가지 측면에서 평가한 후 실제적으로 프로젝트가 실현될 경우 소요되는 비용과 예상되는 수익측면을 고려하여 경제적으로 평가하는 것이다.

A3.2.2 경제성 평가방법

신규투자로부터 예상되는 미래의 현금흐름과 자본비용을 파악했다고 할 경우 경제적 타당성을 평가하는 방법으로 전통적 평가 방법으로는 회수기간법(Payback Period)과 회계적 이익률법이 있으나 화폐의 시간가치를 고려하지 않는 단점이 있다.

화폐의 시간가치를 고려하여 경제성 평가하는 방법 중 주로 사용되는 것은 편익/비용 비율법(B/C, Benefit Cost Ratio), 순현재가치법(NPV, Net Present Value), 내부수익률법(IRR, Internal Rate of Return)이 있다.

① 편익/비용 비율법(B/C, Benefit Cost Ratio)은 미래에 발생될 비용과 편익을 현재가치로 환산하여 편익의 현재가치를 비용의 현재가치로 나누는 것으로 B/C≥1 이면 경제성이 있다고 판단한다.

$$B/C = \sum_{t=0}^{n} \frac{B_t}{(1+r)^t} / \sum_{t=0}^{n} \frac{C_t}{(1+r)^t} \tag{A3.2}$$

t : 현금흐름의 기간

n : 투자의 전체기간

Bt : t기간 동안의 미래에 발생되는 편익

Ct : t기간 동안의 미래에 발생되는 비용

r : 할인율

② 순현재가치법(NPV, Net Present Value)는 투자로 인한 미래 기대현금유입을 적절한 할인율로 할인한 현재가치에서 투자액(총비용)의 현재가치를 차감하는 것으로 NPV≥0 이면 경제성이 있다고 판단한다.

$$NPV = \sum_{t=0}^{n} \frac{B_t}{(1+r)^t} - \sum_{t=0}^{n} \frac{C_t}{(1+r)^t} \tag{A3.3}$$

t : 현금흐름의 기간

n : 투자의 전체기간

Bt : t기간 동안의 미래에 발생되는 편익

Ct : t기간 동안의 미래에 발생되는 비용

r : 할인율

③ 내부수익률법(IRR, Internal Rate of Return)은 NPV법이 절대금액(₩)으로 경제성을 평가한다면 내부수익률법은 예상투자수익률(%)로 평가하는 방법이다. 미래의 기대되는 편익의 현재가치와 미래에 지출이 예상되는 비용의 현재가치로 환산된 값을 일치시키는 할인율을 구하는 방법으로 IRR≥r 크면 경제성이 있다고 판단한다.

$$IRR = \sum_{t=0}^{n} \frac{B_t}{(1+r)^t} = \sum_{t=0}^{n} \frac{C_t}{(1+r)^t} \tag{A3.4}$$

t : 현금흐름의 기간

n : 투자의 전체기간

Bt : t기간 동안의 미래에 발생되는 편익

Ct : t기간 동안의 미래에 발생되는 비용

r : 할인율

표 A3-1에서와 같이 편익/비용 비율법(B/C)은 미래에 발생될 편익과 비용을 할인율을 적용 현재가치로 환산하여 편익의 현재가치를 비용의 현재가치로 나누므로 이해가 용이하다. 비용편익비율이 1보다 클 경우 투자에 대한 경제적 타당성이 있다고 판단한다. 그러나, 비용대비 편익의 비율만 다루고 사업의 순편익규모는 무시되어 수익성이 가장 높은 사업만 채택되어 비용편익비율은 낮지만 순편익 절대규모가 상대적으로 큰 사업이 채택되지 않는 단점이 있다.

순현재가치법(NPV)은 사업에 수반된 모든 편익과 비용을 할인율을 적용, 현재가치로 할인하여 미래에 발생되는 편익에서 비용을 차감한 값 이다. NPV가 0보다 클 경우 경제적 타당성이 있다고 판단하며, NPV가 가장 큰 사업을 채택하게 된다. 순현재가치법(NPV)는 대안 선택시 명확한 기준 제시가 가능하고 장래 발생 편익의 현재 가치 제시 및 다른 분석에도 이용이 가능한 장점이 있으나 이해가 어렵고 대안 우선 순위 결정시 오류 발생 가능성이 있다.

내부수익률법(IRR)은 미래에 발생하는 편익과 비용의 현재가치로 환산한 값이 할인율과 동일하게 되는 것을 구하는 방법으로, 내부수익률이란 순현재가치가 0이 되도록 하는 할인율을 의미한다. 내부수익률이 사회적 할인율보다 클 경우 경제성이 높은 것으로 판단하며 내부수익률이 큰 대안을 채택하게 된다. 내부수익율법(IRR)은 사업의 수익성 측정이 가능하고 다른 대안과 비교가 용이하며, 다른 평가과정과 이해가 용이한 장점이 있다. 그러나, 사업의 규모를 고려하지 않고 몇 개의 내부수익률이 동시에 도출될 가능성이 있는 단점이 있다.

A3.2.3 친환경차량 수익성 및 경제성 평가 방법

일반적으로 기존 내연기관차량 대비 친환경차량(전기자동차, 수소자동차)에 대한 도입 타당성과 경제성 평가로 사업기간동안 순현재가치를 이용하여 개별 소비자 관점에서 친환경차량과 내연기관차의 총 소유비용(TCO, Total Cost of Ownership)과 사업에 수반된 모든 비용과 편익을 해당 기준년도 현재가치로 할인하여 총편익에서 총비용을 차감하는 순현재가치법(NPV, Net Present Value)등이 주로 사용된다.

한국환경정책・평가연구원에서 2016년 친환경차 보조금정책 타당성 분석을 수행하면서 수익성 분석 기법으로 많이 사용되고 있는 TCO 평가 기법과 경제성 분석 방법으로는 NPV 평가 분석 기법을 채택하여 타당석 분석을 수행하였다.

친환경차량 TCO 산정시 고려되는 항목은 차량판매가격(친환경차량의 경우 구매보조금, 충전기 설치비, 세제감경 등 반영), 유류비(충전비)와 세금(취・등록세, 자동차세)와 잔존가치가 포함된다. NPV 산정시 고려되는 비용항목은 내연기관차량 대비 친환경차 구입에 따른 추가 차량공급가액(부가세 제외)과 편익항목으로 친환경차 이용에 따른 운행비용 및 환경비용 절감편익이 해당된다.

표 A3-1 The Comparison of Economic Analysis Method

Analysis Method	Decision	Advantages	Disadvantages
B/C	B/C≥1	• Easy understanding	• Possibility of an error occurrence of mutually exclusive alternatives
NPV	NPV≥0	• Presentation of clear standards when selecting an alternative • Setting present value of future benefit occurring • Available for another analysis method	• Difficulty understanding • Possibility of an error occurrence of determining alternative priority
IRR	IRR≥r	• Can measure the profitability of the business • Easy to compare with other alternatives • Easy to understand and evaluation process	• Ignoring economy scale • Intrinsic possibility of derivation of multiple IRR

A4 지게차용 DMFC-배터리 하이브리드 시스템 경제적 타당성 평가 분석

A4.1 경제적 타당성 평가 분석 기법

A4.1.1 경제적 타당성 평가 기준

본 연구는 기존 실내용 전동지게차 Class II, III의 납축배터리를 DMFC 시스템과 방전효율이 높은 리튬배터리를 결합한 하이브리드 시스템(이하 "DMFC 시스템")으로 대체하였을 경우 아래와 같은 평가 기준을 적용하여 경제적 타당성이 확보되는지를 분석할 것이다.

1) **내구연한** : 지게차 일반적 수명인 10년

2) **운영규모** : 실내용 전동지게차 총100대 (Class II 50대, Class III 50대)

3) **잔존가** : DMFC 시스템만 백금촉매 97% recycle이 가능하여 적용하였으며 총소유비용 산출시 잔존가 차감

4) **할인율** : 국내 은행의 중소기업 평균대출금리 4.45%(2020년 기준) 적용

5) **기타** : DMFC 시스템 장착된 지게차의 경우 납축배터리 지게차대비 생산성 향상부분과 온실가스감축 사항은 적용하지 않았으며, 지게차 차체에 대한 비용항목 발생은 배터리나 DMFC 시스템이 동일하여 제외하였음.

지게차의 평균 내구연한을 10년으로 설정하였다. 평가대상 사업기간에 따라 DMFC 시스템에 유리하거나 불리한 결과가 도출되어 일반적인 지게차 평균수명을 사업기간으로 정하였다. 사업장에서 지게차 사용 운영대수를 총 100대 기준으로 산정하였다. PEMFC 지게차의 경우 수소 충전인프라 구축비용이 많이 소요되어 100대 정도 운영하는 사업장에서 경제적 타당성이 확보되므로 DMFC 지게차도 이 기준을 준용하였다.

DMFC 시스템 백금촉매의 경우 97% Recycle이 가능하여 이를 TCO 산정시 잔존가를 차감하는데 적용하였으며, DMFC 핵심부품인 스택의 교체시기 때에도 백금회수를 가정하여 스택교체 비용을 산정하였다.

미래에 발생하는 투자비용을 현재가치로 환산하는 할인율은 2020년말 국내 대표적 은행인 IBK기업은행과 KB국민은행의 중소기업 평균 신용대출금리 4.45%를 적용하여 경제적 타당성 분석을 수행하였다.

그리고, DMFC 시스템 장착된 지게차의 경우 납축배터리 지게차대비 생산성 향상부분과 온실가스감축 사항은 적용하지 않았으며, 지게차체 대한 유지관리 비용 항목 발생은 배터리나 DMFC 시스템이 동일하여 제외하고 경제성 분석을 수행하였다.

표 A4-1에서와 같이 경제성 분석을 위한 평가 기준으로는 초기 투자비용, 운영・유지관리비용 및 기타 사항으로 분류할 수 있다. 납축배터리 지게차의 초기 투자비용에는 배터리 구입비, 충전기 설치비, 배터리 교환설비 구입비 등이 해당되고, DMFC 지게차 초기 투자비용에는 DMFC 시스템 구입비, 연료공급장치 설치비 등이 해당된다.

납축배터리 운영・유지관리 비용 항목에는 배터리 유지관리비, 충전 전기료, 배터리 교환 작업자 임금, 배터리 교체 비용, 배터리 충전 확보공간비용 등이 있다.

DMFC 시스템 운영・유지관리 비용 항목에는 DMFC 시스템 유지관리비용, 메탄올 연료비, 메탄올 연료 충전 작업자 임금 및 핵심부품 교체 비용 등이 있다. 기타 사항으로 백금촉매 recycle을 통한 스택교체시 적용 및 내구연한 마지막 년도에 백금촉매 잔존가를 계상하였다.

표 A4-1 Analysis Items of Economic Feasibility

Classification	Battery Forklift	DMFC Forklift
Initial Investment Cost	• Battery Purchase • Battery Charger Installation • Battery Change Equipment Purchase	• DMFC System Purchase • Fuel Supply equipment Installation
Operation & Maintenance Cost	• Battery Maintenance • Charging Electricity • Battery Change Labor • Battery Replacement • Charging Warehouse Space	• Power Pack Maintenance • Methanol Fuel • Refueling Labor • Stack Replacement
Etc		• Platinum Catalyst Recycle Use • Residual Value

A4.1.2 수익성 평가 기법(TCO)

본 연구는 지게차용 DMFC 시스템의 수익성 평가를 위해 수소 연료전지 지게차 수익성 평가에 많이 사용되는 TCO 기법을 사용하여 수익성 분석을 수행하였다. DMFC 시스템을 지게차에 적용할 경우 기존 납축배터리와 비교하여 초기투자비용은 높지만 유지관리비용면에서 유리하므로 지게차의 내구연한 10년을 기준으로 경제적 타당성이 확보되는지 분석하였다.

TCO는 자본비용과 운영・유지관리비용으로 구분되며 자본비용은 초기투자에 소요되는 투자비용에서 수명이 다한 후 잔존가를 차감한 비용을 뜻한다. 백금촉매가 97% recycle이 가능하므로 스택 교체할 때에도 이를 적용하여 TCO를 산출할 것이다.

수익성 평가대상인 납축배터리와 DMFC 시스템 관련해서는 배터리 구입비용, 배터리 교환설비 구입비용, 충전기 구입비용, DMFC 시스템 구입비용, 연료공급장치 구입비용 등이 초기 투자비용에 해당된다. 운영・유지관리비용은 연료비(또는 전기료), 주기적인 부품 교체비용과 고장에 따른 수리비용 및 운영관리를 위한 작업자 임금과 배터리 충전을 위한 공간확보 비용 등이 포함된다 하겠다.

TCO는 아래와 같은 산식으로 산출될 수 있다.

$$T_n = [(I_{FC} - R_{FC}) + O_{FC}] - (I_{bat} + O_{bat}) \tag{A4.1}$$

T_n : n 내구연한동안 DMFC 시스템과 배터리 사용에 따라 지출될 총소유비용(Total Cost of Ownership)

I_{FC} : DMFC 시스템 Initial Capital Investment, 즉 초기 투자비용을 뜻하며 DMFC 시스템 구입비용, 연료 공급장치 구입비용 등

R_{FC} : Residual Value, 내구연한 후 잔존가를 나타내며 DMFC 시스템은 97% 백금 촉매 recycle이 가능하여 계상

O_{FC} : DMFC 시스템 Operation Cost로 운영・유지관리비용, 메탄올 연료비용, 스택 교체비용, 메탄올 연료공급에 따른 작업자 임금 등

I_{bat} : 배터리 Initial Capital Investment, 즉 초기 투자비용을 뜻하며 배터리 구입비용, 배터리 교환설비 구입비용, 충전기 구입비용 등

O_{bat} : 배터리 Operation Cost로 운영・유지관리비용으로 충전 전기료, 배터리 교체비용, 배터리 교환 작업자 임금, 배터리 충전 공간확보 비용 등

배터리 전동지게차나 DMFC 지게차의 지게차 차체에 대한 유지보수비용 등은 동일한 것으로 추정하여 본 연구에서는 고려하지 않았다. 그리고, 지게차용 PEMFC 시스템 대표적 기업인 Plug Power에서는 수소 연료전지 지게차의 경우 배터리 용량 감소에 따른 출력저하가 나타나지 않아 15% 정도 생산성이 향상된다고 주장하지만 본 연구에서는 적용하지 않았다.

또한, 전동지게차 대비 DMFC 시스템이 장착된 DMFC 지게차 CO_2 발생량을 well-to-wheel 기준으로 비교했을 때 CO_2 발생량이 가장 적지만 기존 배터리 대비 온실가스 감축효과는 크지 않아 이 부분도 고려하지 않고 TCO를 산출하였다.

A4.1.3 경제성 평가 기법(NPV)

본 연구에서는 기존 지게차용 납축배터리 대비 DMFC 시스템의 경제성 분석을 수행하는데 PEMFC 지게차 경제성 분석에서 많이 사용된 사업기간내의 총편익과 총비용을 할인율을 적용하여 현재가치를 산출하는 순현재가치법(NPV) 분석 기법을 채택하여 경제성을 분석하였다.

PEMFC 시스템이 적용된 수소 연료전지 지게차 경제성 분석에 관한 논문은 존재하지만 지게차에 적용된 DMFC 시스템 경제성 분석에 관한 논문은 아직까지 존재하지 않는다. 경제성 분석을 위해 가장 중요한 DMFC 시스템 가격이 아직 대량생산체제에 따른 상용화 가격이 책정되지 않아 DMFC 시스템 제조업체가 발표하는 자료를 바탕으로 제한된 정보에서 경제성 분석이 이루어질 수 밖에 없지만 현실적인 데이터를 최대한 적용하여 경제성 분석을 수행하였다.

NPV는 실내용 전동지게차에 DMFC 시스템을 적용하였을 때 미래에 지출될 비용의 현재가치와 납축배터리를 적용했을 때 미래에 지출될 비용의 현재가치 차이를 나타낸다. 경제성 평가에서 미래에 발생하는 투자비용이 현재에 얼마나 가치 있는지 평가하는 것으로 할인율(보통은 시장이자율)을 통해 시간가치를 화폐로 환산하는데, 본 연구에서는 2020년말 국내 대표적 은행인 IBK기업은행과 KB국민은행의 중소기업 평균 신용대출금리 4.45%를 할인율로 적용하였다. 내구연한 동안 실내용 전동지게차에 사용되는 납축배터리를 DMFC 시스템으로 대체할 경우 NPV를 산출하는 공식은 아래와 같다.

$$NPV = \sum_{t} \frac{C_{t,FC} - C_{t,bat}}{(1+r)^t} + C_{inv} \tag{A4.2}$$

NPV : 현재가치(Net Present Value)

t : 내구연한(프로젝트 기간)

C_t : t년도 기간 동안 DMFC 시스템과 배터리의 총비용

C_{inv} : Initial Capital Investment, 초기 투자비용

FC : DMFC 시스템

bat : 배터리

r : 할인율

NPV를 활용해 경제성을 분석하기 위해서는 네 가지 다른 항목의 비용이 고려되어야 하겠다. 초기 투자비용(Intial Capital Investment), 운영 · 유지비용(O&M, Operation and Maintenance), 부품 교체비용 및 생산비용 등이다. 초기 투자비용은 프로젝트 초기에 한번 투자되는 비용으로 배터리 구매비용, 충전기 구매비용, 배터리 교환장비 설치비용, DMFC 시스템 구매비용 및 메탄올 연료 공급장치 설치비용 등이 해당된다. 나머지 비용들은 프로젝트 기간 중 정기적으로 운전되는데 사용되는 연료 구입비용, 배터리 충전비용, 유지관리비용, 배터리 및 DMFC 시스템 스택 교체비용과 생산비용 등 비용의 합을 나타내며 공식은 아래와 같다.

$$C_t = C_{OM} + C_r + C_p \tag{A4.3}$$

C_t : t년도 기간 동안의 전체 지출되는 비용의 합

C_{OM} : 연간 운전 및 유지비용

C_r : 핵심부품의 연간 교체비용으로 배터리 및 DMFC 스택의 수명주기 에 따라 매년 발생하지는 않음

C_{inv}, C_{OM} 과 C_r 은 시스템, 부품 등 유형적 자산이거나 작업인력 등으로 경제적 산출이 가능하지만 생산비용의 경우에 고려될 사항은 배터리 교환 및 메탄올 연료를 공급하는데 소요되는 시간을 화폐가치로 환산하여 정의되어야 한다. 화폐가치는 시간낭비 감소를 통한 생산성 향상으로 인한 소득 증가 또는 시간낭비 감소를 통한 물류처리 인력감축으로 인한 높은 생산성을 의미한다. 배터리 교환을 위한 낭비시간과 물류작업 처리하는 작업자 임금 등이 물류를 처리하는데 소요되는 전체 비용에 포함되기 때문이다.

$$C_p = h_{loss} \cdot c_{operator} \tag{A4.4}$$

C_p : 연간 생산비용

h_{loss} : 배터리 교환 및 메탄올 연료공급으로 인해 낭비되는 연간 소요시간

$C_{operator}$: 작업자의 시간당 임금

본 논문은 실내용 전동지게차 납축배터리를 DMFC 시스템으로 대체하였을 경우 경제적 타당성 분석을 다음과 같은 절차를 통해 수행하였다. 먼저 지게차 내구연한 10년간의 납축배터리의 TCO를 산출하고, DMFC 시스템의 경우에는 백금촉매 recycle이 가능한 점을 고려하여 스택부품 교체시 이를 반영하였다. 내구연한 마지막 년도에는 잔존가 차감을 적용하여 TCO를 산출한 후 배터리에서 산출된 TCO와 비교하여 수익성 분석을 수행하였다.

그리고, 수익성 분석을 실행하면서 TCO에서 도출된 데이터를 바탕으로 미래에 지출될 비용에 대한 할인율을 적용하여 해당년도의 NPV 값을 산출하였다. 전동지게차용 기존 납축배터리를 DMFC 시스템으로 대체한다고 가정할 경우 경제성이 확보되기 위해서는 지게차 평균수명 10년간의 초기투자비와 연간운영비 등을 현재가치로 환산한 값이 납축배터리 대비 NPV≥0 이면 경제적으로 타당하다고 판단할 수 있다.

A4.2 가정(Assumptions)

본 연구의 목적인 DMFC 시스템의 경제적 타당성 분석을 위해서는 아래에서 기술하는 몇 가지 가정(assumption)을 전제로 하여 가능하다. 현재는 수소 연료전지 지게차 시장이 초기시장 단계이고 본격적인 시장 형성이 안 되어있어 적용될 대상 사업장도 제한적일 수 밖에 없다. 본격적인 상용화 전단계인 DMFC 지게차의 경우 운영대수가 일정 수량 이상이고 일일 작업시간도 2교대 이상인 사업장이 대상이다.

DMFC 시스템의 경우 Class II 2톤 지게차에 적용하기에는 현재의 DMFC 시스템 용량이 작아 Class II 2톤 지게차에 적합한 DMFC 시스템 용량을 정하여 경제적 분석을 진행할 수 밖에 없었다.

경제성 분석을 수행함에 있어 가장 중요한 시스템 가격 책정도 현재의 가격보다는 DMFC 시스템 양산화 단계에서의 가격을 전제로 하였다. 2019년 NREL에서 발표한 백금촉매 로딩량을 줄이는 기술보고서에 따르면 DMFC 양산화가 10,000대 이상 진행될 경우 현재 가격에서 50% 인하될 것으로 예측하였다.

A4.2.1 2교대 작업/day

전동지게차를 사용하는 1교대 작업장의 경우 일일 8시간 작업시간 중 배터리로 운전되는 실질적인 작업시간을 5시간으로 추정하여, 본 연구에서는 DMFC 지게차의 적용 효용성이 높은 물류센터를 기준으로 2교대 작업시간을 10시간으로 가정하였다. 작업시간은 필요한 여분의 배터리 수량, 배터리 교환횟수에 따른 노동력 소요시간, 메탄올 연료 충전에 따른 작업자 임금 등에 영향을 끼친다.

A4.2.2 운영대수 규모

메탄올을 연료로 사용하는 DMFC 지게차의 경우 초기 시스템 구입비용이 매우 높으나 연간 운영비가 배터리에 비해 낮아 소규모의 지게차 운영 사업장에 적합하지 않은 점을 고려하여 100대 규모를 운영대수로 가정하였다. 한 사업장에서 사용되는 지게차가 Class I, II, III 중 한 종류만 선택하여 사용하기보다는 처리물품 하중에 따라 혼합하여 사용하는 것이 일반적인 사항을 고려하여, 본 연구에서는 지게차 운영대수 100대를 기준으로 50%가 Class II로 사용되고 나머지 50%는 Class III 지게차가 사용된다는 것으로 가정하였다.

A4.2.3 DMFC 스택(Stack) 회수

DMFC 시스템이 수소 가스를 연료로 사용하는 PEMFC에 비해 동일 용량대비 초기 구입비용이 높은 이유 중 하나는 촉매로 사용되는 백금로딩량이 많기 때문이다. 그러나, DMFC MEA 제조업체 J사와 백금회수 전문업체 S사 주장에 의하면 DMFC 스택에 사용되는 백금의 97%는 회수가 가능하다.

그러므로, 본 연구에서는 스택이 초기 성능의 80% 출력 이하로 감소되어 수명을 다할 경우 스택회수를 통해 스택교체에 따른 비용이 절감되는 점을 가정하였으며, 내구연한이 종료되는 시점에서는 잔존가로 계상하였다.

A4.2.4 3kW DMFC 시스템 적용

현재까지 국내외적으로 3kW급 DMFC 시스템을 지게차에 적용된 사례는 아직까지 없지만 국내에서는 2003년부터 DMFC 분야를 연구개발해 온 G사가 2012년에 S사와 공동으로 1.2kW급 스택 2개를 병렬 연결하여 감시로봇에 적용하는 국가과제를 수행하였다. Class II 2톤 지게차의 경우 주행모터 11kW, 유압모터 12kW일 경우 가각 DMFC 시스템과 배터리 용량을 2배로 확대할 경우 적용이 가능할 것으로 보인다. 본 연구에서는 두산 Class II 2.0톤 B20NS 모델을 대상으로 2톤 지게차에 적용하는 것을 가정하여 경제성 분석을 수행하였다.

A4.2.5 DMFC 시스템 상용화 가격

전 세계적으로 1.5kW DMFC 시스템이 상용화된 사례는 없으나 국내 수소 연료전지 전문업체 G사가 수소 연료전지 지게차 파워팩 시범보급사업을 진행하면서 책정한 1.5kW DMFC 시스템 파워팩 시범보급가격 대당 75백만원을 기준으로 2019년 NREL에서 발표한 기술보고서를 참고하여 DMFC 양산화가 10,000대 이상 진행될 경우 현재 가격에서 가중치 48%를 적용한 1.5kW급 DMFC 시스템 가격을 US$33,200로 가정하였다.

전동지게차는 지게차 제조회사별로 입승식, 좌승식에 따른 적재능력(Load Capacity)이 각각 다르다. 전동지게차에는 두 종류의 모터가 장착되어 있으며 지게차가 주행할 때 사용되는 주행모터(Drive Motor)와 물건을 들어 올리거나 내릴 때 사용하는 유압모터(Pump Motor)로 구분된다. 동일한 적재능력 1.5톤 지게차일지라도 지게차 제조업체별로 주행모터와 유압모터에서 소비되는 전력이 각각 다를 수 있으며, 이는 수소 연료전지 지게차에 적용되는 DMFC 시스템 용량 설계에 지대한 영향을 미친다.

지게차의 Class I, II, III 분류는 미국, 유럽, 아시아 지역별로 조금씩 달라 본 연구에서는 1.6톤 입승식 지게차는 Class III로 분류하였으며 좌승식 2.5톤을 Class II로 분류하였다. 지게차 톤수가 동일할지라도 사용용도에 따라 Class 분류가 다를 수 있다.

본 연구에서는 그림 A4-1에서와 같이 (주)수성 Class III 입승식 1.6톤 모델 SBR-16에 장착된 납축배터리를 1.5kW DMFC 시스템과 3.6kWh 리튬배터리 하이브리드 시스템으로 대체하였을 경우의 TCO를 산출하여 경제적 타당성을 분석하였다. 그리고, 그림 A4-2에서와 같이 두산산업차량의 Class II 좌승식 2.0톤 B20NS 모델에서 사용되는 납축배터리를 3kW DMFC 시스템과 7.2kWh 리튬배터리 하이브리드 시스템으로 대체하였을 경우 TCO를 산출하여 경제적 타당성 확보가 가능한지 수행하였다.

그림 A4-1 Soosung' Electric Forklift SBR-16

그림 A4-2 Doosan Indus' Eectric Forklift B20NS

표 A4-2에서와 같이 Class III 1.6톤 입승식 전동지게차 주행모터는 5.3kW AC모터, 유압모터는 6.3kW DC모터가 장착되어 있으며 납축배터리 용량은 48V/268Ah 이다. Class II 2톤 좌승식 전동지게차 주행모터는 11kW AC모터, 유압모터는 12kW DC모터가 장착되어 있으며 납축배터리 용량은 48V/600Ah 이다.

표 A4-2 Electric Forklift Specifications

Forklift Manufacturer	SOOSUNG	DOOSAN INDUSTRIES
Model	SBR-16	B20NS
Load Capacity(kg)	1600	2000
Power Type	Electric	Electric
Forklift Type	Stand-Up	Sit-Down
Drive Motor(kW)	5.3 / AC	11 / AC
Pump Motor(kW)	6.3 / DC	12 / DC
Battery Type	Lead Acid	Lead Acid
Battery Capacity	48V / 268Ah	48V / 600Ah

A4.3 경제적 타당성 분석을 위한 Parameter

A4.3.1 기술적 비교 Parameter

표 A4-3에서와 같이 배터리와 DMFC 시스템 비교을 위한 기본 조건은 일일 2교대, 작업 시간 10시간, Class II 및 III 지게차 적용 배터리 용량은 각각 28.9kWh와 12.8kWh 이다. DMFC 시스템 용량은 Class III에 1.5kW급 DMFC 시스템과 3.6kWh 리튬배터리 하이브리드 시스템이 적용되고, Class II에는 3kW급 DMFC 시스템과 7.2kWh 리튬배터리 하이브리드 시스템 적용을 전제로 하였다.

배터리 교환을 위해 소요되는 시간은 Class II 지게차 배터리의 경우 20분, Class III에 적용되는 배터리는 Class II 배터리에 비해 부피 및 무게가 작아 소요시간을 15분으로 조금 단축되는 것으로 추정하였다. 메탄올 연료 충전의 경우 수소 연료에 비해 연료 충전시간이 짧지만 PEMFC 지게차와 동일하게 Class II의 경우 4.2분 Class III의 경우 3분이 소요된다고 가정하였다. TCO를 산출하는데 지대한 영향을 미치는 배터리 수명과 DMFC 시스템의 스택 수명은 납축배터리의 경우 DOD(Depth of Discharge)에 따라 배터리 수명이 크게 달라지는데 본 연구는 DOD 80% 기준 사용으로 1,000 cycles로 가정하였다. 물류센터 2교대 작업장의 경우 지게차 연속사용에 따라 1.5~2년으로 배터리 수명이 다하지만 사업장별로 다르므로 1,000 cycles 이후에 배터리를 교체하는 것으로 가정하였다.

배터리 수명 1 cycle의 의미는 1회 완충전 후 완방전 시켰을 경우를 1 cycle로 규정하며 초기 성능의 80%까지 나타날 때 까지를 수명으로 인식한다. DMFC 시스템 스택수명은 2012년 Kimiaie, N. 등이 20,000시간 스택 수명에 대한 논문을 발표하였으나, 본 연구에서는 스택 수명을 10,000시간으로 책정하였다. 스택수명은 실질적으로 스택이 운전하는 시간을 누적하여 초기 성능의 80%까지 출력이 나타날 때 까지를 의미한다.

표 A4-3 Technical and Operation Input Data

Parameter	Value	Unit	Ref.
Working hours per 2 shift			
Class II	10	hrs	
Class III	10	hrs	
Energy requirements per forklift and shift (80% of a forklift battery capacity)			
Class II	28.9	kWh	
Class III (Ritch Type)	12.8	kWh	
DMFC hybrid system capacity			
Class II operated by DMFC & Li-battery	3 / 7.2	kW / kWh	
Class III operated by DMFC & Li-battery	1.5 / 3.6	kW / kWh	
Battery change equipment capacity			
High capacity	40	changes/d	
Low capacity	10	changes/d	
Battery change-out time (includes travelling)			
Class II	20	min	
Class III	15	min	
Methanol fuel tank capacity			
Class II	20	ℓ	
Class III	14	ℓ	
Refueling time (includes travelling)			
Class II	4.2	min	
Class III	3	min	
Battery life cycles (DOD 80%)	1,000	cycles	
Stack life cycles	10,000	hrs	

A4.3.2 경제성 비교 Parameter

표 A4-4에서와 같이 경제성 비교를 위한 기본 데이터는 Tomas Larriba 등이 Fuel cell early market에서 납축배터리와 PEMFC 시스템 비교자료를 바탕으로 DMFC 시스템에 맞게 수정하였다. 경제적 타당성 분석을 위한 기본 조건은 2교대 10시간 작업시간, 100대 규모 지게차 운영, 경제성을 비교할 수 있는 사업기간은 15년에서 지게차 평균수명으로 알려진 10년으로 수정 반영하였다. 연간 지게차 사용일수는 350일로 정하였으며 Class II와 Class III에 사용되는 배터리 가격은 우리나라 대표적 쇼핑몰 하나인 네이버 쇼핑몰 가격을 참조하였다.

1.5kW DMFC 시스템에서 3kW급으로 출력이 증가할 때 스택을 비롯 일부 펌프, 블로어, DC/DC컨버터 등 일부 부품의 경우는 용량에 따라 부품교체로 인해 가격이 상승할 수 있지만 나머지 부품들은 크게 변동되지 않는다는 점을 고려할 경우 20%만 비용이 추가될 것으로 가정하였다. 지게차용 납축배터리는 8시간 충전 후 유통물류센터의 경우 3시간 사용이 일반적으로 2교대 작업장의 경우 1~2개의 여분 배터리 구입과 충전에 따른 공간 확보가 필요하다. 경기권의 물류센터 평당 임대료를 감안할 때 지게차 1대당 3개의 배터리 충전을 위한 공간을 고려하여 연간 배터리 충전 공간 확보비용을 지게차 대당 $300로 산정하였다.

배터리 교환 및 메탄올 연료충전을 위한 시간 소요는 시간당 $15로 계상하였다. 2021년 기준 우리나라 최저시급이 $7.8 임을 감안하면 배터리 교환의 경우 작업하는 중 부상도 발생하는 점을 고려할 때 단순 노무직 임금을 적용하기보다는 경력자 노무직 임금을 적용하여 시간당 $15을 계상하였다. 경제성을 분석하기 위한 화폐단위로는 미국달러를 적용하였으며 우리은행 외환센터에서 제공하는 기간별평균환율조회를 통해 확인한 최근 5개년 (2016.03.04 ~2021.03.07) 평균 매매기준환율 1,144.52원을 적용하였다. 할인율 적용은 2020년말 기준 중소기업 신용대출금리현황 중 IBK기업은행 4.69%과 KB은행의 4.2% 평균치인 4.45%를 적용하였다.

또한, DMFC 스택의 경우 10,000시간 수명 이후는 스택교체 가격을 촉매 97% recycle을 적용하여 2.2kW급 스택의 경우 $9,905으로 산출하였고 4.4kW급 스택은 $15,190을 적용하였다. 메탄올 연료공급장치 경우 대량의 수요가 필요치 않아 가격저감이 많이 이루어지지 않을 것으로 예상하여 G사가 수소연료전지 지게차 파워팩 시범보급사업때 공급한 가격 $13,460을 기초자료로 적용하였다.

표 A4-4 Economical Input Data

Parameter	Value	Unit	Ref.
Electricity market price	0.089	$/kWh	Kepco
Working days	350	d/y	
Project lifetime	10	y	
Real discount rate	4.45%		2020.12 discount rate
Battery unit price			
Class II (48V/600Ah)	5,650	$	naver shopping
Class III (48V/268Ah)	2,300	$	naver shopping
Battery unit maintenance cost			
Class II	1,660	$/y	
Class III	1,160	$/y	
Charger price	2,000	$/set	
Battery change equipment price			
High capacity	9,000	$	
Low capacity	3,800	$	
Battery room unit cost	300	$,forklift/y	
Fuel cell system unit price			
Class II	46,760	$	
Class III	33,200	$	
Stack replacement cost			
Class II	15,190	$	catalyst recycle
Class III	9,905	$	catalyst recycle
Fuel cell system maintenance cost			
Class II	900	$/y	
Class III	700	$/y	
Refueling equipment unit price	13,460	$	Company G
Methanol price	0.5	$/ℓ	

A4.4 경제적 타당성 분석

A4.4.1 수익성(Total Cost of Ownership) 분석

일반적으로 지게차를 사용하는 사업장에서 한 종류만 사용하지 않고 13.2.2 운영대수 규모에서 가정한 것처럼 Class II, Class III 지게차가 각각 50대 사용된다는 것을 전제로 배터리지게차와 DMFC 지게차의 TCO 비교를 수행하였다. 그림 A4-3에서와 같이 초기 투자비용의 경우 DMFC 시스템이 배터리에 비해 2배 이상 높은 편이나 배터리에 비해 유지관리 비용이 4배 이상 차이가 나는 것을 알 수 있다. 메탄올 연료충전과 배터리 교체 소요시간을 비교해보면 배터리 교체에 따른 시간이 많이 소요되어 작업자 임금도 거의 10배 정도 차이가 나타난다.

그러나, 배터리와 DMFC 스택 수명에 따른 교체비용과 배터리 충전비용 및 메탄올 연료비용은 큰 차이가 나타나지 않았다. 잔존가는 DMFC 시스템의 경우에만 해당되며 사업기간 마지막 년도에 잔존가가 차감된 후 TCO를 산출하였다.

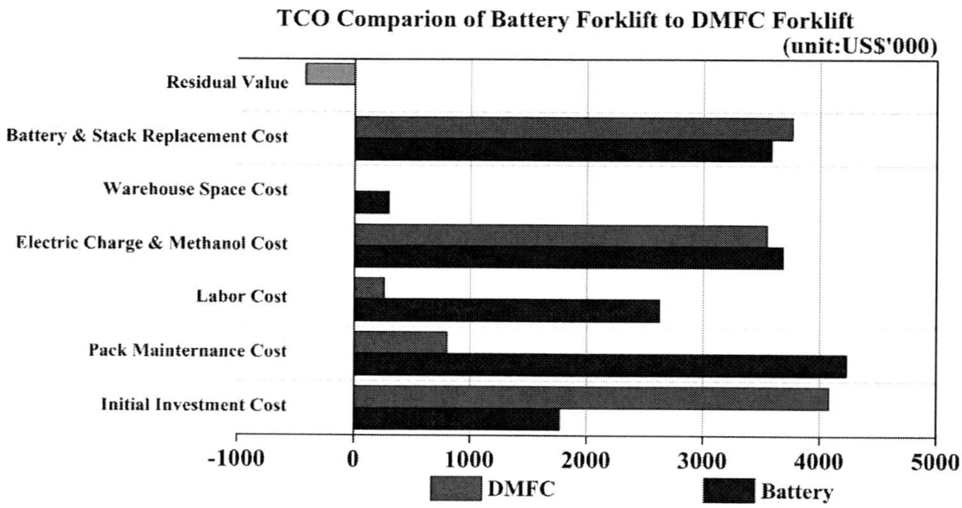

그림 A4-3 TCO Comparison of Battery Forklift to DMFC Forklift by Cost Item

그림 A4-4에서와 같이 지게차용 납축배터리를 DMFC 시스템으로 대체한다고 가정할 경우 DMFC 시스템의 초기 투자비용은 매우 높은 편이나 배터리 수명에 따른 교체시기가 나타나는 4년차부터 DMFC의 TCO가 낮아진다. DFMC 스택이 교체되는 시기인 6년차와 9년차에 TCO 간격이 좁혀지다가 지게차 내구연한 10년차에 배터리는 교체시기 도래에 따라 비용이 많이 상승한다. 그러나, DMFC는 잔존가 적용에 따라 9년차에 비해 비용 상승이 매우 제한적으로 나타나고 배터리와의 TCO 간격이 더 벌어진다.

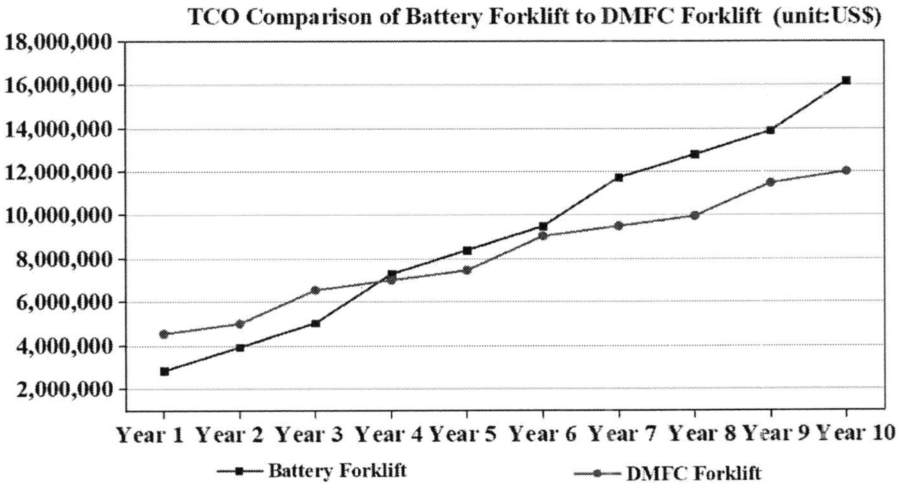

그림 A4-4 TCO Comparison of Battery Forklift to DMFC Forklift

A4.4.2 경제성(Net Present Value) 분석

실내에서 사용되는 Class II 50대, Class III 50대의 전동지게차 납축배터리를 DMFC 시스템으로 교체하여 10년간 사용한다고 가정했을 때 미래에 지출될 비용을 할인율을 적용하여 NPV 분석기법으로 경제적 타당성을 분석하였다. 배터리의 경우 4년, 7년, 10년차에 배터리 수명에 따른 교체가 발생하며, DMFC 시스템은 스택 수명에 따라 3년, 6년 9년차에 스택 교체시기가 도래한다. 마지막 년도 10년차에 배터리는 교체에 따른 비용이 상승하는데 비해 DMFC 시스템은 잔존가 차감에 따라 배터리와의 NPV 값 간격이 더욱 벌어지게 된다.

그림 A4-5에서와 같이 배터리지게차와 DMFC 지게차 사업기간 10년에 대한 TCO와 NPV를 산출하였다. DMFC 시스템의 경우 배터리에 비해 초기 투자비용은 높으나 유지관리 비용이 낮아 4년차부터 배터리지게차에 비해 경제성면에서 유리해짐을 알 수 있다.

또한, 내구연한 종료기간인 10년차의 경우 DMFC 시스템은 백금촉매 잔존가에 따라 9년차에 비해 비용 상승이 매우 제한적으로 나타나 배터리와 TCO 차이가 더욱 벌어짐을 알 수 있다. 각 해당년도 지출되는 비용을 시장할인율에 따른 현재가치로 환산한 NPV 값은 TCO에 비해 그 간격은 조금 좁혀지는 경향이 나타나는데, 이것은 시장할인율에 따른 현재가치 산출로 인해 절대금액이 줄어들면서 발생하는 결과이다.

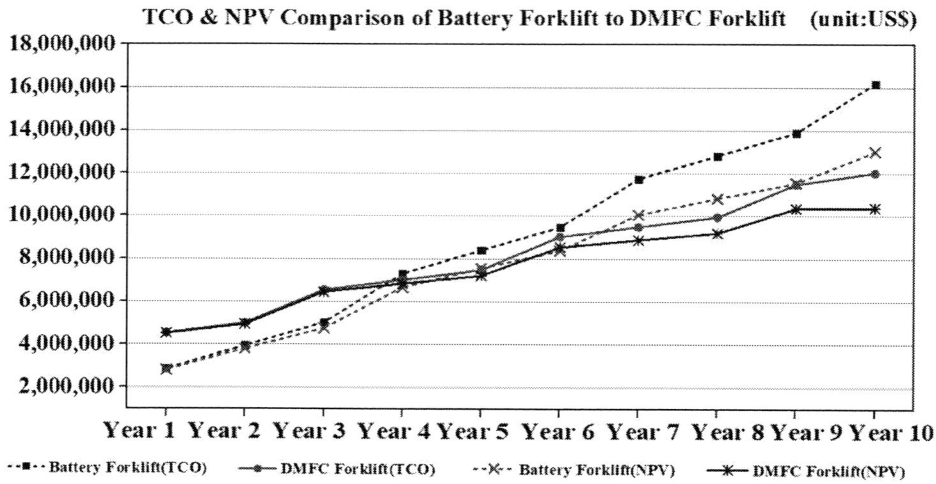

그림 A4-5 NPV & TCO Comparison of Battery Forklift to DMFC Forklift

그림 A4-6에서와 같이 실내용 전동지게차 Class II, Class III 각각 50대를 납축배터리로 운영할 경우 시장할인율에 의한 현재가치로 환산할 경우 초기 투자비용은 US$1,772,500, 10년간 운영 및 유지관리 비용이 US$8,594,950이 소요되며 배터리 3회 교체비용은 US$2,652,690이 소요된다.

DMFC 시스템으로 대체할 경우 초기 투자비용(잔존가 차감)은 US$3,806,500으로 매우 높으나, 10년간 운영 및 유지관리비용은 US$3,553,650으로 배터리에 비해 매우 적은 비용이 소요된다. DMFC 시스템 스택 수명 교체시기에 따라 3회 교체비용은 US$3,015,552로 배터리 교체비용과 크게 차이는 나지 않음이 확인되었다.

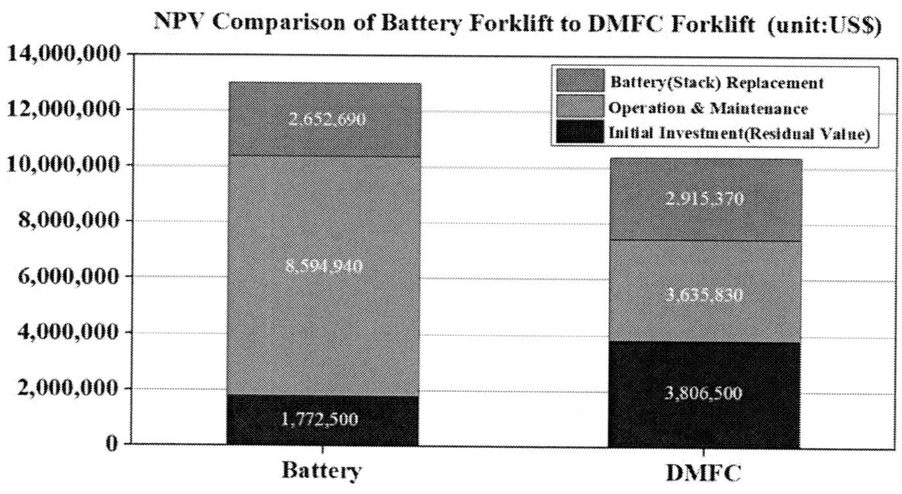

그림 A4-6 NPV Comparison of Battery Forklift to DMFC Forklift by Cost Item

그림 A4-7에서는 실내용 전동지게차 Class II, Class III 각각 50대를 납축배터리와 DMFC 시스템으로 운영할 경우 시장할인율에 의한 현재가치로 환산된 10년간 운영 및 유지관리비용 항목에 관한 것을 나타내고 있다. 배터리 유지관리비용은 US$3.355,330인데 비해 DMFC 시스템의 유지관리비용은 US$634,560로 매우 적은 비용이 소요됨을 알 수 있다.

또한, 배터리 교체에 따른 작업자 임금과 메탄올 연료 재충전에 따른 작업자 임금면에서도 배터리의 경우 교체시간 세트당 15분, 총 2개 교체시 30분이 소요되는데 비해 메탄올은 10시간 운전시 3분만 소요되어 작업자 임금 항목에서도 10배 정도의 차이가 나타남을 알 수 있다. 배터리는 배터리 충전 및 보관을 위한 공간 확보비용으로 $237,970이 소요될 것으로 계상하였다.

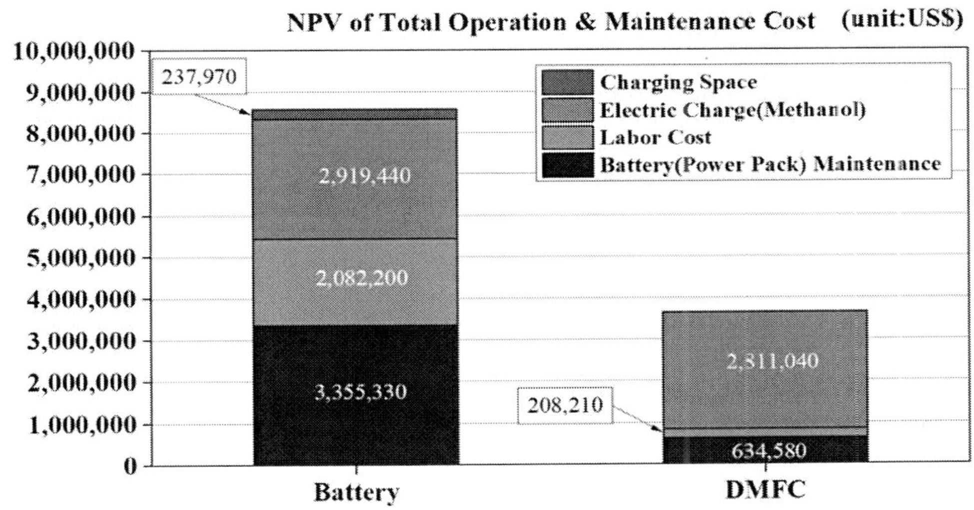

그림 A4-7 NPV of Total Operation & Maintenance Cost by Cost Item

A4.5 맺음말

실내 물류현장에서는 작업자 건강을 고려하여 엔진지게차 사용이 금지되어 있으며 납축배터리가 장착된 전동지게차가 사용되고 있는데, 납축배터리 지게차는 장시간 충전 등 불편함이 있어 배터리 충전이 필요 없는 친환경 수소 연료전지 지게차가 부상되고 있다. 그러나, 수소 연료전지 지게차는 수소 충전 인프라 구축에 많은 비용이 소요되어 연료공급이 용이한 DMFC 시스템이 새로운 대안으로 부상 가능한지 수익성 분석기법 TCO 경제성 분석기법 NPV를 활용하여 경제적 타당성을 분석하고 고찰한 결과 표 A4-5에서와 같은 결론을 얻을 수 있었다.

표 A4-5 Economic Feasibility Analysis of DMFC Forklift Compared to Battery Forklift (Class II-50set, II-50set)

(unit: US$)

Classification	Battery Forklift	DMFC Forklift	Economic Feasibility Analysis
TCO	16,185,500	12,028,510	+ 4,156,990
(Platinum Catalyst Recovery)	n/a	(1,262,460)	
(Residual Value)	n/a	(420,800)	
NPV	13,020,130	10,375,700	+ 2,644,430
(Platinum Catalyst Recovery)	n/a	(977,760)	
(Residual Value)	n/a	(272,260)	

1) 일일 2교대 및 지게차 10시간 운전, 운영대수 100대(Class II 50대, Class III 50대)를 10년간 운영한다고 가정하고 실내 전동지게차에 사용되고 있는 납축배터리를 DMFC 시스템으로 대체할 경우 TCO는 $12,028,510이 산출되었다. 납축배터리 TCO $16,185,500과 비교해 볼 때 $4,156,990 절감효과가 있어 수익성 측면에서 유리하다. 배터리 TCO의 10.4%에 해당되는 $1,683,260이 백금회수 및 잔존가로부터 도출되었다.

2) 10년간 산출된 TCO를 경제성 분석기법인 NPV를 적용하여 분석한 결과 납축배터리 NPV는 $13,020,130, DMFC 시스템 NPV는 $10,375,700이 산출되어 $2,644,430 절감됨에 따라 NPV≥0 커서 경제성이 확보된다.

본 연구의 가장 큰 제약은 DMFC가 아직 본격적인 상용화단계에 이르지 못해 경제적 타당성 분석을 수행함에 있어 DMFC 시스템 가격 산정을 가정을 전제로 할 수 밖에 없었다. 그러나, 제시된 DMFC 시스템의 경제적 타당성 분석을 바탕으로 상용화가 조기에 실현되고 2톤 지게차에도 적용되어 기존 납축배터리 전동지게차와 PEMFC 지게차의 새로운 에너지원 대안으로 부상되기를 기대해본다.

참/고/문/헌

[1] Lee, H. W.,“2020 was the hottest year on record, effectively tying 2016, Global Warming is getting worse”, Asia Economy, 15th Jan 2021.

[2] Kim, S. Y., Lee, S. L., Lee, J. W., “Analyzing the Effect of Electric Vehicle Supply on Greenhouse Gas Emission in 2030”, Journal of Environment Policy and Administration Vol. 25, No. 4, pp. 39~61, 2017.

[3] Shin, Y. G., Kim, J., Kim, P. S., Kim, J., et, al.,“Comparison of Greenhouse Gas Emission from Construction Equipment by Tier 2 and Tier 3 Methodologies”, Journal of Climate Change Research 1(1), pp.13–20, 2010.

[4] Iain, S., Daniel S., Anthony V. A., et, al.,“The role of hydrogen and fuel cells in the global energy system”, Energy Environ. Sci., Issue 2, pp. 463—491, 2019.

[5] Ehso, H., Hamidreza, S., Stanko, D., et, al.,“ Assessing the potential of fuel cell–powered and battery–powered forklifts for reducing GHG emissions using clean surplus power, a game theory approach”, Int. J. of Hydrogen Energy, Vol. 45, Issue 59, pp. 34532–34544, 2020.

[6] Vicki, P. M., “Fuel cells in forklifts extend commercial reach”, Fuel Cells Bulletin, Vol. 2010, Issue 9, pp. 12–19, 2010.

[7] Oh, S. K., “Emerging Fuel Cell Forklift market by overcoming the absence of certification regulation”, Monthly Hydrogen Economic, May 2019.

[8] Ramsden, T., “An evaluation of the total cost of ownership of fuel cell–powered material handling equipment”, Technical Report NREL/TP–56–56408. National Renewable Energy Laboratory, April 2013.

[9] Melaina, M and Penev, M., “Hydrogen Station Cost Estimates”, National Renewable Energy Laboratory (NREL) Technical Report, NREL/TP–5400–56412, Sep 2013.

[10] Kamarudin, S. K and Daud,W. R. M., “Overview on the application of direct methanol fuel cell(DMFC) for portable electronic devices”, Int. J. of Hydrogen Energy, Vol. 34, Issue 16, pp. 6903–6916, Aug 2009.

[11] Dong–Hyun, Baek., “R&D and Application of direct methanol fuel cell system”, Magazine of the SACRE 34(11), pp. 16–24, Nov 2005,

[12] Halme, A., Selkainaho, J., Nopone, T., Kohone, A., “An alternative concept for DMFC–Combined electrolyzer and H2 PEMFC”, Int. J. of Hydrogen Energy, pp. 2154–2164, 2016.

[13] Kimiaie, N., Wedlich, K., Hehemann, M., et, al., "Results of 20,000h Lifetime Test of a 7kW Direct Methanol Fuel Cell(DMFC) Hybrid System –Degradation of the DMFC Stack and the Energy Storage", Energy and Environmental Science, pp. 1–13. 2014.

[14] Gaoncell., "The Result Analysis of Field Test of 1.5kW DMFC–7.2kWh Lithium Battery Hybrid System for 2Ton Forklift", Mar 2021.

[15] Ju, Y. S., Lim, D. J., Kim, H. G., Kwac, L. K., "A Study on a Combined DMFC–Lithium Battery Hybrid System for a Forklift", J of the Korean Society of Manufacturing Process Engineers", pp. 57–65, April 2021.

[16] Lars Miertz., Bill Kirwin.,"Defining Gartner Total Cost of Ownership", Gartner Research, Dec 2005.

[17] Song, K. J., Jang, Y. K., "Finantial Management", Shinyoungsa, 2015.

[41] Kim, H. S., Park, S. K., Seo, J. S., "Master Plan of Foundation Building for commercializing Hydrogen Construction Equipments", KOCETI, Nov 2019.

[42] Eric, J., "Disagreement over carbon footprints: A comparison of electric and LPG forklift", Energy Policy, Vol. 36, pp. 1569–1573, 2008.

[43] Kwon, S. G.,"The New Standard of Domestic Construction and Agricultural Equipments", Auto Journal, pp. 24–26, Sep 2020.

[44] ICCT.,"Light Truck CO2 emissions and fuel consumption, normalized to NEDC", May 2020.

[45] Iain,S., Daniel S., Anthony V. A., et, al."The role of hydrogen and fuel cells in the global energy system", Energy and Environ. Sci., Issue 2, pp. 463~491, 2019.

[46] Ehso, H., Hamidreza, S., Stanko, D., et, al.,"Assessing the potential of fuel cell–powered and battery–powered forklifts for reducing GHG emissions using clean surplus power, a game theory approach", Int. J. of Hydrogen Energy, Vol. 45, Issue 59, pp. 34532~34544, 2020.

[47] Plug Power, "Top 7 reasons to convet to hydrogen fuel cell power in your material handling operations", Sep 2016

[48] Amgad, E., Linda, G., Michael, W.,"Fuel–cycle analysis of early market applications of fuel cells: Forklift propulsion systems and distributed power generation", Int. J. of Hydrogen Energy, Vol. 34, pp. 3557–3570, 2009.

[49] EERE., "Full Fuel–Cycle Comparison of Forklift Propulsion Systems", DOE, 2017.

[62] Lee, J. S., "Hydrogen material handling vehicle meets a moving hydrogen charging station", Monthly Hydrogen Economy, Mar 2021.

[63] Steve, M., "Application of Fuel Cells to Fork Lift Trucks", Industrial• Utility VEHICLE & MOBIL EQUIPMENT, Vol. 7, Issue 5, Sep/Oct 2005.

[64] Todd, R., "An Evaluation of the Total Cost of Ownership of Fuel Cell-Powered Material Handling Equipment", NREL, Apr 2013.

[80] Gartner Consulting Stamford, CT.,"TCO Analyst, A White Paper on GarnerGroup's Next Generation Total Cost of Ownership Methodology", Gartner Group, 1997.

[81] https://marketbusinessnews.com/financial-glossary/econcmic-analysis/2021.

[82] Korean Institute of Development Research, "An research on supplementary revision of general manual of preliminary feasibility plan", 2004.

[83] Lee, D., Lee, S. Y., Kwon, Y. H., et, al., "A Study on Environmental and Economic Analysis for Each Treatment of Sewage Sludge(II)", Journal of the Korea Organic Resource Recycling Association, Vol. 24, Issue. 2, pp. 15-292, 2010.

[84] Korea Environment Institute,"Feasibility Analysis on the subsidy policy of Eco-Friendly Vehicle", Vol. 4, No. 2, Nov 2016.

[88] Tomas, L., Raquel, G., Massimo, Santarelli., "Fuel cell early markets: Techno-economic feasibility study of PEMFC-based drivertrains in materials handling vehicles", Int. J. of Hydrogen Energy, Vol. 38, pp. 2009-2019, 2013.

[90] Yu, J. W., "IBK bank makes cry small-medium sized firms two times with mortgage and interest rate", Chosunilbo, Dec 2020.

[91] Charlie Hobson, "Renewable Methanol Report", Methanol Institute, 2018.

[92] Technical Report "Low-Platium Group(PGM) Metal Catlaysts", NREL, Aug 2019

[93] http://www.soosunglifter.com/default/m02/p01.php?sub=01/2021.

[94] Naver blog.,"The reduction of material handling cost & battery cost" July 2015.

[95] https://shopping.naver.com/2021.

[96] Savills Research.,"Logistic Realestate Market in Korea", Savills Korea, June 2020.

[97] Woori Bank Exchange Center., https://spot.wooribank.com/pot/Dream?withyou=FXXRT0011/2021.

[98] Gaoncell., Internal Report, 2020

[102] Choi, K. S.,"No worry about hydrogen refueling due to the availability of 60 hydrogen stations at the express highway stations", Mail Business News Korea, 27th Apr 2021.

[103] Yu., I. K., "New Economic Engineering, an economic feasibility study of Korean model in project investment", Hyungseol, 2017.

[104] Jang., Y. K., Song, K. J.,"Finanial Management", Shinyoungsa, 2015.

[105] Plug Power, "2021 IR Material"

[106] Ranjieve, W.,"Hydrogen and Fuel Cells for Material Handling Applications", Plug Power, Joint Workshop on Maritime and Port Applications, Valencia Spain, 15-16th Jun 2017.

[107] http://www.doosan-iv.com/kr/product/seb2t/

나노탄소와 연료전지

초판인쇄 | 2022년 1월 10일
초판발행 | 2022년 1월 14일

저　　자 | 곽이구·김홍건·주용수
발 행 인 | 이성범
발 행 처 | 문운당
주　　소 | 서울시 종로구 혜화로5길 16 (명륜1가 45-3)
전　　화 | (02)762-6010
팩　　스 | 영업 (02)745-0265 / 편집 (02)762-8758
이 메 일 | 영업 mununn2@chol.com
편집 munundang@naver.com
홈페이지 | http://munundang.co.kr

ISBN 979-11-5692-599-6 93550

정가 27,000원